本书出版得到东莞理工学院学术著作出版基金资助，特此鸣谢。

新编公共行政与公共管理学系列教材

行政伦理学概论

Introduction to Ethics of Public Administration

汪辉勇 /著

北京大学出版社
PEKING UNIVERSITY PRESS

图书在版编目(CIP)数据

行政伦理学概论/汪辉勇著.—北京:北京大学出版社,2018.5
(新编公共行政与公共管理学系列教材)
ISBN 978-7-301-29341-6

Ⅰ.①行… Ⅱ.①汪… Ⅲ.①行政学—伦理学—高等学校—教材 Ⅳ.①B82-051

中国版本图书馆 CIP 数据核字(2018)第 036973 号

书　　名　行政伦理学概论
　　　　　XINGZHENG LUNLIXUE GAILUN
著作责任者　汪辉勇　著
责任编辑　董郑芳(dzfpku@163. com)
标准书号　ISBN 978-7-301-29341-6
出版发行　北京大学出版社
地　　址　北京市海淀区成府路 205 号　100871
网　　址　http://www. pup. cn
新浪微博:@北京大学出版社　@未名社科-北大图书
微信公众号　ss_book
电子信箱　ss@pup. pku. edu. cn
电　　话　邮购部 62752015　发行部 62750672　编辑部 62753121
印 刷 者　河北滦县鑫华书刊印刷厂
经 销 者　新华书店
　　　　　730 毫米×980 毫米　16 开本　22 印张　346 千字
　　　　　2018 年 5 月第 1 版　2018 年 5 月第 1 次印刷
定　　价　49.00 元

目　录

第一章　绪　论

行政伦理学以行政伦理问题和行政道德现象为研究对象。它是行政学与伦理学的交叉学科,也可以说是行政学或伦理学的分支学科,或所谓应用伦理学。伦理学是一门古老的科学,在西方的亚里士多德时代、中国的孔子时代就已形成。行政学则产生于20世纪初期。而行政伦理学是20世纪70年代才产生的新兴学科。行政伦理学的产生与现代社会的发展、公共事务的增加、政府权力的扩张、公民社会的形成有着密切联系。它是应时代的需要、实践的需要而产生的。行政伦理学的发展对于当代行政管理实践的不断完善具有十分重要的意义。

第一节　行政、伦理与行政伦理

一、行政

行政也称行政管理,是一种特殊的管理活动或管理形式。所谓管理,是指人们为了更好地实现预期的目标,而针对人与人的关系、人与物的关系,进行计划、组织、指挥、协调、控制等活动的过程。人是彼此独立的,又是相互依赖的。每个人都有自己的需要、欲望、目的和利益,有独立意志,但每个人要充分实现其需要、欲望、目的和利益,又必须与他人结合起来,相互配合。当彼此独立的人通过交往、联系而聚拢起来,为实现各自的目的、利益而共同劳作的时候,管理就成为人们之间一种必不可少的活动形式。人类在很早的历史上就懂得这个道理,管理实践与人类历史一样悠久。

管理活动因为目标和范围等因素的不同而区分为不同的形式,如企业管理、学校管理、医院管理、军队管理、监狱管理、政府管理等等。我们所谓的行政或行政管理主要是指其中的政府管理形式。政府有狭义和广义的区分,狭义的政府是指国家权力机关的执行机关,即国家行政机关。广义的政府则是指国家的立法机关、行政机关和司法机关等公共机关的总和,代表着社会公共权力。本书从广义的角度理解政府概念。政府机构及其工作人员对国家事务、社会事务以及机构内部事务展开的计划、组织、指挥、协调、控制等活动即行政。

现代行政又称为"公共行政"(Public Administration)或"公共管理"(Public Management)。这是因为,人们发现政府管理具有明显不同于工商管理的公共性特征,尽管其在很多方面是相似的。政府管理的目标是为公众服务,追求公共利益,提供公共物品,处理公共事务。而工商管理以私人利益为目标,提供私人物品,追求商业利润。政府管理的公共性特征是在现代社会才被发现的,或者说被提出来、被强调,但不能说只有现代政府才具有公共性。事实上,政府自产生以来,即承担着一定的公共职能,即具有一定的公共性。只不过,在传统社会中,政府更多的是阶级统治的工具,实际上承担着实现阶级利益和私人利益的职能,其公共职能则不被重视,居于次要地位。而现代政府在事实上,也不能说只具有纯粹的公共性,完全没有阶级利益或私人利益的追求。只是,现代社会人们普遍认为,政府应该或者说必须是公共的,政府掌握的权力是公共权力,应该或必须为公众服务,维护、实现公共利益。所以,人们将现代行政称为公共行政或公共管理。

之所以称"公共管理",是因为在现代社会生活中,公共事务日益复杂多样,政府不再是公共事务的唯一主体。一些非政府的、非营利性的组织,在处理公共事务、提供公共服务的领域中,发挥着越来越重要的作用。这些组织广泛分布于教育、科学研究、文化艺术、医疗保健、社区服务、咨询、行业协会、消费保护等领域,与政府并列于公共组织系统,与政府一起为社会提供公共产品,维护公共利益。当人们强调政府管理的公共性时,不可避免地要将这些非政府的公共组织纳入研究考量的视野。而一旦将非政府的公共组织纳入公共事务管理研究的视野,"公共行政"这一习惯指称"政府管理"的概念就不合适了,于是"公共管理"这一概念应运而生。

尽管非政府公共组织在公共服务中发挥越来越重要的作用,却依然不能否认,迄今为止乃至于在可预见的未来,政府仍然是公共管理的主角,承担最主要的公共管理责任。正因为如此,人们在研究"公共管理"、表达相关的思想观点时,仍然沿用"行政"或"行政管理"这一传统概念。这或许也有提醒公众不要忘记政府的重要性,提醒政府不要放松、推卸责任负担的意味。本书也沿用"行政"这一概念,但将它作为一种公共管理来理解,甚至将非政府公共组织的管理行为也纳入研究考量的视野。

二、伦理

"伦理"是一个古老的概念,无论在中国文化还是在西方文化中都是如此。汉语"伦理"由"伦"与"理"两个字组成。"伦",本义为"辈"。许慎《说文解字》说:"伦,辈也。"引申为人际关系。如所谓"五伦",便是指五种基本人际关系:君臣、父子、夫妇、长幼、朋友。[①] "理",本义为"治玉"。《说文解字》说:"理,治玉也。……玉之未理者为璞。"引申为整治、物的纹理,以及事物内在的规律或人们行事的规则。《礼记·乐记》最早将"伦""理"二字合用,曰:"乐者,通伦理者也。"意思是说,音乐与人伦之理是相通的。英文中伦理的对应词为"ethics",源自希腊文"ethos"一词,其本意为品性、气禀,以及风俗、习惯。古希腊思想家亚里士多德是"ethics"(伦理)概念的创立者,其创立的"ethics"不仅有习俗的意思,还具有德性(人与事物的特性、品格、特长、功能)内涵。西方最早的伦理学著作是亚里士多德的《尼各马可伦理学》。

总之,所谓伦理,是指人们在应对人际关系的过程中所表现出来的行为规律,或人们行为所应当遵循的规范。人际关系为"伦",其中的规律与规范为

---

① 由东南大学樊浩等学者撰写的、中国社会科学出版社2012年出版的《中国伦理道德报告》指出,当代中国五种基本人际关系即"新五伦"为:父子、夫妇、兄弟姐妹、同事或同学、朋友。

"理"。人与人必然要发生一定的关系,即人际关系,这种关系既是个人与个人的关系,也可能是个人与家庭、与组织、与社会的关系。必然发生的关系又不可避免地存在着冲突和张力,关系的双方都希望在交往中尽可能多地实现自己的利益诉求,任何一方如果认为不能在关系中实现自身的利益,都会倾向于退出、挣脱、破坏既定的人际关系。那么,存在冲突和张力的人际关系是如何保持平衡的?其中必有规律,人们对其中的规律必定有所认识,并奉为规范。这就是伦理。

与"伦理"相当的概念是"道德",人们大都把它们当作同一个东西,所以有"伦理道德"或"道德伦理"的说法。英文"道德"一词为"moral"或"morality",源于拉丁文"mores",本义为风俗、习惯,与"伦理"(ethics)一词意思完全相同。汉语中的"道德"由"道"和"德"两个字组成。"道"本义为道路。《说文解字》说:"道,所行道也。"引申为规律或规则。这与"伦理"中"理"的意思一致,其词义的演化逻辑也是一致的。"德"的词源含义则有些复杂。一说"德"即为正道而行、直目无邪,把心思放正。这是从字形解读而来的。在甲骨文中,"德"字的左边是"彳"形符号,它在古文中表示道路和行动的符号,其右边是一只眼睛,眼睛之上是一条垂直线,这是表示目光直射之意。

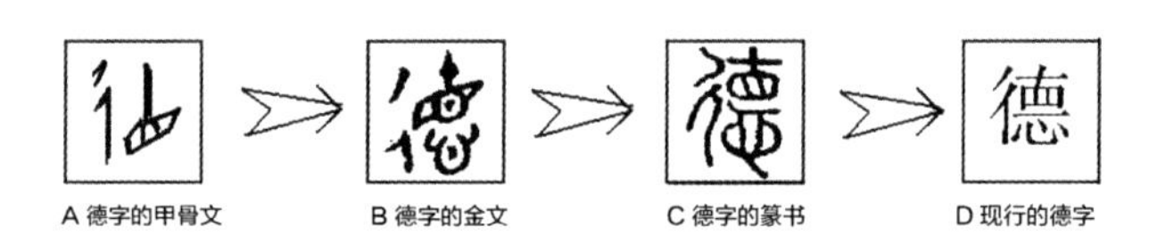

德字的演变过程图

所以这个字的意思是:行动要正,而且"目不斜视",这就是"德";另一个说法则是从字音解读而来的,说"德"与"得"相通:"德者,得也,行道而有得于心者也。"[①]这是说,人们经常按照一定的规律、规则行动,即会凝练、获得一定的内在品质和秉性。战国时期的荀子最早将"道""德"二字连在一起使用,他在《劝学》篇中说:"故学至乎礼而止矣,夫是之谓道德之极。"意思是说,要学到《礼经》才算结束,(明礼)才算是到达了道德的顶峰。汉语中的"道德"与"伦理"的含义也是基本一致的。

① 朱熹:《四书集注·论语·学而》。

但也有人认为,"伦理"与"道德"两个概念是有区别的。西方哲学史上,黑格尔就认为伦理是一种基于"自然关联"的普遍的东西,是"客观法",而道德是个别的,属于"主观法"。[①] 当前我国有些伦理学专家也强调伦理与道德的不同,如东南大学的樊浩教授认为:"伦理具有客观性与实在性,而道德具有主观性和个别性。"[②]北京大学王海明教授认为:"伦理是人们行为事实如何的规律及应该如何的规范","道德"则仅仅是"人们行为应该如何的规范"。[③]

我们认为,可以将"伦理""道德"视为同一概念,如果一定要区分二者,则大概可以说,伦理侧重于从社会共同体的角度来理解和强调行为的规律性和规则性,伦理相对于个人是外在的、客观的,是人们在社会交往中形成的具有普遍必然性的行为规律,也是人们在社会交往中所应该遵循的具有普遍必要性的规则;而道德侧重于从个体的角度来理解和强调人们行为的规律性和规范性,道德是个人的、主观的、内在的,代表人们对社会伦理的认识、理解和践行。对"伦理"与"道德"意涵的仔细区分,或许可以使我们对伦理道德问题的认识更为深刻。

三、行政伦理

行政伦理,是指行政场域中人际关系事实如何的规律以及应该如何的规则。

所谓行政场域,即行政行为发生、存在的时间和空间。现代行政是公共行政或公共管理,因此,行政场域亦即公共行政和公共管理的场域,也被称为公共行政领域或公共管理领域。行政行为是一种追求、实现行政理想、行政目标、行政价值的行为,是一种运用公共权力维护公共利益、处理公共事务的行为。行政行为在其发生、展开的过程中必然形成一系列的人际关系,如行政人员(包括行政组织)与公众(公民)的关系或者说与行政相对人的关系,行政系统内部上下级关系、同事关系,行政人员个人与组织的关系,以及行政人员与其亲戚朋友的关系等等。行政行为的发生、存在必然涉及相互之间的利害冲突、权利与义务的分配等问题,因此也产生了"理"的问题,即规律和规范的问题。也就是说,行政行

① 黑格尔:《精神现象学》下卷,贺麟、王玖兴译,商务印书馆 1996 年版,第 8 页。

② 樊浩等:《中国伦理报告》,中国社会科学出版社 2012 年版,第 6 页。

③ 王海明:《伦理学原理(第三版)》,北京大学出版社 2009 年版,第 76 页。

为在其展开过程中，必须合理地应对利害、处分权利与义务，必须遵循一定的规律或规范，否则行政行为不能持续、不能保持平衡，不能有效实现行政理想、行政目标和行政价值。

行政场域的人际关系，即行政人员在处理行政事务（公共事务）的过程中所遭遇的人际关系，亦即行政伦理关系。在行政伦理关系中，行政人员无疑是行政伦理的主体，行政伦理关系系统是以行政人员为中心、围绕行政人员而展开的。但在人际关系中，交往的双方都是主体，是主体与主体的关系，而不是主体与客体的关系。在行政伦理关系中，任何关系方都是行政伦理的主体。所谓伦理主体，是指具有正常理性、自由意志，能够选择和控制自己的行为，能够享有权利也能够承担责任和义务的人。这也就是说，行政伦理关系的各方都既有权利也有义务。行政人员以及行政组织在行政伦理关系中负有责任、承担义务，但也享有权利；而公众以及亲戚朋友等，在行政伦理关系中享有权利，但也要承担义务和责任。

在行政场域应对行政伦理关系的行为可称为行政伦理行为。伦理行为是指对他人和社会有善恶意义、有利害关联、可以进行道德评价的行为。所谓“可以进行道德评价”，是指行为不仅对他人、对社会有善恶利害的后果，而且行为主体具有自觉性，存在主观故意。行政伦理行为也可以说就是行政行为，行政主体在处理行政事务的过程中，必然是自觉的、有目的的，其行为也必然与他人、与社会利害攸关，具有善恶意义，人们可以也必然会对其进行道德评价。因此，所谓行政伦理，所谓行政场域人际关系的规律与规范，实质上也就是行政行为事实如何的规律与应该如何的规范问题。

行政行为在实践中被区分为具体行政行为与抽象行政行为。所谓具体行政行为，是指国家行政机关及其工作人员或法律法规授权的组织，或行政机关委托的组织或个人，在行政活动中针对特定的公民、法人或者其他组织，就某具体事项，行使行政职权，做出的有关公民、法人或者其他组织权利义务的行为。所谓抽象行政行为，是指国家行政机关针对不特定对象实施的制定法规、规章和有普遍约束力的决定、命令等行政规则的单方行为。对具体行政行为与抽象行政行为的区分，是行政法学领域的创造，它关系到法院对行政机关的监督范围与幅度，也涉及对行政管理相对人合法权益的保护力度，在行政诉讼实践中有重大意义。而事实上,这一区分在行政伦理学领域也具有重大意义,使行政伦理学意识到,不仅要关注考量具体行政行为的伦理问题,也要关注和考量抽象行政行为的伦理意蕴。行政伦理学界所谓“制度伦理”“公共政策伦理”的研究,就是对抽象行政行为的伦理性研究。这也就是说,行政伦理行为也可以区分为具体行政伦理行为与抽象行政伦理行为。这一区分,使得我们对行政伦理行为的认识更加深入和开阔了。

行政伦理一般被理解为一种职业伦理。所谓职业伦理或称职业道德,是指从业人员在其职业领域或职业生活中所应该遵循的规律或规范。如果将行政管理理解为一种职业,那么,行政伦理也就确实是一种职业伦理。但行政管理是否可以简单地理解为一种职业?关于职业,《现代汉语词典》的解释是:个人在社会中所从事的作为生活来源的工作。[①] 显然,许多从事行政管理工作的人员是以这一工作为生活来源和谋生手段的,比如公务员,对于公务员来说,行政管理确属一种职业。但问题是,在现代民主社会,参与行政管理工作的不只是国家行政机关(或国家机关)及其公务员,其他非政府组织及其成员,以及国家公民,也在不同程度上参与行政管理工作,而他们又并不以这一工作为职业。但他们作为行政主体,在参与行政管理工作的过程中,无疑也应该遵守行政伦理。因此,我们认为,行政伦理不能简单地理解为一种职业伦理,它是行政场域的伦理。较之于其他职业伦理,它的内涵更为丰富深邃,它的意义更为广泛宏大。也正因为如此,它引起了人们的普遍关注,并成为一个专门学科——行政伦理学——的研究对象。

第二节　行政伦理学的形成与发展

一、行政伦理学学科的形成

行政伦理学是行政学与伦理学的交叉学科,或者说,是行政学或伦理学的分支学科。也可以说,行政伦理学是一种应用伦理学。行政学是从传统的政治学中分离出来的,行政伦理学的前身,也是传统的政治伦理学。政治伦理学研究历

① 《现代汉语词典(第五版)》,商务印书馆 2005 年版,第 1750 页。

史悠久。自人类社会出现政治现象后,政治便与伦理道德有着极为密切的关系。柏拉图的《理想国》、亚里士多德的《政治学》均对政治伦理做了系统的研究。在古代中国,政治思想一直没有脱离伦理的影响,政治服从于伦理,政治是伦理的实现形式,政治规范也是一种伦理规范。《论语》《孟子》等,是中国最早论述政治伦理的著作。近代西方,格劳秀斯的《战争与和平法》、斯宾诺莎的《政治伦理学》、霍布斯的《利维坦》、洛克的《政府论》等也对政治伦理做了系统的研究。行政伦理学作为一门独立学科形成于20世纪70年代的美国。

(一) 行政伦理学学科形成的标志

美国著名行政伦理学家特里·库珀(Terry L. Cooper)认为,一门学科的形成至少有三个重要标志:一是有一批对该学科具有持久兴趣的学者、专家;二是出版有该学科领域的系列专著,并有相应的学术期刊,以及围绕该学科的发展而召开的学术讨论会;三是在大学的职业化教育中有相应的教学课程。正是根据这一标准,库珀确认"行政伦理学"作为独立学科在20世纪70年代形成了。

1. 一系列行政伦理学论著问世

20世纪70年代初到80年代,在美国有一系列行政伦理学论著问世。如:沃尔多于1974年发表了《公共道德反思》一文,用政治和历史的观点分析了"水门事件",指出公共行政不应"回避道德问题";同年,乔治·格雷姆发表了《公共管理人员的伦理指导:游戏规则的考察》一文,提出并论述了联邦政府的行政行为规范问题。到80年代初,先后又有弗莱西曼和利普曼等编著的《公共职责:政府官员的道德责任》、马丁斯和亨尼根编辑的《80年代的职业标准和伦理:给公共管理者的指导手册》、库珀的《行政伦理学:实现行政责任的途径》等著作问世。这些著作分别从不同的角度系统论述了行政人员的职业伦理标准以及行政责任实现的伦理机制等问题,标志着行政伦理学作为一门独立学科的理论体系的确立。

2. "职业标准与伦理委员会"成立

1976年,美国公共行政学会(ASPA)成立了"职业标准与伦理委员会"。该委员会于1979年编辑出版了《职业标准与伦理学:公共管理者工作手册》一书，该书出乎意料地畅销，并引发了一系列有关行政伦理法规和伦理行为的讨论。1980年年初，该委员会开始着手制定行政伦理法规，并于1984年获ASPA全国会议的批准。随后，1985年，又出版了一套关于行政伦理法规的使用指南，进一步解释和澄清了行政伦理法规的意义。这表明"行政伦理学"不仅获得了学术上的合法地位，而且进入了实践应用的领域，其价值得到了社会的认可。

3. "行政伦理学"进入公共管理的课程体系

1976年，罗尔发表了《在公共行政管理课程中的伦理学习》一文，指出不能以哲学理论代替行政伦理学的教学，公共行政伦理学应该成为一门独立的课程。1980年，罗尔又发表了《高级行政服务伦理：管理培训的建议》一文，进一步论述了把伦理引入行政管理培训的价值和意义。之后，行政伦理学便逐渐进入各高校行政管理的课程体系之中和各种行政管理培训的课程体系之中。这标志着行政伦理学作为一门学科在公共管理的学科体系中获得了一席之地，同时也标志着它作为一门学科的最终确立。

（二）行政伦理学兴起的现实背景：行政伦理问题凸显

行政伦理学的兴起不是偶然的、无缘无故的，它既有其现实背景，也有其理论背景。其现实背景是西方社会行政伦理问题的凸显，即行政对于伦理的依赖性、伦理对于行政的必要性的显现。这具体体现在以下三个方面：

1. "行政国家"的出现

行政伦理问题凸显，首先是因为"行政国家"的出现。在自由资本主义时代，西方社会秉持的是所谓"消极国家"的理念，其政府扮演的是"守夜人"的角色。19世纪末20世纪初，当资本主义从自由竞争阶段过渡到垄断阶段后，由于社会生产力的迅速发展和社会结构的深刻变化，市场的局限性日渐暴露，社会公共事务日趋复杂，政府不得不改变过去消极被动的状态，而对社会生活进行主动干预。美国总统罗斯福在凯恩斯主义影响下推行的"新政"，就是政府角色发生这种变化的典型体现。随之而来的便是政府公共管理职能日益扩大，行政规模日益膨胀，行政权力日益扩张，政府以其具有立法效力的行政命令和具有与法院判决效力相近的行政裁决权而大量地直接介入国家和社会事务。于是，出现了沃尔多所谓的“行政国家”现象。①

“行政国家”的出现，意味着那种建立在纯粹技术理性基础上的以效率为导向的传统行政模式的变革：“行政”不再是与“政治”完全分离的行政，而是政治的继续；政府及其公职人员不再是政治上的“中立”者，而是积极参与者，是能动的行为主体，在“社会价值权威分配”中发挥着重要的作用；政府及其公职人员的责任不仅仅是“在可供利用资源的条件下提供更多更好的公共服务（效率）”，同时还要实现服务的公平性。这也就在实践上证明了，“行政”不仅仅需要技术理性，也需要价值理性，“行政”与价值、与伦理是不可分离的，从而预示着伦理约束对于“行政”的必要性。

2. “公民社会”的生成

行政伦理问题凸显，其次是与“公民社会”的生成有关。“公民社会”是指与国家相对应的、介于国家与市场之间的社会形态，它包括由公民自愿组成的各种志愿性组织、社区自治组织、非营利组织，以及代表公民利益、表达公民意见的社会政治运动和文化运动。在西方社会，随着宪政民主政治的发展成熟和公民公共理性的生成，一个以自主性和参与性为主要特征的“公民社会”或“公共领域”也孕育生成了。这主要体现在以下几个方面：第一，独立于国家政治系统而又不属于企业组织系统的非政府组织急剧增多；第二，越来越多的公民个人和公民组织通过各种方式参与公共政策的制定过程，参与公共事务的管理过程；第三，公民可以自由集会，可以自由地、公开地就公共利益问题发表意见；第四，公民的自组织能力和自治能力发育成熟并能充分发挥作用；第五，公民在保护自身权益免受公共权力侵犯以及对政府的制约等方面发挥着越来越大的作用。

“公民社会”的生成，对政府而言则意味着一种挑战。它要求政府必须以全体公民为服务对象，并为其提供有效而且公平的服务；政府必须尊重公民的意见，必须积极回应公民的要求与期望；政府“行政”必须由统治、管理的模式转变为民主、服务的模式，即由所谓统治行政、管理行政转变为民主行政、服务行政。

① 所谓“行政国家”，是指这样一种状态：国家行政权渗透到人们社会生活的各个领域，人们在其生命的整个过程中都离不开行政机关，行政行为成为影响人们的生命、自由、财产和国家的安全、稳定、发展的一种几乎无所不能的力量。

而这些从伦理学的角度来说，就意味着对政府组织及其公职人员的伦理道德水准提出了更高的要求。

3. 外部控制局限性显现

行政伦理问题凸显，也与外部控制局限性的显现有关。在自由主义思想、人性恶理论以及工具理性主义思潮的影响下，西方社会对掌握公共权力的政府一直保持着高度的警觉，并逐步建立了以法律约束为基础的严密的外部控制系统。西方人极力推崇外部控制，以为惩罚性的外部控制能确保政府组织及其公职人员正确行使权力，履行自身的行政责任。然而，事与愿违，层出不穷的行政低效问题、权力滥用问题、行政腐败问题，都十分清晰地表明，外部控制不是万能的，外部控制的作用是有限的，它不能确保行政的高效、廉洁，不能确保行政责任的实现。在美国，发生于 20 世纪 70 年代初的"水门事件"，以及后来的"伊朗门事件"等，便是外部控制局限性的大暴露。①

外部控制局限性的显现，或者说外部控制的"失灵"，促使人们思考内部控制机制，以寻求建立更全面、更完善的控制系统。于是，伦理观念、伦理规范、道德良知引起了行政学界乃至于整个社会的关注，从而引发了行政伦理学的研究热潮。在美国，"水门事件"是引发行政伦理学研究热潮的"导火索"。美国国会于 1974 年启动对尼克松总统弹劾案之际，邀请了美国公共行政学会成立专门小组对"水门事件"进行独立研究。该小组撰写的研究报告题为《水门：对负责政府的含义》。这篇关于"水门事件"的权威研究报告在题为"伦理和公职"的结束语中明确指出：本报告的大部分内容已经直接或间接地涉及公共服务中的伦理主题。蕴含在"水门事件"中的特征之一，就是政治与行政腐败。研究报告建议，美国国会和美国政府应采取有效措施，切实加强行政伦理建设。以此为契

① "水门事件"（Water gate scandal，或译"水门丑闻"）是美国历史上最不光彩的政治丑闻之一。在 1972 年的总统大选中，为了取得民主党内部竞选策略的情报，以美国共和党尼克松竞选班子的首席安全问题顾问詹姆斯·麦科德为首的 5 人，于 1972 年 6 月 17 日，闯入位于华盛顿水门大厦的民主党全国委员会办公室，在安装窃听器并偷拍有关文件时，当场被捕。由于此事，尼克松于 1974 年 8 月 8 日宣布辞职，从而成为美国历史上首位辞职的总统。"水门事件"之后，"门"（gate）便成了政治丑闻乃至于一般公众人物丑闻的代名词。"伊朗门事件"是指 20 世纪 80 年代中期，美国向伊朗秘密出售武器一事被揭露，从而造成里根政府严重政治危机的事件。

机,美国掀起了行政伦理的研究热潮。

（三）行政伦理学兴起的理论背景：新公共行政学的出现

行政伦理学的产生也与行政学理论的发展,特别是新公共行政学的出现有着密切的联系。

传统行政学是由著名行政学家威尔逊(美国第28任总统)和古德诺于20世纪初创立的。他们主张政治与行政分开,政治表达国家意志,而行政执行国家意志,行政保持“政治中立”或“价值中立”。他们强调行政管理的技术性、工具性,而淡化、忽视了行政管理的价值性;强调行政管理的效率目标,而忽视了行政管理的公平性要求。这一建立在科学主义和工具理性主义基础上的行政理论,因为行为科学的出现,而遭遇反思和批判。

对传统行政学的反思和批判来自各个方面,从20世纪30年代开始一直持续到20世纪70年代。其中最有影响的论著是罗伯特·达尔(Robert A. Dahl)的《公共行政学的三个问题》(载于美国《公共行政学评论》,1947年第6期)和赫伯特·西蒙(Herbert Simon)的《行政行为:对行政组织决策过程的研究》(1947年)。这两个作品的视角不同,但批判的锋芒直指传统行政学的核心观点,并提出了各自的理论主张。达尔分析了传统行政学的三大根本缺陷:排斥价值、忽视行政主体的行政行为研究、忽视行政原则的应用背景,他指出:“作为一个学科或潜在科学的公共行政学的基本问题要比纯粹的管理问题宽广得多;与私人管理相对照,公共行政学研究预设不可避免地要将公共行政问题置于伦理考虑的脉络背景之中”,“公共行政学应当是一个研究人类行为的某些方面的领域”,“我们不能假定公共行政学能够摆脱背景条件的影响”。[①] 西蒙分析批判了传统行政学提出的行政原则和关于政治与行政二分法的观点。他指出,传统行政提出的专业化原则、命令统一原则和管理幅度原则等既相互矛盾又缺乏现实针对性;政治与行政不能截然分开,因为行政行为中必须从事某些决策活动。

对传统行政学的反思和批判,导致了新公共行政学的出炉。1968年,由《公

① 转引自卢风、肖巍主编:《应用伦理学概论》,中国人民大学出版社2008年版,第409页。

共行政学评论》主编沃尔多发起，一群青年行政学者集聚在锡拉丘兹大学的明诺布鲁克会议中心举办研讨会，讨论公共行政学的相关问题以及这个学科如何改变以应对时代的挑战。这次会议的召开是新公共行政学形成的标志性事件。这次会议的论文集《走向一种新的公共行政学：明诺布鲁克观点》一书的问世(1971 年)则可以说是“新公共行政学”的宣言，而此书中弗雷德里克森的《走向一种新的公共行政学》一文，则是“新公共行政学”形成的标志性成果。

新公共行政学是在以罗尔斯为代表的新自由主义思想的影响下形成的，同时也是为适应解决日益严重的贫富悬殊问题的需要而产生的。因此，它把增进公平作为行政的核心价值。在此基础上，它拒绝和抛弃了传统行政学的一系列观点，如政治与行政二分、价值中立、效率至上等，提出并论证了一系列新的理论主张。根据弗雷德里克森的论述，“新公共行政学”的形成，意味公共行政学研究，从重视机关的管理转移到重视政策的议题和政策的建议；从单纯地强调效率和经济到强调社会公正；从强调价值中立到思考公共行政的价值和信仰问题；政府服务的诚信、公平以及行政责任的实现成为公共行政强调的重点；变革而非成长成为公共行政重要的理论问题；理性模型的正确性和官僚模型的有用性受到质疑和批判，等等。①

新公共行政学的形成对行政伦理学的产生提供了重要的理论基础和理论资源。它强调行政与政治的关联性，把价值因素或伦理考虑引入行政视域之中，并将公平作为行政的核心价值目标，这为专门的行政伦理研究提供了基本理论前提，同时也引导和推动了专门化、系统化的行政伦理研究的展开。可以说，行政伦理学的产生是行政学发展的必然结果。

① 新自由主义是 20 世纪以来西方国家流行的重要社会思潮。其核心主张是要求国家积极地行使权力，以保障每一个人都能有效地行使其权利。与传统自由主义的区别主要在于对国家的合法功能的不同理解。传统自由主义认为，国家的合法功能以维护公民的个人自由权利为基础，表现为维护公民个人的自由、生命和财产。随着资本主义的历史发展，自由竞争的资本主义经济带来了日益严重的两极分化，社会弱势群体的自由权利对于改善其生存处境毫无意义，社会的动荡不安、经济增长乏力。由此，新自由主义应运而生。与传统自由主义所主张的个人自由仅仅是“形式的自由”不同，新自由主义要求“实质的自由”，即每个人都能实际地享有免于饥饿的自由、接受教育的自由、自我发展的自由等，而这是自由竞争的市场经济所不可能实现的，所以需要国家和政府的积极干预。参阅朱贻庭主编：《伦理学大词典》，上海辞书出版社 2002 年版。

二、行政伦理学研究的发展

自20世纪70年代行政伦理学作为一门独立学科问世以来，行政伦理学研究不断发展，取得了长足的进步。行政伦理学的发展以美国为代表，主要表现在：相关的学术研讨会频繁举行，专家学者和专门的学术机构日渐增多，越来越多的高校将"行政伦理学"列入教学课程体系。①

（一）行政伦理学学术研讨会

美国公共行政学会（ASPA）是美国行政伦理学术研讨会的组织者，其组织召开的全国性会议一直是美国学术界广泛深入研讨行政伦理问题的主要场所，在行政伦理的学术研讨方面发挥着主导作用。1952年，ASPA第一次召开了有关行政伦理的专题讨论会，题为"公共服务的道德"；1959年，ASPA第二次召开了行政伦理的专题研讨会，题为"行政伦理"。这两次研讨会有力地带动了美国行政伦理问题的研究，对于行政伦理学科的形成也产生了重大影响。

20世纪70年代以后，ASPA组织的行政伦理专题研讨会越来越多，接二连三，其会议内容也越来越丰富，广泛涉及行政伦理的各个方面。从总结"水门事件"的个案分析（1974年）到讨论涵盖整个领域的道德规范（1976年）；从揭露内幕的知情人问题（1978年）到公有和私人领域的伦理标准的比较（1980年）；从高等院校的伦理教育（1988年）到地方政府的伦理法（1990年）等。从20世纪90年代中期开始，讨论行政伦理的国际性会议更是吸引了世界各地的政界和学界的注意力，把行政伦理的研究推向了一个新的高度。正如ASPA道德组组长特里·库珀教授所说，公共行政的伦理问题已经不再被不屑一顾。在越来越多的国家，数以百计的学者和行政官员正在把他们的主要工作致力于公共行政伦理的推广和提升。②

（二）行政伦理学学术刊物

美国专门的行政伦理学学术刊物《公共廉正年鉴》（*Public Integrity Annals*）

---

① 马国泉：《行政伦理：美国的理论与实践》，复旦大学出版社2006年版，第9—14页。

② 同上书，第10页。

于1996年创刊,由美国公共行政协会主办。因为发行后好评如潮,来稿量剧增,于1998年改名为《公共廉正》(*Public Integrity*),并改年鉴为季刊,每年四期。

《公共廉正》的办刊目的在于,通过发表能够引起政府官员和从事公共行政研究的学者关注的论文,促进人们对于行政伦理的认识和理解。从形式上看,该刊物的论文主要涵盖五个方面的内容:(1)专题研究;(2)案例分析;(3)典型的简要描述;(4)调查报告;(5)评论。从内容上看,主要有三个方面:(1)政务的功能部分,如预算、人事等;(2)行政的实质领域,如健康、环境、防务等;(3)管理专题,如质量、生产率等。从研究对象看有:(1)各级政府,包括地方政府、州政府、联邦政府,以及外国政府;(2)政府的各部门,包括立法部门、司法部门和行政部门;(3)影响公共政策的非政府角色,包括新闻界、利益集团、非营利组织;(4)公私领域之间的关系。《公共廉正》在处理理论与实践的关系上,更偏重于实践,倾向于实证研究。

《公共廉正》是行政伦理学这门学科在美国日趋成熟的一个重要标志。

(三) 行政伦理学组织

1997年,ASPA成立了常设部门:道德组。ASPA道德组的成员致力于研究和探索与行政伦理有关的课题,致力于增进对政府和非营利组织中的伦理问题的认识。

(四) 行政伦理学专业课程

1989年,美国公共行政和公共事务院校联合会(NASPAA)在修订课程设置标准时,明确将行政伦理学列入教学课程之中。“从而开创行政伦理研究的新纪元。”①1995年,NASPAA对所有成员院校进行了一次有关行政伦理学教学的全面调查,在209所院校中有138所院校开设了行政伦理学课程,占比超过成员院校的60%。

① 马国泉:《行政伦理:美国的理论与实践》,复旦大学出版社2006年版,第13页。

三、中国的行政伦理学研究

中国的行政伦理学研究是从20世纪90年代中期开始的。中华人民共和国成立初期,由于种种原因,行政学、政治学、社会学等人文社会科学的研究中断了。直到20世纪70年代末期宣布"文化大革命"结束,中国进入"改革开放"的新时代,才陆续恢复。1982年年初,《人民日报》发表了夏书章先生《把行政学的研究提上日程是时候了》①的文章,从此中国开始恢复和重建行政学。随着行政学研究的展开,行政伦理学研究在20世纪90年代中期逐渐兴起并快速发展。

中国行政伦理学研究的兴起与发展主要有两个方面的原因:一是受西方行政伦理学研究的影响。行政伦理学作为一门独立学科产生于20世纪70年代的美国,到90年代则已取得了长足的进步。而20世纪80年代以来的中国,其人文社会科学的恢复重建大都依靠从西方国家特别是美国引进或模仿借鉴。所以,美国在行政伦理学领域的研究成果很自然地对中国学术界产生了重大影响,从而催生了中国的行政伦理学研究。二是受中国社会主义市场经济建设中出现的严重腐败现象的刺激。在中国人将工作重心从"阶级斗争"转移到"经济建设"上来,进行社会主义市场经济建设取得巨大成就的同时,公共行政领域则出现了严重的腐败问题。而且,人们发现,法制建设的单一途径并不能解决腐败问题,还必须有行政伦理建设的支持,所以,行政伦理学研究迅速兴起。另外,大概可以说,中国当代行政伦理学研究的兴起与发展也与中国的"德治"传统以及中国共产党重视思想政治工作的传统有关。

从20世纪90年代中期到现在,二十多年来,中国行政伦理学研究取得了很大的成就。这主要表现在以下几个方面:

(一)行政伦理学进入大学课程体系

中国的行政伦理学研究,一开始就是与大学的课程建设联系在一起的。中国恢复行政学研究是从一些大学创办行政管理专业开始的。专业创办起来后,进一步的工作必然是不断完善课程体系。行政伦理学就是为完善行政管理专业

---

① 《人民日报》1982年1月29日第5版。

课程体系的需要,而不得不进行研究的一门学科。目前,我国有近200所高校设有行政管理专业,所有行政管理专业都已将“行政伦理学”列为必修课。

在中国高等院校中,首先开设行政伦理学课程的是中国人民大学。中国人民大学行政管理学系在1994年提出开设“行政伦理学”选修课的申请,得到了中国人民大学教务处的批准,于1996年春季开始在行政管理专业本科生中开设指定选修课,1996年秋季开始在行政管理专业硕士生中开设“行政伦理学专题”选修课。1999年修订教学方案,将本科生的选修课改为必修课;2000年修订教学方案时,将硕士生的选修课改为必修课。1999年开始为博士生开设“行政伦理学”专题讲座,2002年开始为公共管理硕士(MPA)开设“公共管理伦理学”选修课。2010年,中国人民大学的“行政伦理学”课程被教育部确定为国家精品课程。

湖南省的中南大学也是较早开设行政伦理学课程的高校之一。中南大学1996年开始在思想政治教育本科专业开设“行政伦理学”专题讲座,2000年创办行政管理本科专业,将“行政伦理学”确定为必修课。2004年将“公共管理伦理学”确定为MPA教育的专业基础课程。2005年中南大学与湖南省人事厅、湖南省委组织部合作举办了公务员“行政伦理学”培训班和研讨班。2006年,中南大学将“行政伦理学”课程确定为校级精品课程,2007年,该课程被教育部确定为国家精品课程。

(二)有一批行政伦理学领域的专家学者及学术成果

自20世90年代中期我国开始进行行政伦理学研究以来,这一领域逐渐聚集了一批专家学者,并产生了较为丰富的学术成果。其中著名的学者有张康之、万俊人、王伟、李建华等。主要的专著或教材有:张康之的《公共管理伦理学》(2003年,中国人民大学出版社)、《公共行政中的哲学与伦理》(2004年,中国人民大学出版社),张康之与李传军主编的《行政伦理学教程》(2004年,中国人民大学出版社),张康之的《行政伦理的观念与视野》(2008年,中国人民大学出版社),万俊人的《现代公共管理导论》(2005年,人民出版社),王伟与鄯爱红合著的《行政伦理学》(2005年,人民出版社),李建华的《中国官德》(2002年,四川人民出版社)、《行政伦理导论》(2005年,中南大学出版社)、《执政与善政:执政党伦理问题研究》(2006年,人民出版社)、《公共治理与公共伦理》(2008年,湖南大学出版社),李建华与左高山主编的《行政伦理学》(2010年,北京大学出版社),李建华的《官员的道德》(2012年,北京大学出版社),刘祖云的《当代中国公共行政的伦理审视》(2006年,人民出版社),等等。同时,还有大量的学术论文。

(三)有专门的学会组织及研讨会

中国行政伦理学有自己的专门学会组织,称"中国伦理学会政治伦理学专业委员会"。中国伦理学会成立于1980年,1999年成立分支机构"政治伦理学专业委员会"。政治伦理学专业委员会每隔一年或两年召开一次全国性研讨会,迄今已召开了九次研讨会。第九次研讨会的主题为"国家治理与政治伦理",于2017年9月在浙江金华的浙江师范大学召开。

第三节 行政伦理学的研究对象与方法

行政伦理学的研究对象和研究方法是什么,这是我们理解行政伦理学这门学科以及展开行政伦理学研究的关键。

一、行政管理学与伦理学的研究对象及方法

了解或确定行政伦理学的研究对象与研究方法,首先必须了解、反思行政管理学与伦理学的研究对象与研究方法。

(一)行政管理学的研究对象

行政管理学研究以曾任美国总统的威尔逊为先驱,他1887年发表在《政治学季刊》上的《行政之研究》一文,被公认为行政管理学的发端。在这篇文章中,威尔逊通过回顾行政领域研究的历史,指出行政与政治的不同,认为有必要建立一门独立的行政学科,去研究政府能够做什么,以及如何以最低的成本、最高的效率去做好这些事情。威尔逊为行政学研究确立了一个大概的范围,包括人事问题、组织问题和一般性的管理问题,并强调要把注意力集中在组织的有效性和

效率问题上。威尔逊之后，古德诺于1900年发表了《政治与行政》一书，对威尔逊的思想做了进一步的阐发。古德诺认为，政治是国家意志的表达，主要与政策的制定有关，而行政则是国家意志和政策的执行。因此，行政完全可以避开政治的纷乱和冲突，建设成为一个纯技术性的领域，以效率为目标、以技术标准为规范。1922年马克斯·韦伯发表了《社会组织与经济组织理论》一书，其官僚组织理论的建构，解决了将威尔逊思想付诸实施的技术问题，从而使行政学作为一门学科得以真正建立起来。韦伯认为，理想的官僚组织是建立在“合理—合法”权威基础上的，是从属于技术理性原则的，是层次分明、制度严格、权责明确、拥有工具合理性的等级制组织模式。而行政学正是要根据这些精神来分析和研究政府，对政府在实际运行中的一切不合乎技术理念和技术标准的方面提出改进意见。与此同时，泰勒1911年发表的《科学管理原理》和法约尔1916年发表的《工业管理与一般管理》，亦对行政学的形成产生过重大影响。泰勒和法约尔所代表的科学管理运动对管理机制、过程，管理的原则和方法等方面所做的全面深入的探讨，迎合了行政科学化、技术化的精神，从而被直接引用到行政学的研究中来。到1926年怀特出版《行政学导论》、1927年威洛比出版《公共行政原理》和1930年菲夫纳出版《行政学》，对公共行政学进行了系统的研究和阐述，作为一门独立学科的公共行政学已然建立，形成了较为完整的理论体系。这一时期，公共行政学的研究对象、范围包括了行政管理的体制、组织、结构、职能、决策、人事行政、财务行政等各个方面，其侧重点在于探讨普遍的管理原则、严格的等级制度和非人格化的管理、静态结构和固定程序、以工作为中心的管理方式、机械的效率和服从等。

20世纪30年代以后，公共行政学研究受行为科学的影响，进入其发展的行为主义阶段。这一阶段以西蒙为代表，他在其1947年出版的《行政行为：对行政组织决策过程的研究》一书中，提出“管理就是决策”的著名论断，认为决策过程和决策行为存在于一切组织的行政管理过程之中。他借助心理学成果，对决策本身、决策过程和决策程序进行了科学分析。他对程序化决策和非程序化决策进行了区分和分析，并从决策的角度对权威、信息沟通、效率、认同、组织目标和组织系统、信息处理技术等问题进行了分析和研究。他认为，与“完全理性”“寻求最优”的“经济人”不同，“行政人”是在“有限理性”的范围内运用相对简单的经验方法,按照"满意原则"挑选决策方案并进行决策的。

20世纪60年代,公共行政学的发展进入公共政策阶段,公共政策分析成为公共行政学研究的重要领域。60年代末,以明诺布鲁克会议为标志,公共行政学研究跨入"新公共行政"阶段。这一阶段的公共行政学研究方向发生了革命性转变,将价值观的考量放在了一个优先的位置。新公共行政理论认为,公共行政不仅仅是执行政策的工具,行政人员本身就应该决策,其行为更多地影响着公民的福利,担负着更广泛的社会责任,因此,必须重视对政府及行政人员的价值观引导。公共行政的根本目的是要实现社会公平正义;公共行政的特性在于其"公共性",必须回应公共利益诉求,强化公民意识和服务理念;必须民主行政;等等。到70年代末80年代初,公共行政学研究又进入到了"新公共管理"阶段。新公共管理运动主要解决三个方面的问题:第一,重新调整政府与社会、政府与市场的关系,减少政府职能,以使政府"管得少一些但要管得好一些";第二,尽可能实现社会自治,鼓励社会自身的公共管理;第三,改革政府部门内部的管理体制,尽可能地在一些部门中引进竞争机制,以提高政府部门的工作效率和社会服务质量。公共行政学研究或公共管理学研究的对象也相应地作了调整。

总而言之,行政管理学的研究对象不是一成不变的,它是随着实践本身的发展以及理论认识的深化而发展变化的。行政管理学当然以"行政"活动为研究对象,但因为人们对"行政"的认识理解的不同,以及行政实践中突出的问题不同,使得研究对象的具体内容或研究的侧重点也会有所不同。我国自20世纪80年代恢复行政管理学研究以来,其研究对象主要包括:行政环境、行政职能、行政组织、行政领导、人事行政、公共预算、行政信息、政策过程与政策分析、政府公共关系、行政伦理、行政法治、行政监督、公共危机、政府绩效管理、办公室管理与后勤管理等。①

(二)伦理学的研究对象

伦理学是一门古老的学科,早在两千多年前它就作为一门独立学科而存在了。古希腊哲学家亚里士多德即对道德现象给予了特别的关注,他研究了道德

① 参阅夏书章主编:《行政管理学(第四版)》,中山大学出版社2008年版。

本质、道德准则和道德行为，探讨了人的品质的形成规律，并从人类既有的知识体系中明确区分出了"伦理学"这样一门学科。亚里士多德死后出现了三本记载他的伦理思想的著作，一本是《尼各马可伦理学》，据说是他的儿子尼各马可根据他的思想、讲话整理而成的；一本是《欧德米亚伦理学》，据说是由他的学生欧德米亚整理的；还有一本是《大伦理学》，被认为是以上两本书的提要。亚里士多德以后，在西方，伦理学就成为一门独立的学科，并日益受到人们的重视。在我国，很长的历史时期内，伦理学总是同世界观、认识论、政治观等紧密结合、融为一体，因此，未能形成独立的伦理学学科。但是，中国先秦时期的儒家著作《论语》《孟子》等书，以及秦汉之际成书的《大学》《中庸》，都有对伦理思想的系统论述，可以说是有中国特色的伦理学著作。而宋明以后的"义理之学"，则可以说是以道德为研究对象的专门学科，是中国的伦理学。

传统的中国伦理学著作，大都把道德的基本原则、规范和有关道德的理论论证（如关于人性善恶、义利关系、物质生活条件和道德的相互制约、道德评价的标准和根据等）结合在一起，形成一个理论和规范相统一的伦理学体系。它们一方面强调理论的重要，并使伦理学理论不断完善和精密；另一方面，又极其重视教育和修养，强调践履和笃行，强调改造人的思想品质的重要性，从而使中国的伦理学带有"知行合一"的民族特色。西方的伦理学，经过长期的发展，则大体上形成了四种不同的类型：

（1）规范伦理学。自亚里士多德开始，许多传统的思想家们，都把伦理学当作一门规范科学。他们认为，伦理学的主要任务，就是要通过对善恶的研究，向人们指出应当遵循什么样的行为规范，履行什么样的义务。

（2）美德伦理学。在西方伦理学史上，有一些伦理学家在强调规范的同时，更强调规范的实际应用。他们认为，抽象的、纯理论的哲学探讨，将会把伦理学引入歧途。伦理学是一门行为科学，是一门研究人的行为品质即美德的科学。

（3）理论伦理学。在西方伦理学史上，也有一些伦理学家认为，伦理学就是道德哲学，是对于道德问题的哲学思考。他们极力反对把伦理学看作一门规范科学或实用科学，强调伦理学只从理论上探讨什么是善、什么是恶，强调要对善恶进行纯哲学的思辨，认为一涉及具体的行为规范和准则，就会失去伦理学作为道德哲学的意义和尊严。

(4) 分析伦理学。即20世纪以来在英美流行的元伦理学。元伦理学的突出特点在于,它试图从逻辑学方面,亦即从语义学方面,对道德概念进行分析,从而使伦理学成为一种空洞的、无内容的对道德概念和判断进行分析的学科。

那么,在我们现在看来,伦理学到底是一门什么学问,它的研究对象到底是什么?罗国杰认为,伦理学首先是一门理论科学,是一门探讨道德的规律性的科学;其次,伦理学也是一门以规范研究为其主要内容的科学;最后,伦理学又是关于人们的品质、行为和修养的科学,是一门有关人的道德行为的科学。总而言之,伦理学是一门研究道德的起源、本质、发展变化及其社会作用的科学。[1] 王海明认为,伦理学是关于道德的科学,而且是关于优良道德的科学,是关于优良道德的制定方法、制定过程及实现途径的科学。他把伦理学的研究对象区分为三大部分:优良道德的制定方法、制定过程及实现途径;并相应地将历史上的伦理学区分为三大类型:元伦理学、规范伦理学和美德伦理学。他认为,元伦理学是分析道德语言的科学,是关于伦理学术语和道德判断的确证的科学,因而,它实质上是关于优良道德制定方法的科学。规范伦理学主要研究社会制定道德的目的即道德的终极标准,以及伦理行为事实如何的客观本性,并从中推导、制定出行为应该如何的优良道德规范。美德伦理学主要研究优良道德由社会外在的规范向个人内在美德转化的过程,即优良道德的实现途径。[2] 我们认为,罗国杰与王海明有关伦理学的定义以及伦理学研究对象的观点基本上是一致的,伦理学是以人类道德现象为研究对象的科学,它研究道德背后的规律,研究并制定道德规范,也研究如何实现道德规范。这代表了20世纪80年代以来,我国伦理学界有关伦理学研究对象的一个基本认识。

但是,上述有关伦理学研究对象的概括,也许还不全面,因为我们忽略了当代伦理学的一个重要分支或类型:应用伦理学。对它的了解也许可以帮助我们更全面地把握伦理学的研究对象,能为我们正确认识"行政伦理学"的学科性质和研究对象提供一些借鉴和启发。

"应用伦理学"这一术语的使用始于19世纪,但一直断断续续没有产生很

---

① 罗国杰等编著:《伦理学教程》,中国人民大学出版社1986年版,第5—7页。

② 王海明:《新伦理学(修订版)》上册,商务印书馆2008年版,第1—38页。

大影响，直到 20 世纪 70 年代，随着医学伦理学、生命伦理学以及环境伦理学的出现并获得普遍承认，“应用伦理学”才成为一个真正被承认的术语。所谓应用伦理学，是研究将伦理学的基本理念、基本原则如何应用于社会生活的科学，也可以说是对社会生活各领域进行道德审视的科学。应用性和学科交叉性是应用伦理学的基本特征。应用伦理学直接介入实际生活过程，从伦理学的角度或者说从道德的角度对现实生活中突出的、有争议的问题进行研究，寻求解决。

应用伦理学自 20 世纪 70 年代得到承认以来，它的研究对象、研究领域迅速扩张，几乎遍及社会生活的各个领域。除上述医学伦理、生命伦理、环境伦理外，还有婚姻家庭伦理、性伦理、政治伦理、经济伦理、科技伦理、教育伦理、军事伦理、运动伦理、法律伦理、传媒伦理、网络伦理、学术伦理、制度伦理、政策伦理（包括行政伦理）等。

显然，应用伦理学的研究对象并没有超越伦理学划定的范围。它也无非研究道德现象的规律性、道德规范的制定以及实现问题。只不过，它更具体一些，研究的是某一具体的、特殊的社会生活领域的道德规律、道德规范和道德实现。应用伦理学侧重于应用，目的在于解决实际生活中突出的道德问题。每一种应用伦理学的涌现，都只不过是为伦理学发现和开辟了一个新的“战场”而已。但是，不能否认，应用伦理学的发展为我们从广度上认识伦理学的研究对象提供了有力的帮助。

（三）关于研究方法

研究方法，是指人们在科学研究过程中总结、提炼出来的，认识事物的内在规律，发现新的现象，提出新的理论、观点的工具和手段。不同的学科，因其研究对象、研究目的不同，其研究方法也会有所不同。科学研究的进步往往得益于研究方法的创新。因此，在进行科学研究的过程中，必须审视和选择研究方法。

由于人们认识问题的角度、研究对象的复杂性等因素，而且研究方法本身也处于一个不断地相互影响、相互结合、相互转化的动态发展过程中，所以人们对于研究方法的认识和概括并不统一，有相同相似的地方，也各有各的说法。一般来说，人文社会科学的研究方法主要包括：调查法、观察法、实验法、文献研究法、实证研究法、定性分析法、跨学科研究法、个案研究法、功能分析法、数量分析法和模拟法等。

（1）调查法，是有目的、有计划、有系统地搜集有关研究对象现实状况或历史状况的材料的方法。调查法中最常用的是问卷调查法，它是以书面提出问题的方式搜集资料的一种研究方法，即调查者就调查项目编制成表式，分发或邮寄给有关人员，请求填写答案，然后回收整理、统计和研究。

（2）观察法，是指研究者根据一定的研究目的、研究提纲或观察表，用自己的感官和辅助工具去直接观察被研究对象，从而获得资料的一种方法。

（3）实验法，是通过主动变革、控制研究对象来发现与确认事物间的因果联系的一种科研方法。

（4）文献研究法，是根据一定的研究目的或课题要求，通过文献调查来获得资料，从而全面地、正确地了解掌握所要研究问题的一种方法。

（5）实证研究法，即超越价值判断，研究现象本身的运动规律及内在逻辑，并根据经验和事实对结论进行验证的研究方法。

（6）定性分析法，是指对研究对象进行“质”的分析的方法。具体地说，是运用归纳与演绎、分析与综合以及抽象与概括等方法，对获得的各种材料进行思维加工，从而去粗取精、去伪存真、由此及彼、由表及里，达到认识事物本质、揭示事物内在规律的目的。

（7）跨学科研究法，即运用多学科的理论、方法和成果从整体上对某一课题进行综合研究的方法，也称“交叉研究法”。

（8）个案研究法，是指从研究对象群中确定的某一特定对象，加以调查分析，弄清其特点及其形成过程的一种研究方法。

（9）功能分析法，是社会调查常用的分析方法之一，它通过说明社会现象怎样满足一定社会系统的需要（具有怎样的功能）来解释社会现象的本质。

（10）数量研究法，也称“统计分析法”和“定量分析法”，是指通过对研究对象的规模、速度、范围、程度等数量关系的分析研究，认识和揭示事物间的相互关系、变化规律和发展趋势，借以达到对事物的正确解释和预测的一种研究方法。

（11）模拟法（模型方法）。模拟法是先依照原型的主要特征，创设一个相似的模型，然后通过模型来间接研究原型的一种研究方法。模拟法又分为物理模拟和数学模拟两种。

关于行政管理学的研究方法，张国庆在其《行政管理学概论》一书中将其概括为14种“分析方法”：(1)逻辑分析方法，即从哲学的观点出发研究公共行政现象；(2)法规分析方法，主要从法理、法律、法规的角度研究政府、政府官员及其行政行为的合法性、规范性、合理性，研究政府行政行为的条件性或局限性；(3)历史分析方法，研究行政管理学的起源、发展及演变沿革的过程；(4)实证分析方法；(5)规范分析方法，即根据一定的理念、价值标准或行为规范对“是非”作出评价，回答“应该怎么样”的分析方法；(6)比较分析方法，即通过对不同行政制度、行政模式、公共政策选择等问题的对比分析而寻求实现高效行政、民主行政的最佳途径的一种分析方法；(7)系统分析方法，即生态研究方法或环境研究方法；(8)生理分析方法，主要研究政府成员生理需要、生理状况与物质欲望满足和物质工作条件之间的关系，目的在于建立二者之间的合理对应关系；(9)心理分析方法，研究人的心理活动、心理特征及与其相一致的行为、团体行为与行政管理的关系；(10)资料分析方法，通过查阅现有的法律法规条文、政策文件、文书档案、书刊、论文、研究报告，寻求对一定行政问题或行政现象的理解；(11)案例分析方法，研究已经发生的真实而典型的行政事件；(12)量化分析方法，即用统计学、对策学、线性规划、矩阵和建立数学模型等数量化分析方法，研究和证明行政管理现象的因果对应关系和规范性，实现行政决策和对未来预测的正确性；(13)模拟分析方法；(14)利益分析方法，主要研究利益在行政管理过程中的特殊作用。① 彭国甫强调，行政管理学由其自身特性所决定的具体研究方法主要有四种：调查的方法、实证的方法、定量的方法和案例的方法。②

关于伦理学的研究方法，王海明在他的《新伦理学（修订版）》一书中给予了较为充分的讨论和说明。他把伦理学方法分为四种：发现法、证明法、证实法和建构法。伦理学的发现法主要是超历史分析法。所谓超历史分析法，是说伦理学虽然也是一定时代、一定社会历史环境和阶级利益的产物，但却不能说是一定时代、一定社会历史环境和阶级利益的反映，伦理学是对于一切社会——当然也包括产生它的特定社会——的共性、普遍性的反映。

① 张国庆主编：《公共行政学（第三版）》，北京大学出版社2007年版，第8—11页。

② 彭国甫主编：《中国行政管理新探》，湖南人民出版社2006年版，第5页。

伦理学的证明方法主要是因果归纳法和演绎法。科学的证明方法必须具有逻辑必然性,而科学发现的方法却可以是或然的。简单归纳法、直觉归纳法、类比归纳法的结论是或然的,因而不能作为伦理学的证明方法,而只能是伦理学的一种发现的方法。因果归纳法和演绎法的结论具有逻辑必然性,所以既可以是伦理学的发现方法,也可以是伦理学的证明方法。

伦理学的证实方法与自然科学一样,也是观察和实验。但伦理学的观察和实验与自然科学的观察和实验还是有所不同的。自然科学的观察和实验是"精密的观察和实验",伦理学因其对象不具有数学规律的结构,其观察和实验也是"非精密的"。伦理学最为根本的对象是人性、人心,因此,伦理学的观察和实验主要是一种"内省法"和"体验法"。

伦理学体系的建构方法是公理法。所谓公理法,即通过建立若干公理并推演出该门科学全部命题的演绎法,亦即把公理的真值直接或间接地传递给该门科学的全部命题的演绎法。

上述有关研究方法的概括和表述未必是全面的、准确的,但它肯定能为我们寻求行政伦理学的最佳研究方法提供借鉴和启发。

二、行政伦理学的研究对象

行政管理学的对象是"行政",伦理学的对象是"伦理",两者结合起来,行政伦理学的研究对象毫无疑问就是"行政伦理"。但是,这显然还过于简单,行政管理学和伦理学的研究对象,事实上与其对"行政"以及"行政问题","伦理"以及"伦理问题"的认识、理解有关。因此,确定行政伦理学的研究对象,也要从认识和理解"行政伦理"以及"行政伦理问题"开始。

关于行政伦理,前文已经明确。那么,什么是行政伦理问题?

所谓问题,一般来说,是指矛盾和疑难。矛盾主要是指对立和冲突,而疑难则是指人的希望、要求与对象实际状态的差距。人总是希望或要求其对象处在一种平衡、和谐的状态之中,而事实上,人们关注的对象又常常陷入对立、冲突之中,这就是问题。当对立、冲突转变为平衡、和谐,"问题"也就解决了。

所谓伦理问题,实质上就是指人际关系中的对立与冲突。人们必须交往从而建立人际关系,人们也都希望自己的人际关系平衡、和谐,而事实上,任何人际关系又都不可避免地存在着对立与冲突,这就构成了"伦理问题"。从根本上说,人际关系的对立与冲突是因为利益,是因为利益的分配问题。而利益不是凭空产生的,是由人们在劳动中创造出来的。因此,分配利益即劳动成果的同时,也涉及劳动任务的分配。所以,伦理问题实质上也是权利与义务的分配问题。行政伦理问题,是行政场域人际关系的对立与冲突,也是行政场域人际关系中权利与义务的分配问题。

有问题就必须解决,科学研究的目的和任务无非是解决人们所面临的问题,为人们的行动提供建议和指导。那么,如何解决伦理问题?如何解决行政伦理问题?显然,解决伦理问题,就是要对人际交往过程中牵涉到的利益,或者说,权利与义务,进行合理的、恰当的分配。而合理的、恰当的权利与义务分配,实际上也就是要去发现人们交往中的"理",即规律,给相互交往中的人(主体)的行为制定规范并落实规范。所以,伦理学既是一门探讨道德规律的科学,也是一门研究规范制定的科学,又是关于人的品质、行为和修养的科学。解决行政伦理问题,就是要对行政场域的权利和义务进行合理的、恰当的分配,亦即发现行政场域人际关系的"理"或规律,给行政主体制定规范并研究如何落实规范。因此,可以说,行政伦理学的研究对象是行政场域的权利与义务的合理、恰当分配问题,亦即行政行为的规律以及行政行为规范的制定与落实问题。

关于行政伦理学的研究对象,目前,人们还没有形成一个完全统一的看法,还存在一定的模糊性和不确定性。国内有几种代表性的观点,如王伟、鄯爱红认为:"行政伦理学作为一门新型学科,它是伦理学与行政学的交叉学科,是对公共行政领域中伦理问题的理论思考","行政伦理学直接关注公共行政领域中具体的道德问题,特别是要对公共行政领域中出现的一些道德悖论和伦理冲突进行经验的描述和理论分析,为政府和公务员的行政行为选择提供价值导向性的依据。"①他们的《行政伦理学》一书包括以下内容:行政伦理观、行政伦理规范、行政伦理范畴、行政伦理精神与品德、行政伦理养成机制、行政伦理监督机制、行政伦理选择、人事行政中的伦理问题、公共政策中的伦理问题、公共财政中的伦理问题、行政伦理的法制建设。张康之、李传军认为:"行政伦理学以公共行政

① 王伟、鄯爱红:《行政伦理学》,人民出版社2005年版,第30—31页。

领域及行政管理过程中的伦理问题为研究对象。”[①]他们的《行政伦理学》一书包括以下内容：行政伦理观、行政理想、态度和作风、行政良心、行政责任、行政纪律、行政荣誉、行政人格、行政伦理规范、政府信任关系、行政道德评价和行政伦理监督。李建华、左高山认为：“行政伦理学的研究对象大致包括三个部分：行政伦理主体、行政伦理关系和行政伦理行为。”[②]他们的《行政伦理学》一书包括以下内容：相关道德理论、中国传统行政伦理、行政理性、行政正义、行政自由裁量、行政腐败、行政忠诚、行政检举、行政责任、廉政与善政。

上述有关行政伦理学研究对象的表述显然是有所不同的，各有侧重，而且有各自的逻辑思路。但是，从总体上看又可以说是基本一致的。它们都是针对行政场域的伦理问题而展开研究和论述的，也都无非在寻求行政场域处理人际交往、人际关系中利益冲突的规律，制定相应的规范，并研究如何落实或者说实现规范的问题。

三、行政伦理学的研究方法

行政伦理学的研究方法与行政管理学和伦理学的研究方法是一致的，甚至可以说是与所有人文社会科学的研究方法一致的，凡是行政管理学、伦理学，以及其他人文社会科学所可能使用到的研究方法，行政伦理学都可能使用到。如调查、观察、文献研究、案例研究、历史分析、心理分析、定性分析、归纳、演绎等等。

① 张康之、李传军主编：《行政伦理学》，中央广播电视大学出版社2007年版，第18页。

② 李建华、左高山主编：《行政伦理学》，北京大学出版社2010年版，第10页。

第二章　行政价值及其主要理念

行政伦理学从根本上讲,是要解决"行政人"在行政场域应当如何的问题,亦即寻求行政场域处理人际交往过程中利益冲突的规律,并制定相应的规范,思考如何实现其规范。而这一切都以"行政价值"为起点。也就是说,必须首先弄清或确定行政的方向和目标,以及行政的基本尺度和标准,确立正确的行政价值理念,掌握利益冲突的处理之道,才有可能制定出好的规范,并有可能使好的规范得以顺利实现。那么,到底什么是行政价值?现代公共行政所奉行的行政价值理念主要有哪些?这是本章所要讨论的主要问题。

第一节　行政价值概念

一、价值与价值观

"价值"本是一个经济学概念,是指商品价值。"价值"作为一个高度抽象的哲学概念是在18世纪由英国哲学家大卫·休谟最先提出来的。休谟在他的《人性论》一书中提出要重视"是"与"应该"的区别,强调能否从"是"推出"应该",这是一个需要加以说明的问题。而"是"什么和"应该"如何的区别,实质上是"事实"与"价值"的区别。他认为事实不同于价值,事实的知识不同于价值的知识。休谟对于事实与价值、事实知识与价值知识的区分得到了康德的肯定。在康德之后，德国哲学家洛采提出了把世界划分为三个领域的思想：第一个领域是事实领域，第二个领域是普遍规律的领域，第三个领域是价值领域。他认为经验世界和普遍规律都是手段，只有价值才是目的。在洛采的影响下，产生了新康德主义弗莱堡学派的“价值哲学”。与此同时，尼采提出“上帝死了”，要“重估一切价值”，强调人是价值的创造者，也是价值的尺度，从而使价值问题成为思想界的一个热点问题。到19世纪末20世纪初价值哲学甚至成为一门独立的哲学学科，并很快传播到欧美各国和其他国家。20世纪70年代末80年代初，因为改革开放，外来文化的冲击，自我反思的迫切性，价值问题也成为中国人思考中的重大问题之一，“价值”成为中国人思想领域中的一个重要概念。

那么，价值到底是什么？所谓价值无非指事物或人的行为以及人本身（对象）对于我或我们而言的好坏、美丑、善恶、利害、有用与否。这也就是说，价值并不仅仅是对象的固有属性，也要看对谁而言、与何人发生关系，价值是从人与对象的关系中产生的，准确地说是从主体与客体的关系中产生的。李德顺说：“价值的客观基础，是人类生命活动即社会实践所特有的对象性关系——主客体关系……；价值产生于人按照自己的尺度去认识世界改造世界的现实活动；价值的本质，是客体属性同人的主体尺度之间的一种统一，是‘世界对人的意义’。”[①]王海明说：“价值亦即客体对主体需要的效用。”[②]所以，我们将价值定义为：客体（事物以及人本身）满足主体（人）需要的效用性。

价值是客观的。因为价值的构成要素——主体、客体以及主体与客体之间的关系，都是客观存在的，不以人的主观意志为转移。但在价值研究中有人否认价值的客观性，如价值哲学的创始人文德尔班就认为，价值完全由主观的情感意志决定。“价值（不论是肯定方面或否定方面）绝不能作为对象本身的特性，它是相对于一个估价的心灵而言的……。抽开意志与情感，就不会有价值这个东西。”[③]文德尔班的错误在于将价值主体完全理解为“估价的心灵”，理解为人的

① 李德顺：《价值论（第二版）》，中国人民大学出版2007年版，第39页。

② 王海明：《伦理学原理（第三版）》，北京大学出版社2009年版，第20页。

③ 文德尔班：《哲学概论》1921年英文版，第215—216页，转引自刘放桐等编著：《现代西方哲学》，人民出版社1981年版，第125页。

“意志与情感”,将主体等同于主观,将主体性等同于主观性。而实际上,价值主体是活生生的,有血有肉,有欲望、有需要,是实实在在的客观存在。价值主体当然也有意志与情感,但意志与情感是从客观存在的血肉中,是从人的欲望和需要中派生出来的,而不是独立自足的存在。所以,不能以主体意志与情感的主观性来否定主体的客观性,从而否定价值的客观性。

但对于“价值”有一个主观认识问题,即所谓价值观问题。价值研究的意义在于价值对人的行为有引导和规范作用,人的行为总是在价值的影响下发生的。但是,“价值”并不能直接影响人的行为,而必须通过价值观才能影响人的行为,人们总是根据他们认识到的价值来选择他们的行为。价值观是人们对于价值客体满足价值主体需要的效用或效果的认识。这一认识往往受制于人们对于主体需要与客体本质和规律的认识。人们对于主体需要的认识或对于客体本质和规律的认识,都将影响到人们的价值观。正因为如此,人们在价值观上常常存在冲突和争议。但因为人的需要是基本相同的,而且存在共同需要和公共需要,人们面对的客观规律也是一致的,所以,人们又总是能够达成价值共识,能够形成共同的价值观。

价值观作为人们对于价值的认识可以说有三种存在形式:价值判断、价值规范和价值理念。价值判断是人们对于客体满足主体需要的效用性的直接感知。比如,清新的空气能够满足人呼吸的需要,让人感到舒适,有益于人的健康,所以人们认为它是好的、有价值的。价值规范则是指价值对人的行为的引导和约束,它是由价值判断转换而来的。价值不是纯粹自然的东西,它与人的行动有关,它要求人们在行动中创造或维护能够满足人的需要和愿望的东西。而人的行为也不是盲目的、无意义的,必定是为了满足需要和愿望,必定以价值为目标和尺度。所以,当价值以判断的形式出现以后,也必然以规范的形式出现,从而引导和约束人的行为。(伦理道德作为人的行为规范,实质上也是价值规范。)比如,“清新的空气对人有益”这一价值判断,必然要求人们在行动上遵循“保持空气清新”“保护环境”等价值规范。价值理念来自于价值判断和价值规范,是对价值判断和价值规范的概括和抽象。比如,我们常说的“幸福”就可以说是一种价值理念。幸福来自于人们对于需要和愿望获得满足的感觉和判断,也来自于人们追求幸福、创造幸福的实践,即以幸福为规范的行动。正是从幸福判断和幸福规范中,人们获得了"幸福"理念:哪些东西能带给人们幸福,如何才能幸福。价值理念一经形成,又会反过来影响价值规范和价值判断。价值规范往往是价值理念的演绎,而价值判断也常常是基于价值规范而作出的。

二、行政价值

所有与人发生关系的对象都会对人产生或好或坏,或利或害的效用,都会有价值问题并引起人们的价值思考。"行政"作为一种人类行为也必然对与之相关的人(公众)产生效用,因而有所谓"行政价值"的考量。人类社会自出现"行政"现象以来,即有关于行政价值的思考和讨论。尤其在20世纪行政学产生以后,有关行政价值的思考讨论更为热烈。自20世90年代以来,随着行政学理论研究的深入,我国学术界明确提出了"行政价值"概念,并不断展开讨论。

对于什么是行政价值,我国学术界有一些不同的概括和表述。有人说:"行政价值是指行政客体对行政主体需要的满足,……行政价值的本质就在于能够使行政主体以及行政活动更加完善,推动人类社会的行政活动向前发展。"①有人说:"行政体系的价值关系是行政主体根据国家和社会公共事务管理的需要自觉地进行价值确定、价值选择和价值追求的结果","行政价值也是行政人员对自我生命的确定,而且正是这种生命构成了行政主体的本质。"②有人说:"所谓行政价值,是指行政活动对人的需要的满足和实现。"③有人说:"公共行政价值是人类社会关于公共行政的希望和理想、信仰和依托、期待和憧憬,是公共行政所追求的一种终极化的应然状态。"④有人说:"行政价值是行政价值主体的需要与特定行政价值客体的固有属性之间在行政管理实践过程中达成的一种肯定或否定——也就是一种一致性关系。"⑤

我们认为,行政价值即行政的价值,即行政活动满足公众需要的效用性。

"行政价值"这一概念的提出,就是要以"行政"为客体、以公众为主体进行

① 颜佳华:《行政价值刍议》,《湘潭大学学报》1999年第2期。

② 张康之:《论公共行政领域中的价值选择》,《江海学刊》2000年第1期。

③ 徐广东:《公共行政的价值及其范式的转换》,《学术交流》2008年第2期。

④ 张富:《公共行政的价值向度》,中央编译出版社2007年版,第12页。

⑤ 陈世香:《行政价值研究》,人民出版社2006年版,第9页。

效用的考量。行政如何才好？行政的“效用”如何才最大？这既是行政组织和行政人员思考的问题，更是公众思考的问题。行政的“好”与“效用”是对谁而言的？它既是对行政组织和行政人员而言的，更是对公众而言的。因为，正因为公众有公共利益和公共事务的需要，公众的“集资”投入，才有所谓行政活动。所以，行政价值，只能理解为行政活动满足公众需要的效用性。

行政价值也是客观存在的。因为作为价值主体的公众及其公共利益和公共事务是客观存在的，作为价值客体的行政活动是客观存在的，价值客体与价值主体之间的关系也是客观存在的。

但对行政价值也有一个认识问题，即行政价值观问题。行政价值观，是人们对于行政行为满足公众需要的效用的认识。这种认识也同样表现为三种形式：行政价值判断、行政价值规范和行政价值理念。行政价值判断是人们（公众以及行政组织和行政人员）对行政行为满足公众需要的效用性的肯定或否定，它以公众对行政行为效用的直接感受（公众是否满意）为前提。行政价值规范则是行政行为应该如何或必须如何的准则、尺度，它是从行政价值判断总结归纳而来的。行政价值判断来自于公众对行政行为效用的感受，也必然反过来影响行政行为的方向和力度。当行政价值判断影响行政行为时，行政价值判断也就在实际上成为行政价值规范了。行政价值理念是从行政价值判断和行政价值规范抽象概括而来的，它一方面体现为公众对于行政的需要、期待和要求，另一方面也体现为公众对于行政效用的共识。行政价值理念形成后也会反过来影响行政价值规范和行政价值判断，行政价值判断、行政价值规范、行政价值理念三者相互区别又互有影响、互为前提。

3. 行政价值的体系特征

价值是一种体系性、系统性存在。因为，一方面，价值主体（人）的需要是多方面的，有种类的不同也有层次的不同，不同种类和不同层次的需要之间存在一定的逻辑秩序；另一方面，价值客体也不是单一的，而是多种多样的，不同的价值客体又总是相互联系相互影响的。所以，价值也相应地形成一种体系或系统，不同类型与不同层次的价值之间存在着逻辑联系。同样，行政价值也是一种体系性、系统性存在，因为公众的需要是多方面的、多层次的、系统性的，同时也因为行政行为是复杂、繁多而又相互联系的。行政价值体系，即行政价值的类型、层次的区分及相互关系。

有关行政价值体系的反思、研究,古已有之。中外关于治国理政的思考中,包含有丰富的行政价值思想,其中不乏行政价值的体系性表述。如《论语》记载:"子贡问政,子曰:'足食,足兵,民信之矣。'子贡曰:'必不得已而去,于斯三者何先?'曰:'去兵。'子贡曰:'必不得已而去,于斯二者何先?'曰:'去食。自古皆有死,民无信不立。'"[①]这说明,孔子对行政价值的理解是体系性的,他认为最基本的行政价值有三项:粮食、军备、人民信任,而这三项价值中人民信任是最为重要的,其次为粮食,最后为军备。古希腊思想家柏拉图对行政价值的理解也是体系性的,他认为理想的国家应追求、具备四种德性,即四种价值:智慧、勇敢、节制、正义。智慧是统治者的德性,勇敢是卫国者的德性,节制是第三阶层(谋生者)的德性,正义要求各行其是、各安其分,是所有阶层的共同德性。[②]

行政价值体系可以从两个维度来描述,即横向区分类别和纵向区分层次。横向分类,是并列关系的、互不相属的、不同种类的行政价值的区分。这种区分以公众需要的多面性以及满足需要的对象的多样性为依据。横向分类又有三个层面的不同,即行政价值判断层面、行政价值规范层面和行政价值理念层面;纵向分层,则是包含、从属关系的行政价值的区分。这种区分以对横向分类的抽象和归纳为依据。纵向分层也有三个层面的不同,即行政价值判断层面、行政价值规范层面和行政价值理念层面。

有关行政价值判断的横向区分即类别区分最为复杂,因为行政价值判断是最具体、最丰富的。一般来说,我们可以依据公众身份、地位、财富的不同,即主体所属阶级或阶层的不同,来区分不同类型的行政价值判断,因为价值判断与主体的利益立场有关;也可以依据评判对象的不同,即行政行为的不同,区分不同类型的行政价值判断;等等。行政价值规范一般可以区分为:宪法与法律规范、政策规范、道德规范和纪律规范。与行政行为有关的宪法与法律规范、政策规范、道德规范和纪律规范都是行政价值规范,因其与公众的需要和要求有关,与公共利益诉求有关。行政价值规范的这一区分,主要依据的是责任性质的不同,

---

① 《论语·颜渊》。

② 唐凯麟:《西方伦理学名著提要》,江西人民出版 2000 年版,第 32—33 页。

以及责任追究的主体与形式的不同。规范是行为主体应该或必须遵守的，规范一经形成即意味着行为主体应负责任的形成，即意味着一种责任机制的形成。同时，行政价值规范还可以依据行政行为内容性质的不同来区分，如法律规范又可以区分为民法规范与刑法规范等，政策规范又可以区分为经济政策、文化政策等。行政价值理念也可以作横向区分。现代公共行政的价值理念主要有：以人为本、公共利益、公平正义、民主法治、行政效率等。行政价值理念的区分，主要依据的是公众对行政（政府）期待和要求的不同，体现了公众需要的多面性。

纵向区分意味着行政价值的等级次序的不同，其等级次序的区分包含着十分复杂的原则和方法。比如根据目的性与手段性的不同进行排序：目的优先于手段。目的性行政价值是说行政行为本身就是公众所需要的东西，是公众需要的直接表达。手段性行政价值则是说行政行为本身并不是公众所需要的，但它可以带给公众需要的东西。又如根据功利大小排序："两害相权取其轻，两利相权取其重。"等等。排序的原则与方法是从实践中、从公众的价值判断中总结概括出来的。它也包含在一些价值理论中，如德性论、功利主义、义务论、契约主义等，这些价值理论向我们揭示的正是某种价值体系中的逻辑线索。这些价值理论固然与思想家们的探索、研究分不开，但更重要的还是公众智慧的结晶。

对行政价值体系的反思、研究，就是要对公众有关行政的价值判断进行全面充分的了解，从而概括总结出行政价值规范与行政价值理念，以便从总体上把握行政价值。同时，还要发现、理顺不同行政价值判断中间的逻辑联系，以区分价值规范与价值理念的先后轻重，以应对价值冲突。而无论是为了从总体上把握行政价值，还是为了应对价值冲突，行政价值理念的确立都是至关重要的、是关键性的。因此，接下来我们要着重讨论现代公共行政的一些主要价值理念，如以人为本、公共利益、公平正义、民主法治、行政效率、服务行政等。

第二节　以人为本

"以人为本"是现代公共行政最重要的价值理念。因为，人的一切努力、一切工作，无非为了人、为了实现人的价值。离开人本身而去寻找或确定行动的意义，都是自欺欺人的。公共行政也只有以人为目的，以人为原则，尊重人、善待人、成就人,才能确证其具有合法性。

"以人为本"作为一种思想理念可谓源远流长。我国春秋战国时期的管子即曾明确提出"以人为本"。《管子·霸言》说:"夫霸王之所始也,以人为本,本理则国固,本乱则国危。"管子的"以人为本"亦即"以民为本",也就是说要顺应民心、为百姓着想,比如轻税、缓刑、使民以时。而"民本"思想又可以追溯到更为久远的上古时代。《古文尚书·五子之歌》记载说:"皇祖有训,民可近,不可下(轻视),民惟邦本,本固邦宁。"西方近代史上的"人本主义"(humanism)和"人类中心主义"(anthropocentrism)也强调以人为本,要求承认人的价值,以人为万物的尺度。这一思想可以追溯到古希腊时代,希腊智者普罗太戈拉斯就曾说过:"人是万物的尺度,是所是的东西是什么的尺度,是不是的东西不是什么的尺度。"[①]马克思主义的思想体系中也包含有"以人为本"的思想。不但在早期,在"德法年鉴"时期、在1844年手稿中,甚至在《资本论》中,在后期的笔记中,都可以看到马克思对人的价值的热情推崇,以及对摧残人的价值的社会制度的无情批判。[②] 当代,中国共产党人对马克思的人本主义思想作了继承性阐释。2003年10月,中国共产党十六届三中全会《中共中央关于完善社会主义市场经济体制若干问题的决定》提出,"坚持以人为本,树立全面、协调、可持续的发展观,促进经济社会和人的全面发展";2007年10月,中国共产党第十七次全国代表大会上胡锦涛总书记在报告中提出"科学发展观,第一要义是发展,核心是以人为本",强调"必须坚持以人为本"。十七大将"科学发展观"写入党章,而"以人为本"也正式明确为中国共产党的重要执政理念。

那么,如何理解"以人为本"?

一、如何理解"人"

正确理解"以人为本",首先要正确理解其中"人"这个概念。按照马克思主义的理解,人是具体的、现实的,而不是抽象的、虚幻的。具体的、现实的人存在

---

① 转引自赵敦华:《西方人本主义的传统与马克思的"人本主义"思想》,《北京大学学报(哲学社会科学版)》2004年第6期。

② 同上。

于一定的时空之中,存在于每个时代个人的实际生活过程和活动之中。在不同的社会形态、不同的历史阶段、不同的时空中,“人”有不同的、具体的内涵。主要可以从以下几个方面来理解[1]:

(1)人是不同于纯粹自然界的且不同于自然界中其他生物的“类”存在物。辩证唯物主义和历史唯物主义认为,人是自然界演化到一定历史阶段的物质运动的特殊形态的产物,是肉体的、有自然力的、有生命的、现实的、感性的、对象性的存在物,是唯一由于劳动而摆脱纯粹动物状态的“类”的存在。劳动这种生命活动、这种生产生活本身,把人同动物区别开来。人的类特性就是自由的、自觉的活动,也正是这种活动本身创造了个人自主活动的条件。在这个过程中,人始终是能动的、现实的。人既是认识世界和改造世界的主体,同时也与人之外的自然界一样,是认识和改造的对象。世界的物质统一性在社会的历史演变中,表现为人通过认识和改造自然的实践活动与自然界相互依存、相互作用。

(2)人是由全部社会成员组成的集合体中的“每个人”。人的基本形态可以概括为:个体、群体与总体(人类)。人,其现实的、直接的存在形态无疑是个体。一个个“个体”组成群体和人类总体,没有个体也就没有群体乃至于整个人类。但生活实践告诉我们,个体的存在又离不开群体乃至于人类总体。因此,我们理解的“人”既不是孤独的个体,也不是抽象、虚幻的群体或总体,而是包含了人的全部现实性、概括了人的全部存在形态的“每个人”。马克思和恩格斯在《共产党宣言》中就是这样来理解“人”的。他们说:“代替那存在着阶级和阶级对立的资产阶级旧社会的,将是这样一个联合体,在那里,每个人的自由发展是一切人的自由发展的条件。”[2]在以往的人类历史上、在存在着阶级对立的社会中,对人的理解总是存在着片面性。或者是极端的个人主义、利己主义,以邻为壑、“他人即地狱”;或者以“虚假的共同体”的名义剥夺多数个人的自由。要避免对人的片面性理解,必须将人理解为由全部社会成员组成的集合体中的“每个人”。只有每个人都能自由发展,才可能有一切人的自由发展。

(3)人既是指“现在”存在的人也是指“过去”和“未来”存在的人。具体的、

① 参阅张奎良:《“以人为本”的哲学意义》,《哲学研究》2004年第5期。

② 《马克思恩格斯选集》第1卷,人民出版社1972年版,第273页。

现实的人,都存在于一定的时空之中。所以,相对于“现在”的人来说,也存在“过去”的和“未来”的人。现在的人来自过去的人,也必然产生未来的人。现在的人不能只把自己这一代当作具体的、现实的人,而把历史上的人、把“老祖宗”当作抽象的、虚幻的,甚至忘记历史、忘记祖宗。“感性世界决不是某种开天辟地以来就已存在的、始终如一的东西,而是工业和社会状况的产物,是历史的产物,是世世代代活动的结果,其中每一代都在前一代所达到的基础上继续发展”①,同时,现在的人也不能把未来的人、不能把自己的“子孙后代”当作抽象的、虚幻的,不能“今朝有酒今朝醉”,不能断掉子孙后代的路。所以,我们所理解的人,既是指“现在”的人,也是指“过去”的人和“未来”的人。

(4) 人是全面发展的人。人是一种具有多面性的统一体。人既有肉体,是一种物质性的存在;也有灵魂,又是一种精神性存在。人既是独立的、个体性的存在,也是联合的、社会性的存在。人的需要是多方面的、多层次的,有自然需要、精神需要和社会需要,有生存需要、享受需要和发展需要,有生理需要、安全需要、社交需要、尊重需要和自我实现的需要等。因此,真正意义上的人是多方面需要、多层次需都能得到满足,各个方面都得到发展的“全面发展的人”,而不是片面的、“单向度”的人。

全面发展的人,或者说,人的全面发展,是马克思主义唯物史观关注的中心问题。马克思在《1844年经济学哲学手稿》中提出的异化劳动问题,实质上就是关注人的全面发展问题。他认为,在未来的共产主义社会里,人将“以一种全面的方式,也就是说,作为一个完整的人,占有自己的全面的本质”②。在《德意志意识形态》里,马克思对历史上人的发展作出考察后指出:个人的全面发展“正是共产主义者所向往的”③;共产主义社会是人类历史上唯一“以每个人的全面而自由的发展为基本原则的社会形式”④。

人的全面发展可以从以下三个方面来认识:

第一,人的活动以及人的需要和能力的全面发展。人是感性活动着的人,所

① 《马克思恩格斯选集》第1卷,人民出版社1972年版,第48页。

② 《马克思恩格斯全集》第42卷,人民出版社1979年版,第123页。

③ 《马克思恩格斯全集》第3卷,人民出版社1960年版,第330页。

④ 《马克思恩格斯全集》第23卷,人民出版社1972年版,第649页。

以人的全面发展实质上就是人的感性活动或实践活动的全面发展。亦即活动的内容和形式丰富、完整和自由变化，而不是贫乏、片面和固定不变。人们不是屈从于被迫的分工和狭隘的职业，而是按自己的天赋、特长、兴趣自由地选择活动的领域，不仅从事体力劳动，而且从事脑力劳动，不仅参加物质生产劳动，而且参加经济、政治、社会生活的管理活动，进行科学艺术的创造活动等等。人的感性活动的全面发展实际上也是人的需要和人的能力的全面发展。因为人的活动无非是为了满足人的需要，需要是人的本性；而人的能力是人实现需要的手段，是主客体对象性关系建立的必要条件。

第二，人的社会关系全面丰富。社会关系是劳动实践活动的展开，社会关系的丰富性决定着人的发展程度。正如马克思所说："个人的全面性不是想象的或设想的全面性，而是他的现实关系和观念关系的全面性。"①人类社会初期，由于人的活动不发展，人的社会关系也是简单、贫乏的，囿于血缘关系和地缘关系。社会关系的全面丰富，意味着人与人之间摆脱了分工、地域、民族，乃至身份、地位的局限性，而生成了多方面的、多领域的、多层次的联系，人们之间有经济关系、政治关系、法律关系、伦理关系、宗教关系、文化关系等各种关系，并且获得协调和谐的发展。

第三，人的素质的全面提高和个性的自由发展。人的全面发展也表现为由人的实践活动和社会关系所决定的完整人性的发展，包括人的自然属性、社会属性和精神属性的全面发展。人性的全面发展又集中表现为人的素质的全面提高和个性的自由发展。人的素质的全面提高，表现为人的身体素质、心理素质、思想道德素质和科学文化素质等各方面素质的发展和完善。人的个性的自由发展表现为个人主体性水平的全面提高，个人独特性的增加和丰富。也就是说，人的自觉能动性、创造性和自主性得到全面发展，个性的模式化、单调化、定型化被打破，每个人都追求并保持着独特的人格、理想、社会形象和能力体系，显现着自己独特的存在，呈现出与众不同的差异性，即个人的唯一性、不可重复性、不可取代性，社会因此而充满生机和活力。

---

① 《马克思恩格斯全集》第46卷下，人民出版社1980年版，第36页。

二、如何理解“本”

“以人为本”的“本”字何意,这也是正确理解以人为本的关键。“本”在日常语言中有多种含义,其中最主要的含义有:(1)草木的根或茎。例:本草(泛指中药),无本之木。(2)事物的根源,与“末”相对。例:本末,根本。(3)中心的,主要的。例:本部,本体。(4)原来。例:本意,本色。(5)自己这方面的。例:本国,本身,本位,本分。(6)根据、依据。例:本着政策办事,本着良心做事。“以人为本”的“本”主要可以从以下三个方面来理解:

1. 本体论意义上的世界之本

“以人为本”的“本”,首先具有本体论的意义,指(人是)世界的基础和本原。在哲学史上,物、心和神都曾被当作世界之“本”,并由此演化为唯物论、唯心论和唯神论等哲学流派。在马克思以前,本体论是一种普遍的哲学思维方式,任何一种哲学都必须回答世界的终极本质问题。但这种本体论思维方式存在严重的缺陷,它脱离人和人的现实生活抽象地追问世界的始基,得出的答案既不可证实也不可证伪,只是一种思辨的信念,怎么说都行,不具有公认的确定性。马克思的实践唯物主义把对世界之本的追寻置于人的生活实践中。马克思认为,我们所说的世界是现实的世界,是人的生活世界,而不是离开人的虚妄的、抽象的世界。人的生活世界包含三个层面:自然界、人类社会和精神世界。这三个层面无一不是人类实践创造的结果,无一不以人为“本”。对“本”的这一理解,与将“人”理解为劳动者、理解为实践主体、理解为不同于自然界其他生物的特殊“类”存在是联系在一起的,在逻辑上是相关的。只有这样理解“人”,才能这样理解“本”。

2. 价值论意义上的决策和行事之本

“以人为本”的“本”不仅具有本体论意义,还具有价值论的意义,指(人的)尊贵和重要(比“神”重要、比“君”重要、比“物”重要),要求本着人的利益、需求来决策和行事。肯定人是世界之本,也就意味着肯定人的尊贵和重要,也必然要求人们在行事、决策时重视和善待“人”自身,把人当人看,使人成其为人,以人的生存和发展、以人的利益和需求为行事、决策的原则和方向。但在人类历史上、在社会实践中,常常出现轻视人、蔑视人、摧残人的价值的制度或行为。比如,奴隶社会的奴隶制度,把人当作会说话的工具;中国封建社会的纲常礼教对人性的压抑和摧残,鲁迅先生喻之为“吃人”的社会;资本主义社会的劳动异化,实质上是人的异化;宗教神学强调以神为本;等等。价值论意义上的“以人为本”与近现代哲学发展史上的人本主义是基本一致的,或者说,人本主义的中心思想主要就是在价值论意义上强调以人为本。对“本”的这一理解,与将“人”理解为“每个人”,理解为包括“现在”的人、“过去”的人和“未来”的人在内的所有人是联系在一起的,在逻辑上是相关的。只有这样理解“人”,才能这样理解“本”。

3. 终极追求意义上的理想和目标之本

所谓终极追求,即人类行为最终的、最根本的理想和目标。人的行为乃至于人类的行为,是有目标和理想的,而不是盲目的。每一个具体的行为,都会有一个具体的目标或理想,而为了避免或解决具体目标、理想间的矛盾冲突,又必须有一个高度综合的、终极意义上的、最为根本的目标理想。这就是终极追求,亦称为终极关怀。以人为本的“本”,不仅具有本体论和价值论意义,也具有终极追求的意义。也就是说,人的、人类的所有作为,都无非为了人,为了满足人的需要和利益,为了实现人的本质和价值。对“本”的这一理解,与将“人”理解为“全面发展的人”、理解为“自由人”是联系在一起的,在逻辑上是相关的。只有这样理解“人”,才能这样理解“本”。

总而言之,人是这个世界的创造者,是实践的主体,公共行政必须尊重、善待每一个人,包括“过去”的人和“未来”的人,要以人的全面发展、自由发展为最终的理想和目标。正如胡锦涛同志在中国共产党第十七次全国代表大会上的报告中所强调的:必须坚持以人为本。要始终把实现好、维护好、发展好最广大人民的根本利益作为党和国家一切工作的出发点和落脚点,尊重人民主体地位,发挥人民首创精神,保障人民各项权益,走共同富裕道路,促进人的全面发展。

第三节　公共利益

利益无疑是所有人类行动(行为)的根本目的、是人类行动的价值和意义所在。人类的一切作为无非为了利益,离开利益我们很难解释人类的行为。利益是指能够满足人的需要的对象,“是人们为了生存、享受和发展所需要的资源和条件”①。因此,人类行动的价值理念中必然包含着利益理念,对利益的认识和理解,决定人类行动的方向、方式以及力度。人类的“行政行为”也必然是为了实现利益的,在行政价值理念中也必然包含着利益理念。那么,行政价值理念中包含着怎样的利益理念?毫无疑问,是公共利益理念。因为现代行政是公共行政,公共行政的目的必定是实现公共利益。离开公共利益,公共行政将失去价值和意义,也将失去其合法性。

一、什么是公共利益

公共利益问题是一个颇为复杂的问题,无论在理论上还是在实践上,人们对“公共利益”的理解和界说都存在着较大的差异。中国法学会行政法学研究会2004年在重庆市召开年会,这届年会的论题之一为“公共利益的界定”。会后的一篇综述说:“与会学者一致认为公共利益概念是一个不确定的法律概念,”“对于公共利益概念的内涵则众说纷纭、莫衷一是。”孙丽岩指出,公共利益泛指对象不确定的为社会全体或多数人享有的利益。这一概念是抽象的,内容是不确定的。杨临宏认为,公共利益是指公众的或与公众有关的利益,确立的标准是存在大多数的、不确定的受益人。公共利益有五个特征,即不明确性、优先保障性、非营利性、社会共享性。陈晋胜、田伟光认为,公共利益是公共社会成员所共同拥有的那些利益,有四个特征:区域性、时段性、公益性和共享性。徐银华认为,公共利益是与私人利益或个人利益相对的概念,是一个特定社会群体存在和发展所必需的、该社会群体中不确定的个人都可以享有的社会价值。朱维究、吴小龙认为,公共利益不是特定人的利益,是符合社会进步需要的利益,是与私人利益相对的利益。陈宏光、曹达全认为,公共利益是一定范围内的群体所享有的赖以生存的基本条件和要求,是多数人的利益,但不是个体利益的简单相加,而是个体利益的整合。敖双红认为,公共利益不是凌驾于私人利益之上的利益,公共

---

① 陈庆云等:《论公共管理中的利益分析》,《中国行政管理》2005年第5期。

利益是法律的基础,也是最高的法律,公共利益是权力合法化的基础。①

在国外,人们对公共利益的理解和界定的也是不同的。如《牛津高级英汉双解词典》的解释是,公共利益指"公众的、与公众有关的或为公众的、公用的利益(尤指由中央或地方政府提供的)"。在英美法系中,"公共利益"与"公共政策"(public policy)是等同的概念,主要指"被立法机关或法院视为与整个国家和社会根本有关的原则和标准,该原则要求将一般公共利益(general public interest)与社会福祉(good of community)纳入考虑的范围,从而可以使法院有理由拒绝承认当事人某些交易或其他行为的法律效力"②。英美法系国家还有"公共利益法律"的概念,是民权法、济贫法、环保法、医疗保障法等的总称。在大陆法系国家,与"公共政策"相关的概念是"公共秩序",也称"公序良俗"。但对于公共政策与公共利益是否为相同的概念,学者们的观点各异。日本学术界有关公共利益的基本观点是:公共利益(或公共福利)应是个人利益之集合,它是调整人权相互之间冲突的实质性公平原理。③

鉴于人们对公共利益的理解和界定如此不同,还有人对定义公共利益的方法进行反思。如范进学认为,定义"公共利益"的方法有三种,一是从"学理特征"上理解和界定公共利益,二是通过"程序原则之限定"的方式来理解和把握公共利益,三是以"法律列举与概括式规定"的方式来明确公共利益的范围和界限。他较为推崇"程序原则之限定"的方式:"既然人们就普遍利益之目的难以达成一种共识,所以最好的社会合作方法就是就程序问题达成共识。""这样有助于每个人都能从中获益,而且最终则有利于公共利益的实现。"④他认为,限定"公共利益"的程序原则有四项,即个人权利优位原则、平等商谈原则、事先公平补偿原则、事后权利救济原则。

我们认为,人们对公共利益的理解和界定,虽然有所不同,但很大程度上并不互相矛盾冲突,而是相互补充的。正因为有不同的意见,我们才有可能较为全

① 陶攀:《2004年行政法年会"公共利益的界定"之议题研讨综述》,《行政法学研究》2004年第4期。

② 《元照英美法词典》,法律出版社2003年版,第1117页。

③ 参阅韩大元:《宪法文本中"公共利益"的规范分析》,《法学论坛》2005年第5期。

④ 范进学:《定义"公共利益"的方法论及概念诠释》,《法学论坛》2005年第5期。

面、较为准确地理解和界定公共利益。我们对公共利益的理解和界定是这样的：公共利益是相对于私人利益而言的公众的利益，是一定范围内的全体或大多数人的利益，是具有公有性、共享性、共创性、普遍性即公共性的利益。在这一定义之后，我们还要特别附上两点说明：

第一，公共利益与私人利益的区分是由人性和物性两方面的“客观因素”所决定的。

既然公共利益的理解和把握如此麻烦，我们势必要问，人类到底为什么要将利益区分为公共利益与私人利益？我们认为，利益之所以被区分为公共利益与私人利益，从根本上讲，是为了更好地实现利益。进一步讲，则又是人性和物性这两方面的因素所决定的。因为人性，即人的社会性和个体性；因为物性，则主要是物的竞争性与非竞争性、排他性与非排他性。

人类是群居的、社会性的动物，但具有社会性的人类同时又以独立的个体的形式而存在。作为独立的个体，人不仅能够意识到自己的独立存在，而且有一种自利的倾向，有一种满足自身需要、欲望和目的的强烈冲动。这种冲动最终表现为对外在对象，即所谓“资源和条件”的改造和占有。但也正是在对外在对象或“资源和条件”的改造和占有的过程中，人们意识到了个人力量的不足或者独立占有的不可能性，同时又意识到了联合起来的群体力量的优势以及以群体形式占有的合理性，因此，独立的个体选择了群居的生存方式，形成了人类社会。

人类社会形成了，人类在漫长的社会生活中获得了一种社会性的本质特征，但其社会性本质并不因此而否定、掩盖、消解人的个体性和独立性的本质特征。相反，人的社会性本质总是以人的个体性和独立性为前提和基础。这样，人的社会性与人的个体性在现实生活中结成了一幅“对子”，它们存在着冲突和矛盾，但又相互联系、相互依存。而它们之所以矛盾冲突，或者相互依存都是因为“利益”。因为“公共利益”，人们结成了社会；因为“私人利益”，处身于社会中的人们又千方百计地寻求独立和自由。这也就是说，因为人有社会性和个体性，也就必然有或者说必须有公共利益和私人利益的区分，没有公共利益不能实现人的社会性，没有私人利益则不能实现人的个体性。

公共利益与私人利益的区分离不开人性，同时也离不开物性，它也是由物的竞争性与非竞争性、排他性与非排他性决定的。

物的竞争性与非竞争性、排他性与非排他性特征，是物在满足人的需要、被人们消费的过程中凸显的特征。所谓竞争性与非竞争性，是指物被人消费时是否因分享者人数的增加而明显减少人均消费的份额，或者是否因分享者人数的增加而导致成本的增长。是，则该物是一种具有竞争性的物品；否，则该物是一种具有非竞争性的物品。所谓排他性与非排他性，是指物被人消费时能否将其他试图分享该物的人排除在外，或者是否因排除其他分享者而花费巨大成本。能不花费巨大成本而将试图分享者排除在外，则该物是一种具有排他性的物品，否则该物是一种具有非排他性的物品。物品的竞争性与非竞争性、排他性与非排他性特征是由经济学家们归纳出来的，他们发现公共物品是一种具有非竞争性和非排他性的物品，而私人物品则是具有竞争性和排他性的物品。

公共物品和私人物品的区分是与公共利益和私人利益的区分相对应的，物品和利益都是指满足人的需要的对象，二者是同一的，所以，公共物品即公共利益，私人物品即私人利益。这也就是说，公共利益之所以是公共利益是因为它作为满足人的需要的对象是一种公共物品，是一种具有非竞争性和非排他性的物品；而私人利益之所以是私人利益则是因为它作为一种满足人的需要的对象是一种私人物品，是一种具有竞争性和排他性的物品。

在这里，人性和物性是联系在一起、相互映照的，没有人的社会性与个体性的区别，物的公共性与私人性的区分就没有意义、没有必要；而没有物的公共性与私人性的不同，则人的社会性与个体性区分也没有意义、没有价值。正是因为有人性的社会性与个体性的区分和物性的公共性与私人性的区分这两方面不以人的主观意志为转移的“客观因素”的存在，所以，人类不得不将其利益区分为公共利益和私人利益。这也就是说，公共利益与私人利益的区分并不是人们的主观臆造，不是可有可无、没事找事，而是必要的、必需的。

第二，公共利益与私人利益的区分是相对的，而不是绝对的，我们应该以辩证的逻辑来看待二者的区分。

公共利益与私人利益是有所区分的，或者说，是必须有所区分的，我们不能把二者混为一谈，既不能把私人利益公共化，也不能把公共利益私人化；公共利益不等于私人利益的简单相加，私人利益也不是公共利益的肢解。但是，公共利益与私人利益都是人的利益，二者并不是对立的，而是相互补充的，是一个统一的整体。因此,我们不能将二者的区分绝对化,不能将二者对立起来,更不能抽象地说二者谁轻谁重,谁应该优先予以满足,谁是次要的、可以牺牲的。对二者加以区分是必要的,但这并不是我们的最终目的,而只是一种手段,我们的目的是要更好、更充分地实现每个人的利益,既包括公共利益也包括私人利益。所以,“公共利益”是一个开放性概念,它的内涵和外延将在实践中、在历史中被理解和界定。

二、公共行政为什么要以公共利益为目的

公共行政为什么要以公共利益为目的?公共行政的价值理念中为什么包含着公共利益理念?这是因为,一方面公共利益必须或只能够通过公共行政的途径实现;另一方面公共行政以公共利益为其产生和存在的理由,没有公共利益或公共需求,公共行政将失去其存在的必要性和合理性。

(一)为什么公共利益只能通过公共行政的途径实现

关于这个问题的回答,最早大概可以追溯到英国思想家霍布斯有关国家本质的论述。他在其《利维坦》(1651年)一书中指出,国家的本质就是一大群人相互订立契约,每个人都对它的行为授权,以使它能够有权力和力量统一大家的意志,以谋求和平、抗御外敌。霍布斯没有明确提出“公共利益”和“公共行政”的概念,但他的思想中包含着某些利益或服务只能由国家或政府来提供的思想。实质上,谋求和平、抗御外敌就是一种由国家和政府,即现代所谓公共行政,实现公共利益的行为。

英国哲学家休谟在其《人性论》(1739—1740年)一书中,也在实际上涉及了公共利益或所谓“公共物品”问题。他从人的自利性出发,证明个人不可能解决公共利益的提供问题。他举例说,两个邻人可能同意在共有的草地上排水,因为他们容易了解彼此的意图,也会理解到自己不参加的直接后果是放弃整个计划,但是谁也不能指望成千上万的人能够在“共有的草地”上采取这样的一致行动。因为人人都倾向于找借口逃避出钱出力,都希望别人来承担全部责任。但是,政治社会能对这种缺憾予以补救,在政府的管理下,“桥梁建筑了,海港开辟了,城

墙修筑了,运河挖掘了,舰队装备了,军队训练了"①。休谟的分析中包含了在公共利益的消费和生产中所遇到的基本问题:(1)在自利的个人之间存在着某些共同消费的物品(利益);(2)人们普遍存在着"搭便车"的心理;(3)政府能够解决这类问题。

经济学家亚当·斯密在《国富论》(1776年)一书中表达了与休谟类似的思想。斯密认为,在满足人的需要方面,除了市场要发挥基本作用之外,君主也必须提供某些服务,如(1)保护社会,使其不受其他独立社会的侵犯,即建立国防;(2)尽可能地保护社会上的个人不受其他人的侵害和压迫,即设立司法机关;(3)建立并维持某些公共事业及某些公共设施,这种事业与设施由大社会经营时,其利润通常能够补偿所费而有余,但若由个人或少数人经营则不能补偿所费。斯密与休谟的结论是一致的,即有些服务只能由政府来提供。但他们的解释有区别,休谟从人的自利本性出发来说明问题,而斯密强调,某些服务是否必须由君主(国家或政府)来提供,取决于个人能否充分提供,只有个人不能充分提供这些公共服务时,君主提供才是必需的。

约翰·斯图亚特·穆勒在其名著《政治经济学原理及其在社会哲学上的若干应用》(1848年)中,对为什么必须由政府提供某些服务做了进一步的论证。他举了灯塔的例子来说明,他认为像灯塔这样的物品,个人不可能主动建造,原因在于,这类物品的建造者和提供者很难对使用者收费,以补偿建造费用并有所获利。解决的办法只能是,由政府采用收税的办法建造或提供。也就是说,对于收费困难的物品或服务,只能由政府来提供。穆勒所谓"收费困难的物品或服务",即我们今天所谓的公共物品或公共服务,亦即公共利益。

正式提出并严格定义"公共物品"概念的当代福利经济学代表人物之一P.萨缪尔森于1954年在《经济学与统计学评论》杂志上发表了《公共支出的纯理论》一文,该文归纳了公共物品在消费中的两个本质特征——非排他性和非竞争性,并同时强调,公共物品要求"集体行动",而私人物品可以由"市场"提供。他说:"与来自于纯粹的私有物品的效益不同,来自于公共物品的效益牵涉到对一个人以上的不可分割的外部消费效果。相比之下,如果一种物品能够加

① 休谟:《人性论》,关文运译,商务印书馆1983年版,第578—579页。

以分割,因而每一部分都能按竞争价格卖给不同的个人,而且对其他人没有产生外部效果的话,那么,这种物品就是私人物品。公共物品常常要求集体行动,而私人物品则可以通过市场被有效率地提供出来。"①世界银行《1997年世界发展报告:变革世界中的政府》在定义公共物品时也强调公共物品不可能由私人提供:"公共物品是指非竞争性的和非排他性的货物。非竞争性是指一个使用者对该物品的消费并不减少它对其他使用者的供应,非排他性是指使用者不能被排除在对该物品的消费之外。这些特征使得对公共物品的收费是不可能的,因而私人提供者就没有提供这种物品的积极性。"②

这也就是说,由于人性的自利倾向,由于物的非排他性和非竞争性的存在,使得市场经济体制中公共利益的实现不可能依赖私人以及私人组织,而只能依赖于以政府为核心的公共组织,依赖于公共行政和公共行动。

(二)公共行政以公共利益为其产生和存在的理由

公共行政不是一种生产行为,它本身并不创造财富,它要依靠社会、依靠其他生产性劳动来供养。那么,社会大众为什么会心甘情愿地出让自己的权利和财富,以使公共行政得以产生和存在呢?这正是因为在社会大众之间存在公共需求和公共利益,而这种公共需求和公共利益又只有依赖公共行政才能满足和实现。所以说,公共利益和公共需求是公共行政产生和存在的理由,如果没有公共利益和公共需求,公共行政将失去其产生和存在的必要性。

恩格斯曾在《反杜林论》一书中指出,在所有的原始农业公社中:"一开始就存在着一定的共同利益,维护这种利益的工作,虽然是在全社会的监督之下,却不能不由个别成员来担当:如解决争端;制止个别人越权;监督用水,特别是在炎热的地方;最后,在非常原始的状态下执行宗教职能。这样的职位,在任何时候的原始公社中,例如在最古的德意志的马尔克公社中,甚至在今天的印度,还可以看到。这些职位被赋予了某种全权,这是国家权力的萌芽。"③恩格斯在这里

---

① 保罗·A.萨缪尔森、威廉·D.诺德豪斯:《经济学(第12版)》,高鸿业等译,中国发展出版社1992年版,第1194页。

② 世界银行:《1997年世界发展报告:变革世界中的政府》,蔡秋生等译,中国财政经济出版社1997年版,第26页。

③ 《马克思恩格斯选集》第3卷,人民出版社1972年版,第218页。

要说明的是,国家权力萌芽于维护共同利益的需要。共同利益“一开始就存在着”。因为有共同利益的存在,所以需要有“维护共同利益的工作”,即公共管理(行政)。而公共管理的工作不可能“由个别成员来担当”,需要有一个类似于政府的公共组织来担当。有公共组织就需要有公共权力,这种原始社会的管理公共事务的权力就成为国家权力的萌芽。这也就是说,公共组织、公共权力、公共事务以及公共行政都起源于维护社会共同利益的必要。

在《论住宅问题》中,恩格斯再次从社会生产和交换的需要的角度,论述了作为公共管理主体的国家的起源。他说:“在社会发展某个很早的阶段,产生了这样的一种需要:把每天重复着的生产、分配和交换产品的行为用一个共同规则概括起来,设法使个人服从生产和交换的一般条件。这个规则首先表现为习惯,后来便成了法律。随着法律的产生,就必然产生出以维护法律为职责的机关——公共权力,即国家。”[①]在人类社会中,先表现为习惯后成为法律的“共同规则”不是凭空产生的,正是因为人类在“每天重复着的生产、分配和交换产品的行为”中有共同利益的存在,才催生了对于共同规则的需要。而共同规则的产生不仅必然产生维护共同规则的“公共权力”,而且必然产生一种行使公共权力的公共组织以及公共管理的行为和过程。

既然公共行政是因公共利益而产生、而存在的,所以它也必然以公共利益为其目的、为其价值取向,它的价值理念中必然包含公共利益理念。否则,它就不是“公共行政”了,它就会失去公众的信任和支持,从而丧失公共权力。

从人类历史的发展过程来看,任何一个国家机构或政府组织都可以说是一种公共组织,它们的行政行为都是具有一定公共性的公共行政。但在阶级社会中,这种公共组织又不可避免地成了阶级统治的工具。掌握公共权力的那一部分人,即统治阶级,总是尽可能地利用手中的权力来谋取私利。然而,与此同时,任何一个统治者或统治阶级又都不可能将公共权力完全彻底地用于谋取私利,而总是要一定程度地为公共利益服务的。而且,统治阶级能否在较大程度上为公共利益服务,往往是统治阶级能否较长时间占据统治地位的决定性因素。统治阶级越是能较多地为公共利益服务而较少谋取私利,则它掌握公共权力、居于

① 《马克思恩格斯选集》第2卷,人民出版社1972年版,第538—539页。

统治地位的时间就会越长；相反，如果统治阶级越是较少地为公共利益服务而较多地谋取私利，则它掌握公共权力、居于统治地位的时间就会越短。正因为如此，在人类历史上，一些明智的统治者，总是尽可能地克制自己的私欲，而尽可能地为社会谋福利。中国历史上的"德治"观念和"民本"观念，可以说正是这一认识的概括性表述。

第四节　公平正义

公平正义是人类文明的重要标志，是衡量一个国家或社会文明发展的标准。社会和谐、人际和睦，无疑以公平正义为重要条件。而公平正义的创造和维持离不开公共权威，离不开公共行政。如果以政府为核心的公共组织及其公共行政不能倡导公平正义、不能奉行公平正义、不能主持公平正义，国家和社会就不会有公平正义。胡锦涛曾在 2005 年省部级主要领导干部专题研讨班上的讲话中指出：只有切实维护和实现社会公平和正义，人们的心情才能舒畅，各方面的社会关系才能协调，人们的积极性、主动性、创造性才能充分发挥出来。所以，公共行政也必须以公平正义为目的和尺度，公平正义是公共行政价值理念中的重要内容。

一、公平正义的界定

"公平正义"一词也可以分开来说，即"公平"和"正义"。"公平""正义"，以及"公正""公道"，可以说都是同一概念，只不过人们因为场合的不同而习惯于不同的用词，但它们所表达的思想情感其实是相同的或至少是相近的。比如，"正义"一词一般被用在庄严、重大的场合，就战争而言，大都说"正义战争"，而不说"公平战争""公正战争"或"公道战争"，但是，说"公平战争""公正战争""公道战争"也不能算错；"公平""公道"一般用于日常生活领域；"公正"则介于二者之间。[①] 我们使用的"公平正义"一词与人们在不同场合使用的"公平""正义""公正""公道"等词的意思相同。

① 参阅王海明：《新伦理学（修订版）》，商务印书馆 2008 年版，第 767 页。

公平正义，从根本上讲，是指人类在社会交往和社会运作过程中平等、合理地对权利与义务、利益与损害进行分配、交换（包括回报与报复）的理念与行为。

公平正义无疑是存在于人类社会的一种现象，只有在人的社会生活中才有所谓公平正义问题。在人之外的自然界无所谓公平正义，而当人完全脱离社会、离群索居、孤身一人时，也无所谓公平正义。社会，是指特定土地上人的集合，是指有共同利益、有共同价值和共同目标的人的联盟。社会，静态看，是人群体系，"是两个以上的人因一定的人际关系而结合起来的共同体"；动态看，"则是人的'社会活动'的总和，是人们相互交换活动、共同创造财富的利益合作体系"。[①]人们在社会生活中必然与他人交往、与他人合作，从而必然与他人划分或交换利益，或者分担损失，或者必须回报他人的帮助、恩惠，甚至要报复他人有意、无意的伤害。这是因为，一方面财富是相对匮乏的，另一方面人性中存在自利的倾向，人的慷慨是有限的。[②] 所以，在人的世界里存在利害关系，存在"恩怨情仇"。这是社会生活所不能摆脱的，但又必须"摆平"。如果不能有效地"摆平"，则可能导致社会的离散和痛苦。如何"摆平"？只有依靠"公平正义"。

而公平正义在摆平利害关系以及恩怨情仇的过程中所表现出来的最本质的特征是平等与合理。所谓平等，即（1）在人际交往中，尊重、尊敬他人，承认他人为人，承认他人与自己享有同样的权利和尊严；（2）在利益交换中，以等量的价值相交换，以等量的损失、伤害相偿还；（3）在社会分配中，一视同仁，给每个人以同样的权利与义务，或等量的利益与损失。所谓合理，即合乎理性，合乎客观规律，亦即合乎真理。客观规律是人们行为所不能违背的，但人们只有通过理性才能真正认识客观规律。感觉、情绪等非理性因素还不足以帮助人们正确认识客观规律。所以，人们崇尚理性，为人处事讲究"合理"。摆平利害关系、恩怨情仇最重要的原则是平等，没有平等绝不可能有公平正义。但一味的平等、绝对的平等并不一定能给人们的社会生活带来最好的结果，而不平等常常是不可避免的。因此，在人类公平正义的理念和行为中也允许有"不平等"的存在。但不平

① 王海明：《新伦理学（修订版）》，商务印书馆 2008 年版，第 407 页。

② 休谟讨论公正的起源和前提时曾将其归结为两个条件：一是客观条件，即财富的相对匮乏；二是主观条件，即人性的自私与慷慨的有限。参见 David Hume, *A Treatise of Human Nature*, Oxford: The Clarendon Press, 1949, p. 199。转引自王海明：《伦理学原理（第三版）》，北京大学出版社 2009 年版，第 207 页。

等只是"例外"的情况,它的存在是有条件的,它的存在必须"合理"。

人类有关公平正义的观念具有悠久的历史,不同时代人们所主张的公平正义的具体内容是有所不同的。正义并不是永恒不变,而是随着社会经济基础的发展而发展变化的。但是,可以说,所有的公平正义观都具有"平等"与"合理"的内涵,无非都要求用平等、合理的原则来处理人与人之间的利害关系,区别只在于对平等与合理的理解有所不同而已。

西方古希腊时代最伟大的哲学家、思想家柏拉图曾说:"正义就是给每个人以恰如其分的报答。"对于什么是"恰如其分的报答",柏拉图进一步解释说:"就是'把善给予友人,把恶给予敌人'。""假使朋友真是好人,当待之以善,假如敌人真是坏人,当待之以恶,这才算是正义。"①柏拉图的学生,同样也是古希腊时代最伟大的哲学家之一的亚里士多德在讨论公正到底是一种怎样的交换或回报行为时曾明确说,是具有均等、相等、平等、比例性质的那种回报或交换行为。②罗马帝国时期著名的法学家,并曾当过罗马皇帝的查士丁尼认为:"正义是给予每个人他应得的部分的这种坚定而恒久的愿望。"③欧洲中世纪著名的经院哲学家托马斯·阿奎那也认为正义在于在各种活动之间规定一种适当的比例,把各人应得的东西归于各人。他说:"神由于实施管理和指导,把各人应得的东西归于各人","公理或正义全在于某一内在活动与另一内在活动之间按照某种平等关系能有适当的比例。"④显然,这些伟大的、著名的思想家们所理解的公平正义都以"平等""合理"为其显著特征。

美国20世纪最著名的哲学家、伦理学家约翰·罗尔斯所理解和定义的正义也充分凸显了平等与合理的特征。罗尔斯的"正义"主要是针对社会制度而言的,"正义是社会制度的首要价值,正像真理是思想体系的首要价值一样"。⑤ 罗尔斯指出:"每个人都拥有一种基于正义的不可侵犯性,这种不可侵犯性即使以社会整体利益之名也不可逾越。因此,正义否认为了一些人分享更大利益而剥

---

① 柏拉图:《理想国》,郭斌和、张竹明译,商务印书馆1986年版,第7、8、13页。

② 苗力田主编:《亚里士多德全集》第八卷,中国人民大学出版社1992年版,第103页。

③ 查士丁尼:《法学总论》,张企泰译,商务印书馆1989年版,第5页。

④ 《阿奎那政治著作选》,马清槐译,商务印书馆1963年版,第139、138页。

⑤ 罗尔斯:《正义论》,何怀宏等译,中国社会科学出版社1988年版,第3页。

夺另一些人的自由是正当的,不承认许多人享受较大利益能绰绰有余地补偿强加于少数人的牺牲。所以,在一个正义的社会里,平等的公民自由是确定不移的,由正义所保障的权利不受制于政治的交易或社会利益的权衡。"①罗尔斯将正义概括为两个基本原则:"第一个原则:每个人对与其他人所拥有的最广泛的基本自由体系相容的类似自由体系都应有一种平等权利。第二个原则:社会的和经济的不平等应这样安排,使它们(1)被合理地期望适合于每一个人的利益;并且(2)依系于地位和职位向所有人开放。"②罗尔斯两个正义原则中的第一个原则被称为"平等自由原则",第二原则中的第一方面被称为"差别原则",第二方面被称为"机会公平原则"。罗尔斯强调第一个原则优先于第二个原则,而第二个原则中机会公平原则又优先于差别原则。罗尔斯正义原则的要义是平等地分配各种基本权利和义务,同时尽量平等地分配社会合作所产生的利益和负担,并且坚持各种职位平等地向所有人开放,在这样做以后还不得不对有些利益或价值进行不平等分配的话,则要求这种不平等分配能够给每一个人,尤其是那些最少受惠的社会成员带来补偿利益。这也就是说,罗尔斯"正义"的基调是平等,同时承认和允许不平等的存在,但不平等必须合理,即有利于每一个人尤其是最少受惠者。

我国传统思想中没有明确的"正义"概念,但不乏正义观念。如"天下为公"的大同理想,"不患寡而患不均"的平等追求,"己所不欲,勿施于人"的仁爱精神,"守和执中"的和谐意识等,都可以说是中国传统正义观念的经典表述。而这些正义观念也同样呈现出"平等"与"合理"的特征。

二、公平正义的类型

为了充分认识和把握公平正义的本质内涵,我们可以从不同的角度,将公平正义区分为不同的类型。比如:积极的公平正义与消极的公平正义;个人的公平正义与社会的公平正义;分配的公平正义、交换的公平正义与矫正的公平正义;程序的公平正义与实体的公平正义等。

---

① 罗尔斯:《正义论》,何怀宏等译,中国社会科学出版社 1988 年版,第 3—4 页。

② 同上书,第 60—61 页。

1. 积极的公平正义与消极的公平正义

公平正义涉及利与害的交换与分配问题，具有正反两方面的意味，从这一角度可以区分为积极的公平正义与消极的公平正义。积极的公平正义是就利益或权利的交换、分配而言的，它是正面的、主要的、人所乐见的，所以称为“积极的”；消极的公平正义则是就损失、损害、伤害的偿还、“报复”以及责任追究而言的，它是反面的、次要的，是人所不愿意见到又不得已而为之的，所以称为“消极的”。消极的公平正义也可以说是指自亚里士多德以来所谓的“报复公正”或“赔偿公正”。亚里士多德曾说：“倘若是一个人打人，一个人被打，一个人杀人，一个人被杀，这样承受和行为之间就形成了不均等，于是就通过惩罚使其均等，或者剥夺其所得。”①而《圣经》中的一段名言则可以说是这种公正的经典概括：“若有伤害，就要以命偿命，以眼还眼，以牙还牙，以手还手，以脚还脚，以烙还烙，以伤还伤，以打还打。”②

消极的公平正义虽然称为“消极的”，却是公平正义的不可或缺的重要内容。在人类社会中，因为人性的弱点、人的自利倾向，以及人的认识和修养的不足，相互之间的损害、伤害或因失职而造成损失的行为常常发生，而这种损害、伤害或损失是令人反感乃至于深恶痛绝的。为了尽可能地避免或减少这种损害、伤害和损失，就必须建立追究、偿还或报复机制，但这种追究、偿还和报复必须是“平等”的、“合理”的。如果没有这种机制，也就是说，没有“消极的”公平正义，则无疑会使社会中的恶行得不到抑制，而最终会使整个社会在懈怠懒散、弱肉强食的混乱中瓦解、沦陷。正因为如此，历来思想家们都非常重视消极的公平正义，有人甚至认为消极的公平正义比积极的公平正义更为重要。如吉尔波特·哈曼说：“在我们的道德中，避免损害他人比帮助那些需要帮助的人更为重要。”③

但我们还是认为，相对于积极的公平正义，消极的公平正义是次要的，而不是主要的。因为人们相互交往、建立社会是为了互利，为了增进各自的利益，而

① 苗力田主编：《亚里士多德全集》第八卷，中国人民大学出版社 1992 年版，第 96 页。

② 《旧约全书·出埃及记》，转引自王海明：《新伦理学（修订版）》中册，商务印书馆 2008 年版，第 775 页。

③ 转引自王海明：《新伦理学（修订版）》中册，商务印书馆 2008 年版，第 777 页。

不是为了互害。相互之间的损害、伤害以及因失职而造成的损失都只不过是互利过程中的失误和偏离，是一种"副作用"。就社会行为的总量而言，互利的行为显然要多于互害的行为。互利是主要的，而互害是次要的；利益和权利的交换与分配是主要的，而赔偿、报复以及惩罚是次要的。

2. 个人的公平正义与社会的公平正义

公平正义是一种理念也是一种行为，作为行为的公平正义因其主体的不同可以区分为个人的公平正义与社会的公平正义。所谓个人的公平正义即以个人为行为主体的公平正义，它涉及个人与他人、与组织，甚至与国家之间的利害交换的平等与合理问题。如我们所说的以德报德，以怨报怨，投桃报李，知恩图报，报效祖国等，都可以说是个人的公平正义问题。社会的公平正义即以社会为行为主体的公平正义，它涉及社会对权利与义务的分配以及对社会成员行为进行裁判的平等与合理的问题。比如我们说的一视同仁，反对特权，法律面前人人平等，国家赔偿等，都可以说是社会的公平正义问题。

社会的公平正义较之于个人的公平正义而言是更为根本的公平正义。社会的公平正义体现在制度的公平正义与管理的公平正义两个方面，因为社会行为一方面表现在制度安排上，另一方面则表现在执行和落实制度的管理行为上。制度安排涉及所有社会成员的权利与义务的分配问题，管理行为则涉及所有社会成员的行为裁判问题。这两个方面的存在都证明社会比个人强大，社会行为的影响比任何个人行为的影响都更为广泛而深远。所以，社会的公平正义是更为根本的，它影响甚至决定个人的公平正义。

3. 分配的公平正义、交换的公平正义与矫正的公平正义

在社会生活中，我们应对、处理人与人之间利害关系的方式无非分配、交换与矫正，所以公平正义也可以相应地区分为这样三种类型：分配的公平正义、交换的公平正义与矫正的公平正义。

所谓分配的公平正义，即对利益或有价值的东西进行平等与合理的权属划分的理念与行为。分配的公平正义包含四个要素：(1)谁分配，即分配主体；(2)分配什么，即分配客体；(3)分配给谁，即分配对象；(4)如何分配，即分配方式。分配主体在实践中一般区分为个人、政府、市场等，即所谓自发分配(个人分配)、

政府分配、市场分配等。[1] 分配客体,即所谓利益或人们认为有价值的东西。亚里士多德将分配客体理解为"财富和荣誉等等"[2];罗尔斯将分配客体理解为"所有社会价值",包括"自由和机会、收入和财富、自尊的基础"等。[3] 分配对象,即与分配客体有关的人,包括个人与群体。分配方式亦即分配的依据、尺度,我们将其概括为"平等"与"合理"。最能体现分配的公平正义的要素显然是分配方式问题,但其他要素也具有不可忽视的重要性。

所谓交换的公平正义,是指社会生活中不同主体将其所属的利益或有价值的东西拿来进行平等与合理的交换的理念与行为。交换是由于社会分工而产生的一种行为。人的需要是丰富的,而社会分工使人们所从事的生产劳动及其产品具有单一性,人们各自的生产劳动不可能满足其自身的需要。如何解决这一矛盾?实践证明,平等与合理的交换,即合乎公平正义的交换,是最为有效的途径。事实上,解决生产的单一性与需要的丰富性的矛盾,除了交换之外,还存在其他的途径或方式,如赠予(或恩赐)、抢夺与抢劫、偷盗、征用、分配等。显然,抢夺与抢劫、偷盗是人们普遍反对与制止的行为,是不合理、不正当,也不可行的方式。赠予是有限的,极少有人能依靠赠予满足所有的需要(因为人的慷慨是有限的)。征用与分配虽然是必要的且具有一定的可行性,却也不可能完全解决需要的丰富性与生产的单一性的矛盾。而且,征用与分配不可能是绝对无偿的,它实际上也包含着交换,无条件的、没有交换的征用与分配是不可持续的。而交换要真正有效解决生产的单一性与需要的丰富性的矛盾,还必须坚持平等与合理的原则,即坚持交换的公平正义。

因为平等与合理是交换的基础。交换是主体之间自觉自愿的行为,自觉自愿必然以相互平等为前提,而这种平等又主要体现在双方用来交换的利益或有价值的东西是"等价"的。如果交换是不平等的,或者说交换是不等价的,那么,处于弱势的一方,亦即交换中"吃亏"的一方必不自愿,势必逃避或拒绝交换,真正的交换也就不存在了。但交换中的平等或"等价"不是某种僵化的、绝对的、一成不变的尺度,它可能随着交换环境中的其他因素的变化而变化。比如,同样

---

① 沈晓阳:《正义论经纬》,人民出版社 2007 年版,第 269 页。

② 亚里士多德:《尼各马可伦理学》,苗力田译,中国社会科学出版社 1990 年版,第 91 页。

③ 罗尔斯:《正义论》,何怀宏等译,中国社会科学出版社 1988 年版,第 62 页。

的商品,昨天卖100元,今天卖110元,而人们也常常能够接受和认可这种交换(交易),也就是说,这种交换同样是平等的、自愿的,甚至是"等价"的。人们为什么会认可交换的这种情况呢?因为供求关系发生了变化,因为生产成本或运输成本等发生了变化,也就是说,人们认为它是有理由的,它具有合理性。所以,交换不仅以平等为基础,它也以合理性为基础,平等中蕴含着合理。平等而又合理的交换才是公平正义的交换。

交换的公平正义除了强调交换主体的平等、交换物的等价以及估价的合理性外,还强调交换主体的正当性、交换内容的合理性以及交换程序的规范性。[①]交换主体的正当性是说,交换主体必须是各自用于交换的东西的所有者,交换主体不能用不属于自己的东西(从法律和道理上说)来交换。交换内容的合理性是说,不是什么东西都可以用来交换,交换主体只能用自己的适合交换的东西,亦即法律、道德以及风俗习惯认为可以交换的东西来交换。比如,毒品是不能用来交换的,人的身体器官是不能用来交换的,等等。交换程序的规范性是说,交换的过程、方式必须合乎法律、道德或习惯的要求,是相对确定的、恰当的。交换主体正当不正当、交换内容合理不合理、交换程序规范不规范都可能影响交换的公平正义,所以不可忽视。

所谓矫正的公平正义,是指社会生活中对于违反公平正义的行为予以平等、合理的矫正的理念与行为。矫正的公平正义可以说是分配的公平正义和交换的公平正义的补充,当人们在分配或交换中违反了公平正义,从而使有的人不当得利,有的人则无辜受到损害的时候,就必须通过一定的行为来矫正它。但这种矫正的行为本身也必须是平等的、合理的,即必须一视同仁、必须是等价或等值的纠正(赔偿与惩罚)、必须使用恰当的方式和手段。矫正的公平正义亦即我们前文所谓的"消极的公平正义",而分配和交换的公平正义即所谓"积极的公平正义"。

4. 程序的公平正义与实体的公平正义

公平正义作为一种行为是由过程和结果组成的,结果必须通过一定的过程才能实现。因此,公平正义也可以区分为过程的公平正义与结果的公平正义。因为行为过程总是体现为的一定的时间顺序和空间顺序,所以,我们也称过程为

① 参阅沈晓阳:《正义论经纬》,人民出版社2007年版,第283—287页。

程序,称过程的公平正义为程序的公平正义。又因为过程相对于结果而言是手段、方法和外在的形式,而结果是目的、实质或实体,所以,结果的公平正义也被称为实质的公平正义或实体的公平正义,相应的,程序的公平正义也称为形式的公平正义。所谓实体的公平正义,即行为的最终结果对于相关人而言的平等与合理。所谓程序的公平正义,即实现结果的行为过程亦即行为的方式与步骤对于相关人而言的平等与合理。

在社会生活中,我们既需要实体的公平正义,也需要程序的公平正义。也就是说,我们要通过公平正义的程序、用公平正义的手段,实现公平正义的结果,而不能通过非公平正义的程序或手段实现哪怕是公平正义的结果。一般来说,我们做到这一点是没有问题的。因为,通过公平正义的程序总是能够实现公平正义的结果,或者,通过公平正义的程序比通过非公平正义的程序更能实现公平正义的结果。泰勒说:"在一般的情况下,公正的程序比不公正的程序能够产生更加公正的结果。"[①]但是,二者也有不能够兼顾的时候,即程序的公平正义不一定能够实现实体的公平正义,或者,结果的公平正义不一定经由程序的公平正义而实现。罗尔斯曾对这一问题进行过研究,他指出,实体的公平正义与程序的公平正义之间的关系有三种情况:一是程序的公平正义导致实体的公平正义,罗尔斯称之为"完善的程序公正"(perfect procedural justice),如动手切蛋糕的人最后领取自己的一份的程序公正;二是程序的公平正义未必导致实体的公平正义,罗尔斯称之为"不完善的程序公正"(imperfect procedural justice),如刑事审判的程序公正;三是程序的公平正义肯定不导致实体的公平正义,罗尔斯称之为"纯粹的程序公正"(pure procedural justice)。[②]

为什么会出现不能兼顾两种公平正义的情况呢?这从根本上说,是因为两种公平正义具有相对独立的价值。一方面,程序的公平正义之所以具有公平正义价值,并不是因为它带来了或能够带来公平正义的结果,并不因为它是实体公平正义的手段和条件,而是因为它本身符合人的需要和目的,因为它本身具有公平正义价值。程序的非公平正义之所以是非公平正义的,也不是因为它不能带

① 陈瑞华:《刑事审判原理论》,北京大学出版社 1997 年版,第 99 页。

② John Rawls, *A Theory of Justice*, Revised Edition, p. 74, 转引自王海明:《新伦理学(修订版)》中册,商务印书馆 2008 年版,第 788 页。

来公平正义的结果,而是因为它本身不符合人的需要和目的,因为它本身是非公平正义的。另一方面,实体的公平正义之所以具有公平正义价值,也不是因为它是通过公平正义的程序而产生的,而是因为它本身符合人的需要和目的,因为它本身具有公平正义价值。实体的非公平正义之所以是非公平正义的,也不是因为它是由非公平正义的程序导致的,而是因为它本身是非公平正义的。比如,司法程序中的"刑讯逼供"作为一种非公平正义的程序,并不是因为它可能导致冤案错案,导致司法结果的非公平正义,而是因为它本身是野蛮的、不文明的,因为它本身是人们所反对的,因为它本身不符合公平正义的理念。在司法实践中,刑讯逼供有时可能是有效的,可能导致司法结果的公平正义,但也不会因此而证明刑讯逼供本身是公平正义的。

那么,当程序的公平正义与实体的公平正义发生冲突不能两全的时候,即不能通过某种公平正义的程序实现某种公平正义的结果的时候,我们应该如何应对?我们主张,坚持程序的公平正义而放弃实体的公平正义,即程序的公平正义优先于实体的公平正义。这主要有以下理由:

(1)我们不能肯定任何一种非公平正义的程序必定能够导致实体的公平正义。也就是说,当我们试图用非公平正义的程序实现公平正义的结果时,其实我们没有十足的把握,我们只是在赌博和冒险极有可能用非公平正义的程序实现非公平正义的结果。

(2)即使我们侥幸通过非公平正义的程序实现了公平正义的结果,也极有可能得不偿失。因为,一方面,非公平正义的程序本身作为一种"负能量"必然冲抵实体公平正义的"正能量";另一方面,一种非公平正义的程序一旦被认可,则极有可能带来巨大的负面效应,从而催生大量的非公平正义程序,产生更多的负能量。

(3)我们相信,对于任何实体的公平正义而言,都有可能找到与之相应的公平正义的程序。也就是说,任何所谓的程序公平正义与实体公平正义不能两全、不能一致的情况,都不能证明某种实体的公平正义绝对不可能通过任何一种程序的公平正义来实现,而往往只是不能通过现有的公平正义的程序实现我们想要的公平正义的结果。

正因为如此而有这样的法律格言:"程序优先于权利","程序是法律的心脏"。[1] 正因为如此,美国联邦最高法院大法官杰克逊(Jackson)说:"程序的公平性和稳定性是自由的不可或缺的要素。"[2]另一位大法官道格拉斯(William Douglas)也曾说:"权利法案的绝大部分条款都与程序有关,这并不是没有意义的。正是程序决定了法治与任意或反复无常的人治之间的大部分差异。坚定地遵守严格的法律程序,是我们赖以实现人人在法律面前平等享有正义的首要保证。"[3]

所以,程序的公平正义较之于结果的公平正义具有更大的价值,当二者一时不能两全、不能兼顾的时候,我们宁愿放弃结果的公平正义,决不试图通过非公平正义的程序实现哪怕是公平正义的结果。

第五节 行政效率

人无论做什么事情都应该讲究效率。公共行政无疑也应该讲究行政效率,因为支撑行政组织和行政行为的各种资源,包括人力、物力、财力、时间、空间等,都是有限的。行政效率无疑是公共行政实践与理论研究的极重要的价值理念。行政学的创始人伍德罗·威尔逊早在1885年即提出"提高政府效率"的主张[4],1887年威尔逊在其著名的《行政之研究》一文中强调提高行政效率是行政学研究的根本任务之一。威尔逊之后,西方行政学家在思考行政管理实践时,尽管各自的理论思路大相径庭,但都始终以如何提高行政效率为基本宗旨。我国改革开放以来的行政管理实践以及行政管理的理论研究,也将行政效率奉为最重要的目标和尺度。20世纪80年代初,深圳特区建设中喊出了"时间就是金钱,效率就是生命"的口号,这一口号很快获得了广泛的认同,效率理念深入人心。1993年中共十四届三中全会提出"效率优先、兼顾公平"的原则,甚至将"效率"

---

① 参阅王海明:《新伦理学(修订版)》中册,商务印书馆2008年版,第785—791页。

② 宋冰编:《程序、正义与现代化》,中国政法大学出版社1998年版,第375页。

③ 陈瑞华:《看得见的正义》,中国法制出版社2000年版,第4页。

④ 哈罗德·孔茨、西里尔·奥唐奈:《管理学》,中国人民大学工业经济系译,贵州人民出版社1982年版,第58页。

置于“公平”之前,这充分说明中国共产党乃至于广大人民深刻认识到效率的重要意义。新中国成立以来特别是改革开放以来历次行政改革所强调的“精简机构”“转变职能”,以及党和政府反腐倡廉的种种举措,也都体现了我们对于行政效率的追求。

那么,什么是行政效率?行政效率如何测量?如何理解行政效率与公平正义的关系?这是我们应该思考和回答的问题。

一、什么是行政效率

“效率”(efficiency)本是一个机械工程学的概念,指有用功率(输出功率)与驱动功率(输入功率)的比值。这一概念被广泛引申到其他领域,如:经济效率,指经济收益与经济成本的比值;生产效率,指生产收益与生产投入的比值;等等。所谓行政效率,则是指行政管理的成果、效益与行政组织和行政人员从事行政管理工作所投入和消耗的各种资源的比值。

体现行政效率的因素有两个:(1)行政管理的成果、效益,即行政产出;(2)行政管理工作投入和消耗的各种资源,即行政成本。行政效率的高低与行政产出成正比,与行政成本成反比。行政效率理念的意涵,即尽可能以较小的行政成本获得较高的行政产出。

如何才能提高行政效率?这要求我们进一步分析影响行政效率高低的因素。行政产出与行政投入(成本)只是“体现”或“呈现”行政效率的高低,它们并不是影响或决定行政效率高低的因素,因为它们不具有主动性,它们本身是被动的、被影响的、被决定的因素。而在行政产出与行政投入背后真正影响行政效率的因素是:行政组织、行政人员,以及行政效率定义中未曾提及的公众。

行政效率是由行政组织和行政人员创造的。行政产出是行政组织和行政人员的行政管理工作的结果,而行政成本是行政组织和行政人员在行政管理工作中消耗的各种资源。因此,行政组织和行政人员无疑是影响行政效率的重要因素。实践证明,行政组织结构合理,行政人员素质优良是确保行政高效率的前提条件。行政组织结构合理,主要体现在机构设置、权责划分、工作流程、行为规范等方面,行政人员素质主要体现在业务能力、道德修养、身体健康等方面。行政效率低往往是因为行政组织结构不合理,如机构庞大、机构重叠、职能交叉、权责不明、纪律制度不健全、工作流程烦琐混乱等;或因为行政人员素质偏低,如贪污受贿、铺张浪费、自由散漫、不学无术等。

除行政组织和行政人员之外,公众也是影响行政效率的重要因素。行政效率有一个对谁而言的问题,它不是盲目的,行政产出不是越多越好,行政投入也不是越少越好。公众对行政效率的影响就在于他给行政产出和行政投入以目标和尺度。行政产出必须符合公众的需要,能满足公众的需要,让公众感到满意,才有意义,才有效率可言。而行政投入应根据必要的、合理的、公众期望的行政产出而定。关于公众的需要我们又应当注意:(1)不是所有的公众需要都要求通过公共行政的途径满足,只有“公共需要”(公共利益、公共物品)才要求行政组织和行政人员来满足,私人需要可以通过市场来满足;(2)公共需要不是绝对的、一成为变的,而往往因时间、地域、情境的不同而有所不同;(3)公共需要的满足有一个合理的“度”,适度即好,而过犹不及。这也就是说,行政产出必须以公共需要为目标,以公共需要的适度满足为尺度,行政产出不符合公共需要、行政产出不足与行政产出有余都将导致行政的低效率。

另外,对于行政产出即行政管理的成果和效益,我们还要注意,不能将其短期化和片面化,因为行政行为的影响是广泛而深远的。当我们核算行政效率时,不仅要考虑直接的、眼前的成果和效益,还要考虑行政行为带来的间接的、长远的成果和效益;不仅要考虑行政行为的积极的、正面的成果和效益,还要考虑其消极成果和负面效应。只有这样,我们的行政效率理念才是深刻而全面的,才是接近真理的。

二、行政效率的测量

对于行政效率必须进行测量,亦即进行评估。只有对行政效率进行较为准确的测量,才有可能对行政组织和行政人员形成合理的激励机制和监督机制,才有可能改善行政组织结构,提升行政人员素质,从而提高行政效率。相反,如果不能对行政效率进行测量,行政效率理念就只是一种空想,而不可能落实在行动上。

对行政效率进行测量,实际上也就是对行政产出和行政投入进行测量。只要我们能够准确测量行政产出和行政投入,我们就可以通过计算而知道行政效率的高低。一般来说,测量行政投入较为容易,因为行政投入的人力、物力、财力,以及时间和空间,这些因素都可以在市场机制中被自动换算为货币形式。因此,行政投入往往可以通过行政预算和行政决算而较为准确地反映出来。但对于行政产出的测量就较为困难了,因为行政产出的是"公共产品"("公共物品"),它是那些或者在消费上具有非竞争性和非排他性,或者在生产上具有自然垄断性,或者在销售上具有收费困难性的产品,它不可能通过市场来提供,因而也不可能在市场机制中进行自动换算。而公共产品又极其复杂,它包括国防、公共安全、外交、法律法规、公共政策、环境保护、基础研究、空间技术、能源、交通、教育、公共服务、广播电视、社会保障等,有的是有形的(硬公共物品),有的是无形的(软公共物品)。要想对如此复杂的公共产品进行测量,其困难是可想而知的。

尽管如此,还是要对公共产品即行政产出进行测量,因为不对其进行测量就无法对行政效率进行评估。也正因为如此,在行政管理的理论研究和实践中逐渐形成了一个重要领域:政府绩效评估。政府绩效评估所着力研究和强调的就是如何对行政产出(绩)及其效果(效)进行评估,并通过评估而调动政府及公务人员的积极性和主动性,同时控制行政成本,提高行政效率。

"绩效评估"可以追溯到20世纪初美国管理学家泰勒在《科学管理原理》中提出的时间研究、动作研究与差异工资制。法约尔的《工业管理与一般管理》则以更宏观的视野把泰勒的"绩效评估"制度从工商企业推广到各种社会组织。从此,绩效评估的理论与方法成为适用于经济、行政、军事和宗教等不同组织的一种管理措施与方法。政府绩效评估,则始自20世纪40年代美国胡佛委员会推动的美国绩效预算制度改革。20世纪70年代以来西方发达国家普遍开展的行政改革使政府绩效评估在公共财政预算、公共人力管理等方面得到了广泛的应用。我国的政府绩效评估起步较晚,始于20世纪90年代中期,但发展迅速,呈现出一股骁勇的后发追赶之势,这与我国改革开放以来的行政体制改革对于行政效率的重视有关。

政府绩效评估的重点(也是难点)在于建构一个科学的、综合的评估指标体系。所谓评估指标,即评估因子或评估项目,亦即从哪些方面来衡量评估对象的绩效。政府绩效评估要做到尽可能的准确,就必须将我们想要评估的政府绩效分解成一系列可评估(测量)的,并能充分体现政府真实绩效的指标。政府绩效评估的指标体系,也就是由衡量政府绩效的评估指标组成的一个逻辑系统。只有当我们真正建构起科学的、综合的评估指标体系,才有可能真正准确地评估政府绩效,从而促使政府及其公务人员形成科学的、正确的政绩观,从而提高政府效率,实现政府绩效评估的目标。相反,如果未能建构科学的、综合的评估指标体系,则不仅绩效评估的目标不能实现,而且可能造成严重的不良后果。比如,我们一度片面地将经济指标(GDP)作为衡量政府绩效的核心指标甚至唯一指标,忽视科学性、综合性评估指标体系的建构,就在很大程度上助长了政府部门及其领导者刻意制造"政绩工程""形象工程"的浮夸作风,从而极大地造成了公共财政的浪费,降低了政府效率,同时也损害了政府形象。①

三、行政效率与公平正义

行政效率与公平正义这两个理念从根本上讲是一致的,二者相互支持、相得益彰。一方面,公共行政为社会提供的公共产品必须合乎公平正义,如果违背公平正义,则意味着公共产品的质量不合格,因而即使提供的公共产品再多也不能算行政效率高;另一方面,公共行政又必须有效率,必须为社会提供足够的公共产品,社会才可能有公平正义,因为只有当人们的公共需要和公共利益获得满足

① 蔡立辉教授认为,片面地以经济指标作为绩效评估的核心指标或唯一指标会导致以下弊端:(1)GDP等经济指标不能准确反映经济增长的质量和结构,而判断经济和社会的发展,不仅要看经济总量的增长,还要看经济结构的变化情况和协调程度。(2)经济发展过程违背经济发展的目的。发展经济是为了提高福利水平和生活质量,而GDP却无法反映社会福利的增长;GDP只反映经济增长的结果,而不能反映因为经济增长对环境资源的负面影响。相反,片面追求GDP的增长导致了巨大资源浪费、环境严重破坏和地区发展差距、收入分配差距进一步拉大等社会问题。(3)人均GDP不能准确反映社会分配和社会公正,地区差距、城乡差距、收入分配差距等社会问题反而凸显。(4)片面地将经济指标等同于政府绩效指标的全部,对政府行为的误导作用十分明显。表现为:助长政府部门过多、过细地参与或干预微观经济活动,淡化了企业的市场竞争意识和竞争能力,阻碍了现代企业制度和市场机制的建立;助长了一些政府部门及公务人员只对上负责、不对下负责、不对人民负责的理念,忽视了政府公共服务能力建设,降低了政府的服务意识和服务质量;助长了一些地方政府的弄虚作假和浮夸风,滋生了很多形象工程和政绩工程,损害了人民的根本利益和政府形象;助长了政府部门不计代价追求短期利益、局部利益和个人利益的风气,极大地浪费自然资源,加剧了生态环境的破坏和部门间、地方间的人为分割,影响了经济和社会的可持续发展。蔡立辉编著:《政府绩效评估》,中国人民大学出版社2012年版,第63—64页。

才有公平正义可言,公平正义往往存在于公共产品之中,甚至公平正义本身就是公共产品。

但在实践中,我们又似乎感受到二者冲突的存在,时常顾此失彼、不能兼得。比如,在计划经济时代,我们强调公平正义,以至于“宁要社会主义的草,不要资本主义的苗”,却失去了经济社会发展的效率,从而也证明行政效率的不足;改革开放以来建设社会主义市场经济,强调“效率优先、兼顾公平”,却发现公平正义有所失落,贫富过度悬殊,社会问题突出。这是为什么呢?

这是因为我们在解读和操作过程中,将“效率”理念和“公平”理念片面化了。计划经济时代所奉行的公平正义是一种片面强调分配结果的“平均主义”,以至于“干多干少一个样”“干与不干一个样”,实际上背离了“多劳多得”“按劳付酬”的正义原则,因而伤害了人们的创造性和积极性,导致了低效率。市场经济时代一度奉行的“效率”理念则是一种片面强调经济发展的“GDP 主义”,以 GDP 为衡量经济效率和行政效率的核心指标或唯一指标,忽视了环境保护以及地区差距、城乡差距、收入分配的差距等问题,从而导致了公平正义的失落。

这也就是说,对行政效率和公平正义必须有一个全面的理解和把握,而全面的行政效率理念与公平正义理念之间并无冲突,而是彼此交融、相互支撑的。没有公平正义,无所谓行政效率;而没有行政效率,公平正义也不可能彰显。

第六节　民主法治

行政的根本目的是要实现公共利益、为公民(众)服务。但是,行政组织以及行政人员在行政过程中,极有可能利用行政权力(公共权力)侵害公民权利,谋取私利,为个人服务、为少数人服务。为了防止这种情况的发生,必然要求行政行为,尤其是重要的行政决策行为,必须充分尊重公众意志,必须公开透明、接受公众监督,必须置于代表公民意志的宪法和法律的约束之下。因此,民主法治是行政价值理念中不可忽视的重要理念。

一、民主

所谓民主,即“人民当家做主”。它本质上是指一种统治或管理的方式,是指人民或者说公民实际掌握着对自己的事务以及公共事务的抉择权。它作为一种重要的行政价值理念，强调保护公民基本权利、保护公民的自由、保护公民的根本利益，强调公民对政治、对行政的监督和参与，反对政府的专制独裁。但在不同的历史时期，民主的具体内涵又有所不同。

“民主”(democracy)一词最早出现在希腊文中，意思是指“民众统治”或“民众治理”。作为一种政治制度，它曾在古希腊罗马时期的城邦社会中存在过，主要体现为一种由全体奴隶主、贵族和自由民按其大多数人的意志治理城邦国家的政治制度。古希腊罗马的城邦制度规定，公民大会为城邦的最高权力机关，并设有议会和民众法庭等。

近代西方国家的资产阶级思想家对“民主”作了进一步的阐述。洛克、卢梭等理性主义启蒙学者，以自然法为基础，从政治哲学的高度对民主进行了思辨性阐释。他们认为，民主如同自由、平等、博爱、幸福一样，是合乎人的自然本性和社会的自然本质的价值目标，同时又是实现其他价值目标的政治条件。在国家的政治生活中，民主体现为人民主权，体现为政府的合法性以获得公民同意为基础，人民享有各种神圣不可剥夺的天赋自然权利。杰弗逊、密尔等政治理论家，则注重于把民主规定为一种国家政治制度形态，即代议制或间接民主制。在这种政治制度中，人民以多数人同意为原则，选举出代表组成政府，由政府代表人民行使国家权力，即由“全体人民或一大部分人民通过他们定期选出的代表行使最后的控制权”。[①]

现代西方资产阶级学者对“民主”的解释趋于多样化。有的学者把它看作一种所有成年公民都可以广泛分享参与决策机会的政治体系；有的学者把它规定为这样一种政治制度，宪法规定了人民有权按期更换治理国家的官员，从而使人口中的最大多数能够通过把政治职位给某个竞争者的办法来影响重大的决策；还有学者把民主定义为一种政治方法或程序。

我国古代典籍中也曾出现“民主”一词，如《尚书》有“天惟时求民主”的说法，但这一“民主”是民众之主的意思，与西方人的民主概念完全不同。直到清朝末年，中国人才开始使用西方意义上的“民主”一词。当时，被清政府派往欧

① 密尔：《代议制政府》，汪瑄译，商务印书馆1984年版，第68页。

洲学习的留学生马建忠,在给清朝皇帝上书时最先使用了西方资产阶级的民主概念。随后,梁启超等人也相继介绍了西方的民主。中国革命的先行者孙中山先生,则在他的三民主义政纲中系统地阐发了他的民主政治思想。到"五四运动"时期,"民主"连同"科学"一起,成为启蒙运动的两个基本口号。

马克思主义所理解的民主,是人民当家做主。马克思在《黑格尔法哲学批判》一书中曾经指出,"君主主权"和"人民主权"是两个完全对立的概念,"在君主制中是国家制度的人民;在民主制中则是人民的国家制度"。并说:"民主制独有的特点,就是国家制度无论如何只是人民存在的环节","……不是国家制度创造人民,而是人民创造国家制度。"①"人民是否有权来为自己建立新的国家制度呢?对这个问题的回答应该是绝对肯定的,因为国家制度如果不再真正表现人民的意志,那它就变成有名无实的东西了。"②后来,马克思在总结巴黎公社经验的时候,在对《哥达纲领》进行批判的时候,都更为明确地表述了他关于民主是人民当权的观点。总之,在马克思看来,真正的民主应该是人民主权、人民意志的实现,是人民自己创造、自己建立、自己规定其国家制度,以及运用这种国家制度决定自己的事情。

二、法治

所谓法治,即依法而治,亦即常言的"依法治国"或"以法治国"。也就是说,国家管理或公共管理,必须以宪法和法律为准绳,必须奉行宪法和法律精神,宪法和法律在社会生活中具有最高权威并得到普遍的遵从。民主与法治联系在一起,民主必然以法治为途径,法治是民主的体现。所以,法治与民主一样是行政的重要价值理念。

现代意义上的法治形成于西方,其思想渊源可以追溯到古希腊城邦民主制时期。亚里士多德第一次系统地提出了法治学说,他认为:"法治应当包含两重含义:已成立的法律获得普遍服从,而大家所服从的法律又应该本身是制定得良

① 《马克思恩格斯全集》第1卷,人民出版社1956年版,第281页。

② 同上书,第316页。

好的法律。"[①]近代西方发展起来的"人民主权""三权分立"以及"人权保障"等思想,使西方法治精神体系得以完整确立。

事实上,中国古代也有非常丰富的法治思想。早在先秦时代,即出现了一批著名的主张法治的思想家("法家"),如荀子、管子、商鞅、韩非等。[②]

荀子本是儒家,但他的思想与孔子、孟子有区别。孔孟主张人性善,荀子认为人性恶;孔孟提倡礼治,而荀子主张礼、法并重,并强调"法"乃"治之端"。

管子是最早系统提出法治思想的思想家。他认为:"威不两错,政不二门,以法治国,则举错而已。"[③]因此,他主张"君臣上下贵贱皆从法"。[④] 此外,他还强调立法必须量民之素质、能力,"毋强不能","令于人之所能为,则令行"[⑤];强调法令忌轻易更改,"号令已出又易之,礼义已行又止之,度量已制又迁之,刑罚已错又移之,如是则庆赏虽重,民不劝;杀戮虽多,民不畏也"[⑥];强调居上位者自君主始,率先守法;强调君主不要因私废法,"不淫意于法之外,不为惠于法之内","动无非法"。[⑦]

管子之后有商鞅(约公元前390—前338年),他辅佐秦孝公,励行法治,使秦国迅速强盛,奠定了统一六国的基础。他强调"不可以须臾忘于法"[⑧],则"吏不敢以非法遇民,民不敢犯法以干法官"[⑨]。他还强调"一刑",即"刑无等级","自卿、相、将军,以至于大夫、庶人,有不从王令,犯国禁,乱上制者,罪死不赦。有功于前,有败于后,不为损刑;有善于前,有过于后,不为亏法。"[⑩]

---

① 亚里士多德:《政治学》,吴寿彭译,商务印书馆1965年版,第167页。

② 参阅李铁映:《论民主》,人民出版社、中国社会科学出版社2001年版,第324—326页。

③ 《管子·明法》。

④ 《管子·任法》。

⑤ 《管子·形势解》。

⑥ 《管子·法治》。

⑦ 《管子·明法》。

⑧ 《商君书·慎法》。

⑨ 《商君书·定分》。

⑩ 《商君书·赏刑》。

> 商鞅之后有韩非(约公元前280—前233年)。韩非是先秦法家集大成者,其思想较前人尤为深刻。他极力主张以法治国,因为他不相信人皆可为善。"民者固服于势,寡能怀于义。"①"母不能以爱存家,君安能以爱持国?"②而法的功效就在于使人不得为非。有法,则中等水平的君主可治一国;无法,则圣人不能治一国。因此,韩非也主张严刑峻法,"刑胜,治之首也;赏繁,乱之本也"。③ 并强调赏罚必须分明,"诚有功,则虽疏贱必赏;诚有过,则虽近爱必诛。疏贱必赏,近爱必诛,则疏贱者不怠,而近爱者不骄也"④。另外,他还强调法须适应形势,与时俱进,"法与时转则治,治与世宜则有功。……时移而治不易者乱"⑤。
>
> 当然,中国古代的"法治"与西方近现代以来的"法治"是有根本不同的。中国古代的法治是在封建专制体制内的法治,其法律并不一定是民众意志的体现,也并不具有真正意义上的至上性,而只是封建君主专制统治的一种工具和手段而已。这也正好与中国古代的"民主"理念与西方近现代的"民主"理念的不同是一致的。但是,也不能否认,这两种不同的法治理念有相近、相通,甚而一致的地方;不能否认中国古代法治的思想对于我们今天的法治建设仍有借鉴意义。

关于法治的含义,英国著名法学家戴雪在其《英宪精义》一书中认为,法治实际上构成了英国宪法的基本原理,它意味着:(1)人民非依法定程序,并由普通法院证明其违法,否则不能遭受财产或人身方面的不利处罚。法治的要义是防止"人治政府"拥有"极武断"和"极强夺"的权力。(2)法律面前人人平等,即每一个英国人不论地位或阶级,均在普通法律之下,均受普通法院的管辖。(3)英宪是英国各法院由涉及私人权利的个案判决所得之结果,即英国宪法是法院保障人权的结果而非保障人权的来源。

英国行政法的创始人威廉·韦德在其后来成为英国行政法学经典之作的

---

① 《韩非子·五蠹》。
② 《韩非子·八说》。
③ 《韩非子·心度》。
④ 《韩非子·主道》。
⑤ 《韩非子·心度》。

《行政法》中认为,"法治"概念包含以下四层含义:(1)任何事件都必须依法而行;(2)政府必须根据公认的、限制自由裁量权的一整套规则和原则办事;(3)对政府行为是否合法的争议应当由完全独立于行政之外的法官裁决;(4)法律必须平等地对待政府和公民。①

我国法学学者梁治平在《新波斯人信札》一书中指出:"法治"是指在治国方式上奉行"以法治国"的准则,它意味着法律对社会的全面控制。在法治社会里,只有法才最有权威,一切机构和个人都要受法律的约束,没有任何个人或集团能够凌驾于法律之上。政府必须依宪法和法律进行统治,所有国家机关和政党都必须在法律规定的范围内活动,不能有超越法律之上或法律之外的任何特权。政府对社会生活各个方面的管理,包括经济、政治、文化、教育、科学、技术、国防、环境以及对外关系,都要依据法治精神和法律规定去做。对于违反法律的行为,必须依法追究,给予惩处。同时,法治原则不仅确认个人的公民权利和政治权利,而且要求建立使人格得以充分发展的社会、经济、教育和文化条件;不仅依法制止行政权的滥用,而且要使政府有效地维护法律秩序,借以保证人们具有充分的社会和经济条件;不仅要确保司法独立和律师业自由,而且要努力实现司法公正,执法公平,严格依法办事。

综上所述,我们认为,所谓法治主要包含以下三个方面的基本内容:(1)以宪法和法律为最高权威。法治不仅意味着普通公民必须遵守宪法和法律,而且要求政府组织和行政人员只能在法定职权范围内、按照法定程序行使行政权力、管理公共事务。(2)公共权力须积极关注和回应民众的需要,保障和促进民众的利益。在现代法治国家中,公共权力的目的不再仅限于对社会的管理控制,还意味着其在公共管理活动中必须采取积极的姿态,主动了解人民的利益和需要,积极征求民众的意愿,并对这些需求、意愿进行回应和满足。(3)保障公民的基本人权。所谓人权,是指人人基于生存和发展所必需的自由、平等权利。公民的基本人权主要是指,公民在生命、人身以及政治、经济、社会、文化等各方面所应该享有的自由平等权利。法治意味着,一方面通过宪法和法律对公民应该享有的基本人权进行明确,将其设立为公共管理的理想和目标;另一方面,则要界定

---

① 威廉·韦德:《行政法》,徐炳译,中国大百科全书出版社 1997 年版,第 25—27 页。

公共管理活动的范围和尺度，以避免公共权力（行政权力）对公民基本人权的侵犯。

第七节　服务行政

现代公共行政从本质上讲是一种服务行政，它以向公民提供市场所不能提供的公共服务为目标和尺度。因此也可以说，服务行政是现代公共行政的重要价值理念之一。

一、服务行政的概念

1. 统治行政与管理行政

服务行政并不是从来就有的，它是在统治行政和管理行政的基础上发展而来的。要理解服务行政，先要了解统治行政与管理行政。

“行政”是人类历史发展到一定阶段的产物，是随着国家和政府的产生而产生的。而国家和政府最初是在阶级斗争中产生的，是社会矛盾发展到不可调和时的产物。当这个社会分裂为相互对立的阶级、陷入不可调和的矛盾之中的时候，为了使这种矛盾和斗争不至于毁灭社会共同体，就需要有一种能够凌驾于所有阶级之上的力量，将冲突控制在秩序的范围内。这样便产生了国家以及政府，当政府展开工作试图控制冲突维持秩序时，便有了行政。因此，行政一开始便是以一种阶级统治的姿态出现的，是阶级统治的工具。它习惯于通过暴力和强制手段、通过建立少数人乃至于个人的绝对权威、通过一种不容置疑的“命令—服从”机制来维护某种特定的政治秩序和社会秩序。这便是人们所谓的“统治行政”或“统治型政府”，它主要存在于人类历史上的奴隶社会和封建社会。在统治行政时期，政府的工作即行政活动也包括对社会公共事务的管理，其行政存在着一定的公共性内容。但是，在总体上说，这种公共性内容是从属于阶级统治的目的的，它只是统治阶级维护和巩固其统治地位的必要手段。

当人类历史进入到资本主义时期，因为生产力和生产关系的发展变化，政府形态及其行政模式也随之发生了变化。资本主义的胜利是在高呼“自由、平等、民主、人权”的过程中取得的。因此，资本主义国家的行政逐渐淡化了暴力和强制性手段，削弱了个人权威或少数人的权威，公民权利受到了一定的尊重，政府权力一定程度上受到了法制的约束。而与此同时，政府干预经济、管理社会的公共职能日益扩大，日益上升为占主导地位的职能，政府规模也日益扩大，行政活动对人民生活的影响也越来越广泛而全面。这一时期的政府和行政与传统社会的“统治型政府”和“统治行政”存在明显区别：政治统治职能淡化，管理成为政府的主题，所以，被称为“管理型政府”或“管理行政”。

2. 对管理行政的反思与批判

随着现代社会的进一步发展，信息化、全球化给政府形态和行政模式又带来了新的挑战，管理型政府和管理行政的弊端日益凸显。从 20 世纪 70 年代末 80 年代初开始，人们对管理型政府和管理行政展开了大规模的反思和批判。这种反思和批判主要集中在管理型政府和管理行政的组织形式——官僚制上，认为官僚制在实践中存在以下弊端。

(1) 责任与效率的丧失

官僚制试图通过系统的制度设计，实现责任与效率的完美结合，却事与愿违。“官僚制”概念是德国著名社会学家马克斯·韦伯在 20 世纪初提出来的。在马克斯·韦伯看来，官僚制是指一种以分部—分层、集权—统一、指挥—服从等为特征的组织形态，是现代社会实施合法统治的行政组织制度。官僚制有如下基本特征：①合理的分工，即在组织中明确划分每个成员的职责权限并以法规的形式将这种分工固定下来；②层级节制的权力体系，即在组织中实行职务和权力的等级制，整个组织是一个层级节制的权力体系；③依照规程办事的运作机制，即组织中任何管理行为都不能随心所欲，而必须循规蹈矩、照章办事；④形成正规的决策文书，即组织中一切重要的决定和命令都以正式文件的形式下达，使下级易于接受明确的命令，上级也易于对下级进行管理；⑤组织管理的非人格化，即组织管理工作均以法律、法规、条例或其他正式文件为依据，严格规范组织成员的行为，公私分明，对事不对人；⑥合理合法的人事行政制度，强调量才用人，任人唯贤，因事设职，专职专人，以及适应工作需要的专业培训机制。

官僚制对于工具理性①的强调，确实在一定程度上保证了组织运行的效率。但实践中也正是因为其对于工具理性的推崇，造成了官僚系统过分的集权和规章制度的僵化，从而压抑了人的主观能动性，消磨了人的工作激情和创造精神，使公务员在被动和依赖中逐渐丧失了责任感，并最终损失了行政系统的工作效率。

（2）官僚集团的自利性及“代理违背”困境

官僚制实施过程中的组织载体是官僚集团，这种官僚集团是因为官僚制的“价值中立原则”和“职务终身制”而必然形成的，并因此产生了它特殊的组织利益。因为官僚集团所拥有的专业知识以及“暗箱行政”的惯例，使公众处于“理性无知”的局面而不可能对官僚集团形成有效的监督，所以，官僚集团不可避免地运用其掌握的本由公众授予的公共权力来谋取私利。这样，便产生了代理人对被代理人意志和利益的违背，即“代理违背”的困境，官僚集团由公众利益的代理人、“公仆”演变成了公众的奴役者、公众的主人。

（3）效率对民主的侵犯

在行政管理过程中，民主与效率都是不可或缺的价值理念。但在管理行政的官僚制组织形式中，对效率的过分追求，使民主价值成为可有可无的东西。这一方面表现在，下级官员在层级制的命令—服从关系中“失声”，下级失去了充分表达意见的制度氛围；另一方面层级制对上级负责的高度强调将公众排除在整个行政过程之外了，公众的意见不重要了，公众也不可能对政府进行监督。

（4）“全能主义”造成政府与社会、与市场的对立

管理行政强调政府是公共管理的唯一主体，而且奉行的是“全能主义”理

---

① “工具理性”（instrumental reason）是法兰克福学派批判理论中的一个重要概念，其最直接、最重要的渊源是德国社会学家马克斯·韦伯所提出的“合理性”（rationality）概念。韦伯将合理性分为两种，即价值（合）理性和工具（合）理性。价值理性相信的是一定行为的无条件的价值，强调的是动机的纯正和选择正确的手段去实现自己意欲达到的目的，而不管其结果如何。而工具理性是指行动只由追求功利的动机所驱使，行动借助理性达到自己需要的预期目的，行动者纯粹从效果最大化的角度考虑，而漠视人的情感和精神价值。韦伯在《新教伦理与资本主义精神》中指出，新教伦理强调勤俭和刻苦等职业道德，通过世俗工作的成功来荣耀上帝，以获得上帝的救赎。这一点促进了资本主义的发展，同时也使得工具理性获得了充足的发展。但是随着资本主义的发展，宗教的动力开始丧失，物质和金钱成了人们追求的直接目的，于是工具理性走向了极端化，手段成了目的，成了套在人们身上的铁的牢笼。

念,政府的官僚组织试图取代社会自治,通过计划手段来操纵社会生活的一切领域。在这种“全能主义”的影响下,政府管制的范围越来越大,其管理的强制性也越来越强,从而造成了政府与社会、政府与市场之间的对立与冲突。

3. “服务行政”的兴起

当管理行政的弊端日益凸显,管理型政府陷入种种危机,官僚制成为批判的焦点的时候,一场轰轰烈烈的行政改革运动勃然兴起了。指导这场行政改革运动的理论,先是新公共管理理论,继而是新公共服务理论。新公共管理理论提出,应利用私营部门的战略规划、全面质量管理、目标管理、顾客导向等先进管理方式重塑政府的管理体制,实现对官僚体制的全面修正和超越。新公共管理理论在实践中果然产生了一定的效果,它缩减了政府成本,提高了行政效率,一定程度上缓解了管理行政的危机。但是,它还不能尽如人意,还不能充分满足公民对政府公共服务的需求。因此,到20世纪80年代末,在新公共管理理论的基础上,进一步产生了新公共服务理论。新公共服务理论认为,政府的角色应该是服务者,而不是企业家。政府公务人员应该献身于公共服务,从公民利益出发,竭力追求公共价值的实现。相对于管理行政而言,服务行政将公共服务职能确立为政府的主要职能,并实现了以下几个方面的转变:

(1) 从管理主导到服务主导。服务行政强调服务主导,不是简单否定或取消政府的管理职能,也不仅仅是服务职能量的增加,而是将“服务”确立为政府存在的目标和尺度,将“服务”精神渗透在全部“行政”之中,强调管理也是服务。

(2) 从“官本位”到“民本位”。服务行政要求彻底摒弃管理行政的“官本位”“权力本位”理念,实现政府存在价值向公民本位、社会本位、权利本位的回归。

(3) 从“全能政府”到“有限政府”。管理行政的“全能政府”理念过于迷信政府的权威和能力,妄想以政府管制取代社会自治,凭借计划手段操纵社会生活的一切领域,忽视了“政府失灵”的存在。服务行政承认政府权威和能力的有限性,因而将自身职能严格限定在对市场失灵的匡正上。

(4) 从“暗箱行政”到“透明行政”。管理行政的暗箱操作、信息封锁,不仅造成了极高的交易成本,还为政府官员的权力“寻租”提供了机会,为行政腐败埋下了伏笔。服务行政强调公民的知情权和参与权,强调政务公开、透明行政,破除了政府与公民间的信息不对称关系，为公民有效监督政府提供了条件。

4. 我国“服务行政”与“服务型政府”概念的提出

“服务行政”与“服务型政府”的理念无疑来源于西方，来源于20世纪80年代以来新公共服务理论的倡导者们。但是，在西方学者的著作以及政府文本中并没有“服务行政”与“服务型政府”概念的明确表述，这两个概念是由中国学者首先提出来的。

通过中国知网对我国学术期刊进行查询得知，“服务行政”这一概念首先是由中国人民大学从事行政学研究的学者张成福、党秀云提出和使用的。张、党二人发表于《行政论坛》1995年第4期的《中国公共行政的现代化——发展与变革》一文明确提出和使用了“服务行政”这一概念。他们说：“公共行政的现代化在现代社会可分为以下几个层次”，“第一个层次：价值观层次。这是指公共行政体系具有适应现代社会的价值取向，这种价值取向主要包括：理性主义与效率化的行政；民主主义与参与化的行政；服务主义与服务行政；责任主义与责任行政；法治主义与廉能的行政；公正主义与公平的行政。”[①]几乎与此同时，法学界从事行政法研究的学者陈泉生也明确提出和使用了“服务行政”这一概念。他认为，现代行政法的主要内容是“服务与授益”，现代行政法学的研究重心是“服务行政”，现代行政法学的理论基础是“服务论”。[②] 此后，在行政学界和行政法学界，有很多学者认可和使用“服务行政”这一概念。

从1998年到2000年这段时间，中国人民大学的张康之率先对“服务行政”问题展开了系统的研究，并提出了“服务型政府”这一概念。其主要文章有：《公正行政是公共行政的新视点》，载《南京社会科学》1998年第9期；《政府职能模式的选择》，载《浙江学刊》1998年第6期；《政府职能的历史变迁》，载《学术界》1999年第1期；《政府职能模式的三种类型》，载《广东行政学院学报》1999年第4期；《建立引导型政府职能模式》，载《新视野》2000年第1期；《限制政府规模的理念》，载《行政论坛》2000年第4期。张康之认为，服务行政是为人民服务的行政，是公正的行政，是能力本位的行政，是社会本位的行政，是超越了民主和集

---

① 张成福、党秀云：《中国公共行政的现代化——发展与变革》，《行政论坛》1995年第4期。

② 陈泉生：《现代行政法学的理论基础》，《法制与社会发展》1995年第5期。

权的行政，是自律的和道德的行政；服务行政具有限制政府规模的功能，具有培育成熟社会的功能，具有促进人的全面发展的功能，具有促进独立的行政人格的生成的功能。[①] 在《限制政府规模的理念》一文中，张康之明确提出了"服务型政府"这一概念。他认为，要限制政府规模，"需要建立一种全新的、完全不同于传统的统治型政府和近代的管理型政府的新型政府，我们把这种新型政府称作服务型政府"。

学术界有关服务行政与服务型政府的研究讨论，引起了党和政府的关注与重视。2001 年 10 月，大连市政府制定了《关于建设服务型政府的意见》，提出从 10 个方面推进让市民满意的服务型政府建设进程；2003 年 2 月，南京市政府颁布了《关于推进服务型政府建设的实施意见》，提出了"一年构建框架，三年初步完成，五年形成规范"的总体安排，并确定了服务型政府建设的主要任务和具体措施；2003 年 10 月，成都市委市政府出台了《关于全面推进规范化服务型政府建设的意见》及 8 个配套文件；上海市、重庆市、广州市也陆续出台了服务型政府建设的相关文件。2004 年 2 月 1 日，温家宝总理在中央党校的一个讲话中第一次明确提出，"要建设服务型政府"；2004 年 2 月 21 日，温家宝总理在中央党校省部级主要领导干部"树立和落实科学发展观"专题研究班结业式的讲话中，再次明确提出要"努力建设服务型政府"；在 2005 年的《政府工作报告》中，温家宝总理又明确提出中国行政体制改革的目标就是努力建设服务型政府。2007 年 10 月，中共十七大报告明确提出要"加快行政管理体制改革，建设服务型政府"；2008 年 2 月 23 日，中共中央总书记胡锦涛主持中共中央政治局第四次集体学习时强调，建设服务型政府，是坚持党的全心全意为人民服务宗旨的根本要求，是深入贯彻落实科学发展观、构建社会主义和谐社会的必然要求，也是加快行政管理体制改革、加强政府自身建设的重要任务。2017 年 10 月 18 日，习近平总书记在中国共产党第十九次全国代表大会上的报告中强调：转变政府职能，深化简政放权，创新监管方式，增强政府公信力和执行力，建设人民满意的服务型政府。

5. "服务行政"与"服务型政府"的定义

那么，到底什么是"服务行政"或"服务型政府"？张康之曾经说："服务型的

---

① 参阅程倩：《"服务行政"：从概念到模式》，《行政学研究》2005 年第 5 期。

政府也就是为人民服务的政府，用政治学的语言表述是为社会服务，用专业的行政学语言表述就是为公众服务，服务是一种基本理念和价值追求，政府定位于服务者的角色上，把为社会、为公众服务作为政府存在、运行和发展的基本宗旨。”[①]刘熙瑞教授说：“服务型政府是在‘公民本位、社会本位’理念的指导下，在社会民主秩序的框架下，通过法定程序、按照公民意志组建起来的以为公民服务为宗旨并承担服务责任的政府。”[②]关于“服务行政”，有人说：“所谓服务行政，即在‘社会本位’、‘民本位’、‘顾客导向’理念的指导下，科学定位政府角色并切实转变政府职能，探索服务于民的政府行为方式的新型行政模式。”[③]有人说：“服务行政是政府以维持人们生活、增进人民福利和促进社会运转与发展为目的，直接或间接向公民提供公民个人与市场机制所不能自行提供的公共服务，保障公民基本生活的一种行政方式。”[④]

“服务行政”与“服务型政府”是相通的概念，“服务行政”即“服务型政府”的行政理念和行政模式，“服务型政府”即奉行“服务行政”理念和模式的政府。综合人们对于服务行政和服务型政府的理解，我们认为，所谓服务行政或服务型政府，即政府及其行政的全部职能都是围绕公共服务而展开的，是以为公民提供良好服务为根本目标和衡量尺度的行政或政府。

服务行政的本质在于其以“服务”为核心、目标、尺度，这是它与统治行政和管理行政的区别所在。统治行政的核心、目标和尺度在于“阶级统治”，尽管它也为社会提供公共服务，但服务是从属于阶级统治的，服务本身不是目的而只是一种不得已的手段。管理行政的核心、目标和尺度在于“社会管理”，它对于统治行政是一种超越，但它依然延续了统治行政的政府本位、权力本位等理念，在手段、方式上与统治行政如出一辙，依然没有将“服务”确立为核心、目标和尺度。

---

① 张康之：《限制政府规模的理念》，《行政论坛》2000年第4期。

② 刘熙瑞：《服务型政府——经济全球化背景下中国政府改革的目标选择》，《中国行政管理》2002年第7期。

③ 宋源：《转型期公共行政模式的变迁——由管理行政到服务行政》，《学术交流》2006年第5期。

④ 蔡乐渭：《服务行政基本问题研究》，《江淮论坛》2009年第3期。

二、服务行政的理论基础

服务行政作为一种行政价值理念不是空中楼阁，支撑它的理论基础一方面有人民民主理论，另一方面则有全球化时代影响各国的行政改革理论。

1. 人民民主理论

我国的人民民主理论，是中国化的马克思列宁主义关于社会主义民主政治的理论成果。这一理论是一种善于借鉴、吸收人类政治文明成果，不断与时俱进的理论。近代以来的人民主权理论是其思想渊源之一，马克思的议行合一制思想及其公仆理论是其具体体现，中国共产党的为人民服务思想是其根本宗旨。①

(1) 人民主权理论

人民主权理论是一种论述政府与人民之间关系的理论，它强调国家主权（立法权）属于人民，政府治权（行政权）由人民授予，处于从属地位。

人民主权理论兴起于启蒙时代，与卢梭的思想有密切关系。卢梭认为，通过社会契约建立民主共和国之后，国家便以一种强大的力量（“大我”）来保障每个公民（“小我”）的人身、财产安全以及自由平等地位，而同时，每个缔约者即人民都是国家的主权者和立法者。人民主权具有至高无上的权威，它不可转让，也不可分割。而政府“只不过是主权者的执行人”，是主权者因为自身利益而建立的一个管理公共事务的机构，是因主权者的意志而存在的。“行政权力的受任者不是人民的主人，而是人民的官吏；只要人民愿意就可委任他们，也可以撤换他们。对于这些官吏来说，绝不是什么订约问题，而只是服从的问题；而且在承担国家所赋予他们的职务时，他们只不过是在履行自己的公民义务，而并没有以任何方式来争论条件的权利。”②人民主权理论在政府与人民的二元关系中确立了人民的主人地位，而政府及其公务人员处于服从地位。因此，“服务行政”便在情理之中。

(2) 马克思主义的议行合一制思想与公仆理论

马克思主义经典作家肯定了资产阶级民主思想家们的“主权在民”的思想，

---

① 参阅高小平等主编：《服务型政府导论》，人民出版社 2009 年版，第 56—84 页。

② 卢梭：《社会契约论》，何兆武译，商务印书馆 1980 年版，第 76、32 页。

但对资产阶级政府的民主性质提出了质疑，认为“行政机关”根本就不是市民社会本身赖以管理自己固有的普遍利益的代表，而是国家用以反对市民社会的全权代表。[①] 行政机关的“官吏既然掌握着公共权力和征税权，他们就作为社会机关而凌驾于社会之上”。[②] 他们“从社会的公仆变成了社会的主人”。[③] 改变这一状况的办法是实行真正的民主制，让所有公民都有权利直接参与国家事务，“把行政、司法和国民教育方面的一切职位交给由普选选出的人担任，而且规定选举者可以随时撤换被选举者”。使立法权与行政权，或者说代表权与执行权合而为一。[④] 这样，政府的治理职能继续存在，但“行使这些职能的人已经不能够像在旧的政府机器里面那样使自己凌驾于现实社会之上了”。[⑤] 国家真正成为社会的代表，“从统治社会、压制社会的力量变成社会本身的生命力”。[⑥] 公职人员也不是骑在人民头上作威作福的老爷，而是代表人民利益、执行人民意志的、真正的“社会公仆”。

（3）中国共产党的为人民服务思想

马克思主义的议行合一制思想和公仆理论在我国体现为人民代表大会制度和为人民服务的思想。人民代表大会制度使国家权力和人民权利保持一致，是人民当家做主的制度保障。作为执政党的中国共产党将“全心全意为人民服务”确立为根本宗旨，为政府行政的服务性提供了思想保障。

早在红都瑞金期间，作为中华苏维埃的首任主席即中国红色政权的第一位政府首脑，毛泽东就特别关心群众生活问题。他说：“我们对于广大群众的切身利益问题，群众的生活问题，就一点也不能疏忽，一点也不能看轻。”[⑦]1944 年 9 月 8 日，毛泽东在中共中央直属机关为追悼张思德同志而召集的会议的演讲中，首次明确使用了“为人民服务”的概念。1945 年，在党的七大政治报告《论联合政府》中，他对为人民服务的理论作了更为系统完整的论述：“我们共产党人区

---

① 《马克思恩格斯全集》第 3 卷，人民出版社 2002 年版，第 64 页。

② 《马克思恩格斯选集》第 4 卷，人民出版社 1995 年版，第 172 页。

③ 《马克思恩格斯选集》第 3 卷，人民出版社 1995 年版，第 12 页。

④ 同上书，第 13 页。

⑤ 同上书，第 121 页。

⑥ 同上书，第 94—96 页。

⑦ 《毛泽东著作选编》，中共中央党校出版社 2002 年版，第 37—38 页。

别于其他任何政党的又一个显著的标志，就是和最广大的人民群众取得最密切的联系。全心全意地为人民服务，一刻也不脱离群众；一切从人民的利益出发，而不是从个人或小集团的利益出发；向人民负责和向党的领导机关负责的一致性；这些就是我们的出发点。共产党人必须随时准备坚持真理，因为任何真理都是符合于人民利益的；共产党人必须随时准备修正错误，因为任何错误都是不符合人民利益的。"①

新中国第一任政府总理周恩来特别强调，各级行政干部"要勤勤恳恳、老老实实为人民服务……人民的世纪到了，所以应该像牛一样努力奋斗，团结一致，为人民服务而死"。②

改革开放后，邓小平在1985年《在全国教育工作会议上的讲话》中指出："什么叫领导？领导就是服务"，"领导者必须多干实事。"③在《党和国家领导制度的改革》中，邓小平指出："当前，也还有一些干部，不把自己看作是人民的公仆，而把自己看作是人民的主人，搞特权，特殊化，引起群众的强烈不满，损害党的威信，如不坚决改正，势必使我们的干部队伍发生腐化。"④在1992年南方谈话中，邓小平提出衡量党和政府工作好坏的根本标准是"三个有利于"，即是否有利于发展社会主义社会的生产力，是否有利于增强社会主义国家的综合国力，是否有利于提高人民的生活水平。同时提出要坚持用人民拥护不拥护、赞成不赞成、高兴不高兴、答应不答应来衡量我们的一切决策。

以江泽民为核心的党的第三代领导集体适应时代的需要提出了"三个代表"重要思想，中国共产党应"代表中国先进生产力的发展要求，代表中国先进文化的前进方向，代表中国最广大人民的根本利益"。以胡锦涛为总书记的党中央继承和发展了中国共产党的优良传统，把实现人民的愿望、满足人民的需要、维护人民的利益，作为中国共产党的根本出发点和落脚点。在2003年取得抗击"非典"胜利后的"七一"讲话中，胡锦涛指出："对于马克思主义执政党来说，坚持立党为公、执政为民，实现好、维护好、发展好最广大人民的根本利益，充

① 《毛泽东著作选编》，中共中央党校出版社2002年版，第300—301页。

② 《周恩来选集》上卷，人民出版社1980年版，第241页。

③ 《邓小平文选》第三卷，人民出版社1993年版，第121页。

④ 《邓小平文选》第二卷，人民出版社1994年版，第332页。

分发挥全体人民的积极性来发展先进生产力和先进文化,始终是最紧要的。全国各族人民是建设中国特色社会主义事业的主体,人民群众积极性创造性的充分发挥是我们事业成功的保证,不断实现最广大人民的根本利益是我们党全部奋斗的最高目的。"

在2005年发布的《中国的民主政治建设》白皮书中,中央政府向全世界郑重宣告:"中国政府是人民的政府。为人民服务、对人民负责,支持和保证人民当家做主的权利,是中国政府全部工作的根本宗旨。"2013年习近平在全国组织工作会议上讲话时指出:"党的干部必须做人民公仆,忠诚于人民,以人民忧乐为忧乐,以人民甘苦为甘苦,全心全意为人民服务。"①

2. 行政改革理论

西方国家20世纪60年代末期以来的行政改革理论也是服务行政或服务型政府的重要理论基础。西方的行政改革理论主要包括新公共行政理论、新公共管理理论、治理理论、新公共服务理论等。

(1) 新公共行政理论

"新公共行政",是相对于传统公共行政而言的。新公共行政理论是20世纪60年代末70年代初美国一批青年行政学者对传统行政学进行批判和改造而形成的一种理论。这批青年行政学者以《公共行政评论》杂志主编沃尔多为代表,他们曾在锡拉丘兹大学明诺布鲁克会议中心举行了一次研讨会,会后形成论文集《走向新公共行政学:明诺布鲁克观点》,新公共行政理论由此而展开。

新公共行政理论提倡公平、公正的行政理念。如果说传统公共行政学关注并试图回答的是我们如何在可供利用资源的条件下提供更多或更好的服务(效率),以及我们如何少花钱而保持特定的服务水平(经济),那么新公共行政学则增加了一个问题,即这种服务是否增进了社会公平?所谓社会公平,就是要强调政府提供服务的公平性,强调公共管理者在决策和组织推动过程中的责任和义务,强调对公众要求做出积极的回应而不仅仅以追求组织自身需要的满足为目的。总之,新公共行政理论强调公共行政中的价值问题,把公平和效率结合起来考虑,校正了传统公共行政中单纯强调技术因素的纯管理主义。

---

① 《习近平谈治国理政》,外文出版社2014年版,第413页。

新公共行政理论探索替代官僚制的民主行政模式。与强调社会公平正义相应,新公共行政理论提倡公民参与的民主行政观。它鼓励公民以个体或集体的形式广泛地参与公共行政,从而使公共行政更能响应公众的呼声,以“顾客”为中心。新公共行政理论认为,建立在公民参与基础上的民主行政模式是政治民主在行政过程中的反映,是社会进步的体现,是行政改革的终极目标。

(2) 新公共管理理论

1979年,撒切尔夫人出任英国首相,推行西欧最激进的政府改革计划;1980年,里根当选美国总统,尝试大规模削减政府机构人员规模、收缩职能、压缩开支、倡导公共部门私有化。撒切尔夫人和里根的改革计划,标志着新一轮全球性行政改革浪潮的开始,而指导这场行政改革的就是所谓的“管理主义”或新公共管理理论。

新公共管理针对传统公共行政模式中的弊端,根据时代要求和市场经济原则,主张:①公共部门内部由聚合趋向分化;②对高级人员的雇佣实施有限制的契约制,而不偏好传统的职位保障制;③公共政策领域中的专业化管理;④公共服务的供给与生产分开;⑤强调资源利用要具有更大的强制性和节约性;⑥重视公共服务提供的效率和成本以及绩效的明确标准和测量;⑦从程序转向产出的控制和责任机制;⑧把私营部门的管理方式引入公共部门,使后者向更具竞争性的方向发展。[①]

新公共管理试图用“企业精神”来改造政府,认为这种企业型政府应该是:①政府的职能是掌舵,而不是划桨;②社区拥有政府,让公民自己管理自己;③竞争性政府;④有使命感的政府;⑤讲究效果的政府;⑥受顾客驱使的政府;⑦有事业心的政府;⑧有预见的政府;⑨分权的政府;⑩以市场为导向的政府。[②]

(3) 治理理论

治理理论是20世纪90年代兴起的一种管理理论,是在对新公共管理理论进行反思和批判的基础上提出的,可以说是新公共管理理论的延续。治理理论摒弃了新公共管理理论一条腿走路的不足,强调在政府治理中,不应该模糊公共

---

① 参见欧文·休斯:《公共管理导论》,彭和平等译,中国人民大学出版社2001年版,第72页。

② 参见戴维·奥斯本、特德·盖布勒:《改革政府——企业精神如何改革着公营部门》,上海市政协编译组、东方编译所编译,上海译文出版社1996年版。

与个人、政府与社会、国家与市场之间的关系。治理理论的核心内容主要有以下几点：

第一，认为公共管理的主体不仅仅是政府，还包括各种公共的和私人的机构。政府并不是国家唯一的权力中心，各种公共和私人的机构只要其行使的权力得到了公众的认可，就都可能成为在各个不同层面上的权力中心。

第二，认为在现代社会，国家正把原先由它自己承担的责任转移给公民社会，即各种私人部门和非政府组织，从而使国家与社会之间、公共部门与私人部门之间的界限和责任日益变得模糊起来。

第三，各个社会公共机构在集体行动中，越来越相互依赖。为达到目标，各个组织必须相互交换资源、谈判共同的目标，从而使各个参与者形成一个自主的网络，通过与政府在特定领域的合作来分担政府的行政职责。

第四，善治是理想的公共管理模式。所谓善治就是使公共利益最大化的社会管理过程，其本质是政府与公民对公共生活的合作管理。它要求有关管理机构与管理者最大限度地协调公民之间，以及公民与政府之间的利益冲突，从而使公共管理活动取得公民最大限度的认同。善治的实现依赖于政府与公民之间积极而有效的合作。

（4）新公共服务理论

新公共服务理论兴起于20世纪80年代末期，它是在对新公共管理理论，特别是“企业家政府”理论，进行反思和批判的基础上提出的一种全新的公共行政理论。这一理论的主要代表人物是美国公共行政学者登哈特夫妇。

新公共服务理论认为，政府的角色应该是服务，而不是企业家。政府公务人员应该参与到公民事务中去，应该积极联系群众，通过民众开展工作，作为中间人促成问题的解决。政府不同于工商企业，公务人员应该献身于公共服务，从公民利益出发，加强对公共价值的追求。

新公共服务理论的核心内容主要有以下几点：

第一，政府的作用是服务而不是掌舵。政府越来越重要的作用在于协助公民表达并实现共享的公共利益，而不是试图控制或引导新方向。

第二，追求公共利益，公共利益是主要目标，而不是副产品。

第三，战略地思考，民主地行动。满足公共需要的政策与规划能够通过集体努力和合作程序而有效、负责任地获得。

第四,服务于公民而不是顾客。新公共服务理论强调公共利益源自价值的分享,而非个人利益的简单相加。公务人员回应的是公民需求而不是“顾客”需求,要把注意力集中在与公民信任关系的建立和合作上。

第五,责任不是单一的。公务人员不仅要关注市场,还应该同时关注宪法和法律,关注社会价值观、政治行为准则、职业标准和公民得益等。

第六,尊重人的价值,而不仅仅是生产力的价值。如果基于对所有人的尊重(包括公民以及公务人员本身),运作于合作与共享之中,那么,公共组织以及参与其中的网络将会运转得更为成功。

第七,超越企业家身份,重视公民权和公共服务。与传统行政理论将政府置于中心位置而致力于改革完善政府本身不同,新公共服务理论将公民置于整个治理体系的中心,强调政府治理角色的转变即服务而非掌舵。推崇公共服务精神,旨在提升公共服务的尊严与价值,重视公民社会与公民身份,重视政府与社区、公民之间的对话沟通与合作共治。[①]

三、服务行政的服务对象、服务内容与服务方式

服务行政或服务型政府的本质主要体现在服务对象、服务内容与服务方式上。

1. 服务对象

服务对象即为谁服务的问题。这个问题看似简单,公共行政的服务对象无疑是社会公众。但是,如何理解和看待“公众”,却并不简单。

20 世纪 90 年代,美国曾有公共行政学者将企业管理中的“顾客导向”理念引入公共管理领域,将公众比喻为“顾客”,而政府是公共产品和公共服务的提供者。它包括以下内涵:(1)“顾客”对公共服务和公共产品应有知情权和选择权。(2)政府对“顾客”需求的快速回应性。(3)由“顾客”对公共服务的提供者进行评判;(4)“为顾客服务、对顾客负责”,要求政府不仅要对“顾客”进行调查,

① 参阅珍妮特・V. 登哈特、罗伯特・B. 登哈特:《新公共服务》,丁煌译,中国人民大学出版社 2010 年版,第 1—8 页。

了解“顾客”所需要的产品类型、数量和质量，而且还要利用“顾客”申诉机制、“顾客”赔偿机制等对服务行为的后果承担责任。这看起来不是很好吗？但很快人们就发现“顾客导向”理念在公共领域存在明显的局限性：(1)“顾客导向”会使公共管理倾向于重视眼前利益、短期利益，而忽视长远利益和根本利益。(2)“顾客导向”会使公共服务人员倾向于优先为有充分利益表达机会和渠道的“顾客”提供服务，而利益表达渠道不畅通的“顾客”，或者弱势群体很可能得不到应有的服务。这与实现社会公平的价值相左，使公共服务出现差别化、个性化。(3)公民和顾客所拥有的权益是不一致的，公民强调参与权，而顾客强调选择权。在现代社会的公共事务的治理过程中，不能仅仅依靠公务员或国家机构的单一力量来完成，还应该有公民的广泛参与。(4)“公民”既有权利也有义务，而“顾客”在很大程度上只有权利没有义务，顾客比公民有着更多的要求、更少的顺从。(5)“顾客导向”在理念表述上常常过于抽象夸张，如“致力于提供卓越的顾客服务”“要让每一位顾客完全满意”“顾客至上”等，但却缺少对“卓越”“满意”“至上”等概念进行衡量的量化指标。[①]

那么，服务行政的服务对象到底是谁呢？我们认为，服务行政服务的对象应该是公民，和由个体公民组成的社会组织，以及由个体公民和社会组织构成的公民社会。

服务行政的服务对象首先是作为个体的公民。公民，即国家范围内具有独立、自由、平等权利，并承担一定义务的每一个人。为公民服务，意味着政府要一视同仁、公开平等地为每一个人服务。政府与公民的关系是一种平等的关系，是一种约定与承诺的关系，政府根据公民的共同意志、要求提供服务，公民有权参与、监督政府的公共服务过程。

服务行政的服务对象其次是社会组织。在现实生活中，公民个体往往要结成一定的社会组织，而公民个体的权利和利益则往往通过组织的形式表现出来。因此，为公民服务也往往表现为为社会组织服务。社会组织主要区分为企业、政治性组织以及其他社会群体组织。

服务行政的服务对象再次是公民社会。公民个体会参加各种社会组织，各

---

① 参阅于千千等：《服务型政府管理概论》，北京大学出版社2012年版，第47—49页。

种社会组织之间又会形成更大的群体,并最终构成公民社会,即社会整体。在现实的社会生活中,除了个体利益和组织利益外,还存在着超越个体利益和组织利益的社会利益。因此,为公民服务、为社会组织服务,也进一步体现为为社会服务,体现为解决社会问题,营造良好的社会环境。

2. 服务内容

服务行政或服务型政府的服务内容,简而言之,是公共服务。我们所谓的行政是与私人行政相区别的"公共行政",因此其所提供的服务当然就应该是"公共服务"。但什么是公共服务?人们的理解和解释不尽相同。有所谓"物品解释法""利益解释法""主体解释法""价值解释法""内容解释法""职能解释法"等。① 我们赞成陈振明等人的意见,倾向于从利益和价值的角度解释公共服务。

新公共行政学派代表弗雷德里克森等人认为,凡是促成民主发展、培养公共精神、维护社会公正和公共利益的官员行动或政府行为都是公共服务。② 在我国也有人提出,政府提供公共物品的根据是对公共利益的判断,公共利益才是判定公共服务的内在依据。这是从公共利益的角度解释公共服务,即公共服务是一种实现公共利益的服务。

从价值的角度解释公共服务,强调公共服务是指政府为满足社会公共需要而提供的产品与服务的总称。它有两个特点:第一,公共服务是政府运用公共资源,根据权利、正义等公共价值,积极回应社会公共需要,为实现社会福利最大化而提供的社会产品和服务;第二,公共服务的目标是平等地解决社会基本生存、生活问题,平等地改善公民的生活状况、提高公民的生活质量、造就身心健康的公民。③

因此,我们认为,公共服务是指政府及其公共部门根据公共价值、回应公共需求、维护公共利益的各种实践活动。具体来说,公共服务的内容可以概括为十个方面:公共安全、公共教育、医疗卫生、社会保障、基础设施、公共交通、环境保护、公共信息、文体休闲、科学技术。④

---

① 参阅陈振明等:《公共服务导论》,北京大学出版社 2011 年版,第 11—14 页。

② 柏良泽:《公共服务研究的逻辑和视角》,《中国人才》2007 年第 5 期。

③ 李军鹏:《公共服务型政府建设指南》,中共中央党校出版社 2006 年版,第 19 页。

④ 参阅陈振明等:《公共服务导论》,北京大学出版社 2011 年版,第 60—61 页。

3. 服务方式

服务方式亦即工作方式，相对于统治行政和管理行政而言，服务行政的工作方式主要具有以下特点：

第一，公开与透明。包括办事内容公开、透明，办事程序公开、透明，办事结果公开、透明，主要官员个人信息公开、透明，财务收支账目公开、透明。

第二，民主与人本。服务行政是一种民主行政，一方面要充分尊重行政系统内部工作人员的主观能动性，要发挥每一个行政人员的创造性；另一方面则要充分尊重公民的意见，要依照公民的共同意志去提供公共服务。同时，服务行政也是一种人本行政，要以人为本，要充分尊重人的权利，要把传统行政的“管人、管物”转变为“解放人、发展人、开发人”。

第三，协商与参与。在服务行政中，政府与公民的关系不再是一种主从关系，而是一种平等关系，是一种合作的关系、共同治理的关系。因此，政府在工作中应更多地与公民协商，力求获得公民的认同，应允许、欢迎公民的广泛参与。

第四，科学与理性。服务行政的工作方式应是科学的，即尊重客观规律的、实事求是的，而不是经验主义的、主观主义的；同时也是理性的，即充分讨论、反复调查验证的，而不是信口开河、感情用事的。

第三章　行政责任

社会是人们彼此合作的利益共同体。在这一共同体中,任何个人与组织在分享权利的同时都必须承担相应的责任。这是民主法治社会的一个基本共识。行政组织和行政人员在社会共同体中享有权利(权力),无疑也应该承担责任,即承担行政责任。但就行政组织以及行政人员的本性而言,它有可能倾向于更多地享受行政权力(权利),更少地承担行政责任,甚至逃避和推卸责任。因此,如何确保行政组织以及行政人员承担应尽的责任,确保其"用正确的方法做正确的事情","让政府负起责任来",也就成为人们普遍关注的一个重大问题,同时也成为行政伦理学所要研究和解决的根本问题和首要问题。

什么是行政责任?为何强调行政责任?行政责任的内容和类型有哪些?行政责任如何归咎?行政责任意识是如何形成的?这是本章所要讨论的主要问题。

第一节　行政责任概念

一、责任

现代汉语中的"责任"一词是从古汉语的"责"字发展而来的。古汉语中没有"责任"一词,只有"责"字。"责"字大概有六种含义:(1)求,索取;(2)诘斥,非难,谴责;(3)要求,督促;(4)处罚,处理,加刑;(5)义务,责任,负责;(6)债(通假字)。①

那么,现代汉语中"责任"一词是什么含义呢?有人曾对《法制日报》1993年4月所有文章中出现的76例"责任"用语进行了分析,归纳出三个方面的含义:(1)表示"义务",如"照管责任""举证责任""赔偿责任"等;(2)表示"过错""谴责",如"查清原因及有关当事人的责任"等;(3)表示"处罚""后果",如"风险责任"等。②

也有人将"责任"一词的含义概括为这样三个方面:(1)责任即分内应做之事,如"岗位责任""尽职尽责"等;(2)特定的人对特定的事项的发生、发展、变化及成果负有积极助长的责任,如"担保责任""举证责任";(3)因没有做好分内应做之事或没有履行助长义务而应承担的不利后果或强制性义务,如"侵权责任""赔偿责任"等。③

英语中"责任"(responsibility)一词与汉语中"责任"一词的含义基本相同。美国著名的行政伦理学专家库珀曾在其《行政伦理学:实现行政责任的途径(第五版)》一书中强调:"责任是建构行政伦理学的关键概念。……这一概念的两个主要方面分别为主观责任和客观责任。""客观责任来源于法律、组织机构、社会对行政人员的角色期待。但主观责任却根植于我们自己对忠诚、良知、认同的信仰。""负责任的行政人员必须能够为自己的行为给他人(如监督者、民选官员、法庭以及市民等)造成的影响负责,这就意味着能够解释和说明为何他们要采取会造成某种特定后果的特定行为。他们还必须能够把公共利益作为自己的职业指南,并把这一指南内化为自己的内心信念,以自己的行为方式体现行为与这一信念之间的一致。也就是说,作为一个负责任的行政人员,一方面要在客观上为自己的行为负责,另一方面在主观上还要使自己的行为与职业价值观一致。"④

① 转引自张文显:《法哲学范畴研究》,中国政法大学出版社2001年版,第118页。

② 冯军:《刑事责任论》,法律出版社1996年版,第12—13页。

③ 张文显:《法哲学范畴研究》,中国政法大学出版社2011年版,第118页。

④ 特里·L.库珀:《行政伦理学:实现行政责任的途径(第五版)》,张秀琴译,中国人民大学出版社2010年版,第73、84、6页。

英国的《布莱克维尔政治学百科全书(修订版)》是这样诠释"责任"概念的:"在政治活动和公共管理中,'责任'最通常最直接的含义是指与某个特定职位或机构相连的职责……这种'责任意味着那些公职人员因自己所担任的职务而必须履行的一定的工作和职能'。责任通常意味着那些公职人员应当向其他人员或机构承担履行一定职责的责任或义务,这些人可以要求它们作出解释。而这些人自己又要向另外的人或人们负责。"在按照等级结构组成的行政机关中,"通常存在着一个垂直的责任链条,根据这个责任链条,机构中的每个人应当向其上级承担履行他或她自己职责的责任,这些职责包括管理他的下级人员,这些下级人员则应向他负责。由于这些承担责任的人能够按照要求作出解释,又由于这些人可以因未履行自己的职责而受到责备或惩罚,因此,角色责任或义务责任是紧密相连的"。①

结合上述理解,我们认为,所谓责任是指具有一定行为能力、充当一定角色的个人或组织机构,在一定的关系或联系中,基于与之有关的个人或组织机构的利益以及要求,而应该做出的行为选择(应尽的义务),以及因未做出相应的行为选择(未尽到义务),或做出了错误的(不当的)行为选择,而应该承担的惩罚、谴责,或某种强制性补偿义务,或其他不利后果。

这一定义包括以下几个要点:

(1)责任是主体的责任,是有行为能力且充当一定角色的主体的责任。没有行为能力,非充当一定角色,则无所谓责任。同时,责任主体不仅仅限于个体的人,也包括由个人组成的组织机构。如"责任政府""负责任的政府""负责任的大国",所强调的就是组织机构的责任。

(2)责任总是在一定的关系或联系中存在和发生的,即在社会中存在和发生,离开社会、完全孤立的个人,无所谓责任。

(3)责任总是基于与责任主体有关的个人或组织机构的利益和要求而言的,除开有关个人或组织机构的利益和要求,也无所谓责任。

(4)责任一方面是指积极的、应该(或应当)的行为选择,即义务;另一方面

① 戴维·米勒等:《布莱克维尔政治学百科全书(修订版)》,邓正来等译,中国政法大学出版社2002年版,第701页。

也包括因未尽义务或行为过错而被动承受的惩罚、谴责，或具有强制性的补偿义务，或其他不利后果。“责任”与“义务”有时候是可以互换使用的概念，但两者又有区别。“义务”是指行为主体应该做的行为选择。在这个意义上，“责任”与“义务”是一致的。但“责任”不仅包含“义务”，还包括惩罚、谴责以及其他不利后果。而“义务”一词，没有包含惩罚、谴责、承担不利后果的意义。

二、行政责任

当我们明确“责任”一词的含义后，“行政责任”这一概念似乎就不难理解了。但情况并不完全如此，厘清“行政责任”概念并不轻松。

有关行政责任问题的研究主要集中在行政法学界和行政学界，而无论是行政法学界还是行政学界，对“行政责任”这一概念的理解都存在着较大的分歧。

我国行政法学界对“行政责任”的理解主要有以下几种观点：

(1) 认为行政责任即行政主体的法律责任。“行政责任即行政法所规定的法律责任，是行政主体由于行政违法或部分行政不当而应当依法承担的否定性法律后果。”①“行政责任是指行政机关及其工作人员由于不履行法律职责和义务而应当承担的法律责任，是行政违法或行政不当的法律后果。”②这是一种“控权论”观点，强调宪法和法律对行政权的约束和控制。

(2) 认为行政责任即行政相对人的法律责任，是行政相对人因违反行政法律规范而应该承担的责任，而不是行政主体及其公务员的责任。③ 这是一种“管理论”观点，强调行政权的保障和行政管理的效率。这种观点曾盛行于苏联等社会主义国家，对我国早期行政法学研究和行政管理实践有较大影响。随着法治观念、宪政观念的确立，这一观点已逐渐退出历史舞台。

(3) 认为行政责任既是行政主体也是行政相对人的法律责任。“行政责任是指行为人(包括行政主体与相对人)由于违反行政法律规范的规定，所承担的一种强制性行政法律后果。”④“从责任主体上考察，基于广义的看法认为，行政

① 喻志耀：《行政法与行政诉讼法》，警官教育出版社 1994 年版，第 229—230 页。

② 马怀德：《中国行政法》，中国政法大学出版社 1997 年版，第 200 页。

③ 王连昌、张树义：《行政法学》，中国政法大学出版社 1994 年版，第 325 页。

④ 应松年编：《行政法与行政诉讼法词典》，中国政法大学出版社 1992 年版，第 209 页。

责任既包括行政主体及行政机关工作人员的责任,也包括相对人的责任;从责任内部上考察,行政责任是指行政法律关系主体由于违反行政法律规范或不履行行政法律义务而依法应承担的行政法律后果。"[①]"作为与民事责任、刑事责任相对立的行政责任,其主体既包括行政主体与行政人,也不能把相对人排除在外。"[②]这是一种"平衡论"观点,强调行政主体与行政相对人在权力和责任或权利和义务方面的平衡关系。

我国行政学界对"行政责任"的理解主要有以下几种观点:

(1) 认为"行政责任是政府及其构成主体行政官员(公务员)因其公权地位和公职身份而对授权者和法律以及行政法规所承担的责任"[③]。

(2) 认为行政责任即公共责任,是"指国家行政管理部门的行政人员,在工作中必须对国家权力主体负责,必须提高自身的职责履行,来为国民谋利益"[④]。

(3) 认为"行政责任就是行政机关及其公务员因其公权地位和公职身份而对授权者、法律法规和社会价值等负有的政治、法律和道义责任"[⑤]。

我们认为,行政责任的定义主要应该明确三个问题:(1)谁的责任?(2)何种情境或场域中的责任?(3)对谁而言的责任?上述行政责任定义的分歧主要集中在第一个问题和第三个问题,对于第二个问题大都没有特别强调,但可以认为"行政情境"或"行政场域"是大家默认的、"不言而喻"的共识。

谁的责任问题,即行政责任的主体问题。行政责任的主体无疑应该是行政主体,即行政行为的发出者。谁是行政行为的发出者?现代社会公共行政行为的发出者,首先是国家行政机关即政府,以及政府工作人员即公务员;其次则是法律法规授权的或受国家行政机关委托的组织或个人;最后是公民即所谓行政相对人。公民作为相对人,不是纯粹的被管理者,更不是客体。因为,一方面,公民是否积极配合国家机关或公务员或其他被授权的组织和个人的行政行为,将影响行政行为的效果和效率;另一方面,公民有参政议政的权力,当公民参政议

---

① 罗豪才著:《行政法学》,北京大学出版社 1996 年版,第 318 页。

② 胡建淼:《行政违法问题探究》,法律出版社 2000 年版,第 549 页。

③ 张国庆主编:《行政管理学概论(第二版)》,北京大学出版社 2000 年版,第 486 页。

④ 江秀平:《公共责任与行政伦理》,《中国社会科学院研究生院学报》1999 年第 3 期。

⑤ 张创新、韩志明:《行政责任概念比较分析》,《政府与法治》2004 年第 9 期。

政的时候,公民的行为实际上也是一种行政行为。所以,公民也是行政主体,因而也是行政责任的主体,也应该承担相应的行政责任。但是,不可否认,作出行政行为的主要还是政府及其工作人员,绝大多数的行政行为以及行政行为的主动权都掌握在政府及其工作人员手中,因此我们一般将行政主体和行政责任主体理解为政府及其工作人员。

行政责任是何种情境或场域中的责任?无疑是行政情境或行政场域中的责任。责任总是在一定的关系或联系中产生和存在的,这种关系或联系实际上也是一种情境或场域。行政责任的产生和存在是在行政情境或行政场域中的,所谓行政情境或行政场域是指形成行政关系、发生行政行为的情境或场域。“发生行政行为”在实践中表现为两种情况,一种是作为,一种是不作为。当行政主体处在行政关系中应该有所作为而没有作为时,也视为发生行政行为,因而也应该承担行政责任。一般来说,政府作为一种组织机构一经成立即形成行政关系,便始终处在行政情境或行政场域中,也就始终要承担行政责任。但政府工作人员即公务员有所不同,“公务员”只是个人身份或角色的一个方面,他(她)同时还有其他多方面的身份或角色,如丈夫或妻子、父母、儿女等等。当公务员脱离行政情境或行政场域,以非公务员的身份行动时,其所要承担的就不再是行政责任了。行政情境或行政场域是行政责任存在的重要条件,因而应该在定义中予以强调。

行政责任是对谁而言的责任?这也是一个体现和证明“行政责任”本质的重要问题。因为责任总是与相关的组织或个人的利益和要求联系在一起的,不同的组织或个人有不同的利益和要求,相应的责任的性质也就有所不同。一般来说,行政责任的对象首先是公众或公民,以及公众的代言人(如人民代表)和代言机构(如人民代表大会)等;其次是行政组织内部的上级、同级、下级的个人或机构。库珀将行政责任的对象概括为三种:首先“是对自己的上级负责,贯彻上级指示或是完成已达成一致的目标任务”。同时,“对下属的行为负责……上级必须为自己的下级提供指示,给他们提供完成工作所需的资金,并适当授权给他们,以顺利开展职责分配与工作监督。同时,上级也要为下属如何使用所提供的资金以及完成任务时如何实施所授权力而担负责任”。其次是“要对民选官员负责,把民选官员的意志当作公共政策的具体表现来贯彻执行”。最后是“要对公民负责，洞察、理解和权衡公民喜好、要求和其他利益”。[1] 对公众负责，以及行政组织内部的相互责任，实际上又无非是对其利益和要求负责；进一步说，也是对体现其利益和要求的宪法、法律法规、公共政策、组织内部的制度和纪律、社会道德、公共价值、风俗习惯等负责。

因此，我们将行政责任定义如下：行政责任是指行政主体，主要是政府及其成员，在行政场域对于公众或政府组织内部的相关成员或机构的利益和要求，所应该的作为（应尽的义务），以及因不作为或作为不当（乱作为、慢作为）而应该承担的惩罚、谴责，或某种强制性补偿义务，或其他不利后果。

第二节　行政责任的原因与根据

行政责任不是自然生成的，而是人们在社会生活中自觉确立起来的。为什么要确立“行政责任”？或者说，它的原因和根据何在？对于这个问题我们主要可以从以下三个方面来理解：(1)人性；(2)社会分工；(3)约定与承诺。

一、人性

行政责任实质上是要为人（行政人）设立行为规范，要让“行政人”知其当为、为其当为。所以，我们首先必须考虑作为行为规范的“行政责任”是否符合人性，即符合人的本质和规律。也就是说，我们必须从人的本质和规律的角度来考察行政责任的必要性和可能性。一方面，任何行为规范如果是没有必要的，人们能够因其本性而必然地、自动地为其当为，那规范就是多余的，就应该放弃，而不要浪费资源；另一方面，任何行为规范如果是不可能的，人无论如何也做不到，如果勉强做到则要违背人性、违背人的本质和规律，那也应该放弃，而不要因小失大，或自欺欺人。

那么，到底什么是人性，或人性是什么？

人性问题是一个颇为复杂的问题，古今中外众说纷纭，让人眼花缭乱、莫衷

---

① 特里·L. 库珀：《行政伦理学：实现行政责任的途径（第五版）》，张秀琴译，中国人民大学出版社2010年版，第75—76页。

一是。王海明认为,广义地说,人性乃"人生而固有的普遍本性",而伦理学所谓人性乃"人生而固有的伦理行为事实如何之本性"。其基本理解,可以概括如下:①

(1) 人性是依附于人的"属性",亦即人所具有的属性。

(2) 人性是指一切人(不分男女老幼,不分种族国别)共同具有的普遍属性,是一切人的共同性和普遍性。"凡人之性者,尧舜之与桀跖,其性一也。君子之与小人,其性一也。"②

(3) 人性是与生俱来的,生而固有的,而不是后天习得的。告子曰:"生之谓性。"③董仲舒曰:"如其生之自然之资谓之性。"④韩愈曰:"性也者与生俱生者也。"⑤荀子曰:"生之所以然者谓之性。"⑥孟子曰:恻隐之心、羞恶之心、辞让之心、是非之心,"非由外铄我也,我固有之也"。⑦

(4) 人性不仅仅指人的自然本性,也包括人的社会本性。人的社会性也就是指人的那些与他人有关的属性,人的自然性则是人的仅仅关乎自己一人的属性。关乎自己一人的属性只有饮食、睡眠、安全等需要和欲望,而同情心、报恩心以及男女需要等则与他人有关,因而是人的社会属性。而人的这些社会属性也同样是"人生而固有"的。

(5) 人性是指人的全部属性,是"人生而固有的任何本性",而不仅仅指人之所以为人、人区别于其他动物的"特性"。人性可以区分为两类,一类是比较一般的、低级的、基本的属性,是人与其他动物的共同性,如能够自由活动、同样有食欲和性欲等;另一类则是比较特殊的、高级的属性,是使人与其他动物区别开来、为人所特有的普遍属性,即"人的特性",如能够制造工具、具有语言、理性和科学等。人与其他动物共有的"动物性",因其存在于人的身上,所以也是人性。事实上人的动物性不但是人性,而且是最为重要的人性。因为,现代心理学

① 参阅王海明:《人性论》,商务印书馆2005年版。

② 《荀子·性恶》。

③ 《孟子·告子章句上》。

④ 《春秋繁露·深察名号》。

⑤ 韩愈:《原性》。

⑥ 《荀子·正名》。

⑦ 《孟子·告子》。

发现,人的基本需要和欲望由低级到高级大致分为五种:生理、安全、爱、自尊、自我实现。而人的一切需要和欲望,如安全的需要、爱的需要、自尊的需要、完善自我品德的需要和自我实现的需要等,都是其生理需要和欲望相对满足的结果。因此,人的生理需要和欲望,亦即人的动物性,乃是引发人的一切行为的最初动因。

(6) 人性并非一成不变,但其变化只是量的变化,而不可能有质的变化。人性由质与量两方面构成,是质与量的统一体。从质上看,即从质的有无上看,人性完全是生而固有的、一成不变的,是普遍的、必然的、不能自由选择的。但从量上看,即某一属性的多少,则是后天习得的,是不断变化的,是特殊的、偶然的、可以自由选择的。

(7) 人性可以区分为不同的层次或不同的部分,可以是不同的科学研究的对象,伦理学并不以全部人性为研究对象,而只以可以言道德善恶的部分为其研究对象。可以言道德善恶的人性,即合乎道德,可以进行道德评价的人性。而可以进行道德评价的只能是那些受利害人己意识支配的行为,即人的伦理行为。所以,伦理学所谓的人性,是指"人生而固有的伦理行为事实如何之本性"。

(8) 伦理学所谓人性,就其内在结构来说,由伦理行为目的、伦理行为手段和伦理行为原动力三因素构成。伦理行为目的包括利他、利己、害他、害己四种,伦理行为手段也包括利他、利己、害他、害己四种。四种目的与四种手段结合起来便形成16种伦理行为:①完全利己;②为己利他;③害己以利己;④损他利己;⑤为他利己;⑥完全利他;⑦自我牺牲;⑧害他以利他;⑨利己以害己;⑩利他以害己;⑪完全害己;⑫害他以害己;⑬利己以害他;⑭利他以害他;⑮害己以害他;⑯完全害他。16种伦理行为可以归并为6大类型:无私利他、为己利他、单纯利己、纯粹害他、损他利己、纯粹害己。

(9) 人的行为原动力是感情。人类的基本感情可以区分为:快乐、愤怒、悲哀、恐惧,亦即快乐与痛苦。人的伦理行为的原动力则是爱与恨,爱是由快乐引起的,恨是由痛苦引起的。对他人的爱,即爱人之心(同情心与报恩心)是目的利他行为的原动力;对他人的恨,即恨人之心(嫉妒心与复仇心)是目的害人行为的原动力;对自己的恨,即自恨心(罪恶感与自卑感)是目的害己行为的原动力;对自己的爱,即自爱心(求生欲与自尊心)是目的利己行为的原动力。

（10）通过对人的伦理行为的原动力的考察，可以发现每个人的伦理行为都遵循着这样一条规律：每个人的行为目的是自由的、可选择的、人人不同的，既可能无私利他，又可能自私利己，既可能纯粹害人，也可能纯粹害己，但产生这些行为目的的原动力，却是必然的、不可选择的、人人一样的，只能是自爱利己。

（11）伦理行为的目的和手段及其结成的各种伦理行为的相对数量遵循以下规律：①伦理行为目的的相对数量规律——“爱有差等”。每个人都有利己、利他、害己、害他四种行为目的，但利己目的必定多于其他三种目的之和。②伦理行为手段相对数量非统计规律——每个人都有利己、利他、害己、害他四种行为手段，但利他与害他手段必定多于利己与害己手段。伦理行为手段相对数量统计规律——任何一个社会，就其行为总量来说，利他手段必定多于其他手段的总和。③伦理行为类型相对数量非统计规律——就个人行为而言，为己利他或损人利己的行为要多于其他四种行为（无私利他、单纯利己、纯粹害人、纯粹害己）之和；伦理行为类型相对数量统计规律——就社会行为总量而言，为己利他的行为要多于其他五种行为（损人利己、无私利他、单纯利己、纯粹害人、纯粹害己）的总和。总而言之，任何一个社会，其绝大多数人的多数的、恒久的行为必定是为己利他的。而其他行为都只能是偶尔的、少数的。这是人类伦理行为类型的不依人的意志而转移的统计性客观规律。

从上述王海明有关人性的分析中我们可以肯定，“行政责任”的设立既有必要，也有可能。

之所以必要，是因为“行政人”的行为原动力也是自爱利己，其行为的目的和手段也同样有利己、利他、害己、害人（他）四种，其行为也同样既可能为己利他、无私利他，也可能损人利己、单纯利己、纯粹害人、纯粹害己。而显然这六类行为中，只有“无私利他”和“为己利他”两类行为有可能符合公众以及政府组织内部相关人员或机构的利益和要求，因而有可能是应当的、合理的行政行为，或者说是“善”的行政行为，即所谓“善政”。而其他类型的行政行为，显然都不可能是合理的、应当的行政行为，而可能是“恶”的行政行为，即所谓“恶政”。所以，有必要对“行政人”的行政行为进行规范，以约束和控制“行政人”目的和手段的选择，使行政行为保持在应当和合理的范围内。而规范行政行为的关键在于设立“行政责任”，当“行政人”明确行政责任并履行行政责任时，行政行为必然是合理的和应当的。

之所以可能,一方面是因为人性并非一成不变,人可以在一定的范围内选择其行为的目的和手段,“行政人”也可以在一定的范围内自由选择其行政行为的目的和手段;另一方面则是因为“行政责任”并不否定“行政人”的权利和权力,相反它总是以权利和权力为前提的,正因为授以权力、给以权利,才强调责任和义务。也就是说,行政责任并不否定“行政人”自爱利己的动机和目的,并不要求“行政人”一味地、彻底地无私利他,也承认和接受为己利他的行为,因而并不违反人的本性和规律。

二、社会分工

行政责任确立的原因和根据,也在于人与人之间或人群之间的社会分工。

所谓社会分工,即人类劳动的社会划分及其独立化和专业化。人类社会从一开始就存在社会分工。最初的社会分工,主要是因人的生理条件和地理环境的差异而形成的分工,被称为“自然分工”。比如,“男子作战、打猎、捕鱼,获取食物的原料,并制作为此所必须的工具。妇女管家,制备衣食——做饭、纺织、缝纫”①。又比如,靠山者为猎人,近水者为渔夫,草原形成牧民,沃野生成农民。“自然分工”主要存在于人类野蛮时代,是人类分工的起点,是一种最简单的分工形式。此后,人类从野蛮时代逐渐向文明时代发展、过渡,在这一过程中,曾先后出现了三次大的社会分工:第一次是畜牧业从农业中分离,出现了专门从事驯养动物以取得乳、肉等生活资料的游牧部落;第二次是手工业从农业中分离,出现了专门从事生产工具制造的手工业群体;第三次是商业从农业、畜牧业和手工业中分离出来,出现了专门从事商品买卖的商人阶层。当人类进入文明时代后,因为社会生产力的发展,因为生产技术水平的提高,社会分工有了更为广泛、更为深刻的发展。

行政管理或公共管理作为一项专门工作、作为一种职业,也是社会分工的结果。专门的行政管理工作从国家产生即已形成。因为有国家即有政府,则必须有一批专门从事政府工作的行政管理工作人员。随着经济社会的发展,公共事

① 《马克思恩格斯选集》第 4 卷,人民出版社 1995 年版,第 159 页。

务越来越多,公众的要求也越来越高,相应的,从事这项工作的人员也越来越多,其工作也越来越专业化。

人类到底为什么要进行社会分工?其根本原因在于人的需要的多样性与个人劳动能力的有限性的矛盾。人类必须通过劳动获取成果满足其各种需要,方能存在和发展。因为人的需要是多样的,所以人类劳动的形式和内容也必然是多样的。而每个人的劳动能力都是有限的,任何个人总是有所能、有所不能。因此,每个人都不可能仅仅通过自己的劳动而充分满足自身的需要,而必须与他人相互配合、相互交换、取长补短。所以,社会分工是人类必然的、不可避免的选择,社会分工是人类劳动的客观存在形式。正如孟子所言,社会分工"天下之通义也",假如每个人都自食其力、自给自足,则天下所有人都将为衣食而疲于奔命。①

人类社会历史也充分证明了社会分工的积极意义。正是因为社会分工,生产力获得了快速发展,社会效率大大提高,社会财富迅速增加,人类的生活水平越来越高。柏拉图曾说:"只要每个人在恰当的时候干适应他性格的工作,放弃其他的事情,专搞一行,这样就会每种东西生产得又多又好。"②亚当·斯密认为:"劳动生产力上最大程度的改进,及其在劳动生产力指向或应用的任何地方所体现的技能、判断力和熟练性的大部分,似乎都是分工作用的结果。"为什么分工可以提高劳动生产力?这是因为:"第一,劳动者的技巧因业专而日进;第二,由一种工作转到另一种工作,通常需损失不少时间,有了分工,就可以免除这种损失;第三,许多简化劳动和缩减劳动的机械的发明,使一个人能够做许多人的工作。"③马克思、恩格斯也强调分工与生产力的相互促进作用。马克思在《哲学的贫困》中指出:"机械方面的每一次重大发展都使分工加剧,而每一次分工的加剧也同样引起机械方面的新发明。"④在《德意志意识形态》中马克思、恩格斯又指出:"一个民族的生产力发展的水平,最明显地表现于该民族分工的发展程度。任何新的生产力,只要它不是迄今已知的生产力单纯的量的扩大(例如,

---

① 《孟子·滕文公上》。

② 柏拉图:《理想国》,郭斌和、张竹明译,商务印书馆1986版,第60页。

③ 亚当·斯密:《国民财富的性质和原因的研究》,郭大力、王亚南译,商务印书馆2004版,第5—8页。

④ 《马克思恩格斯选集》第1卷,人民出版社1995年版,第166页。

开垦新土地),都会引起分工的进一步发展。"[①]在《资本论》中马克思指出:"经常重复做同一种有限的动作,并把注意力集中在这种有限的动作上,就能够从经验中学会消耗最少的力量达到预期的效果。又因为总是有好几代工人同时在一起生活,在同一些手工工场内共同劳动,所以,这样获得的技术上的诀窍就能巩固、积累并迅速地传下去。"[②]

但是,要确保社会分工真正发挥积极作用,还必须具备以下两个条件:

第一,社会分工必须是合理的。所谓合理,也就是要"让合适的人做合适的事",要充分考虑各种客观条件,要充分尊重人的主观意愿、尊重人选择工作的权利,不能让社会分工妨碍公平正义的实现,不能让社会分工造成人的片面化、造成人性的异化,等等。这实际上也是要求有一个合理的社会机制,以将分工调节、控制在一个合理的范围内。否则,社会分工就会产生负面效应。

第二,每个人都做好自己的工作。社会合理划分的每一项工作都与每一个人的需要有关,所以,只有当每一个因社会分工而从事某项工作的人都能做好自己的工作,才有可能充分满足每一个人的需要。如果有人未能做好自己的工作,也就意味着这个社会或这个群体(组织)缺少了某项成果,意味着这个社会或这个群体的所有成员的某项需要不能得到满足。"做好自己的工作",这就是"责任"。正是在这个意义上,我们认为,确立责任的原因和根据在于社会分工。因为有社会分工,我们每个人才有了"做好自己的工作"的责任。如果没有社会分工,每个人的工作与其他人没有关系,而完全是自给自足,则无所谓责任。法国社会学家埃米尔·涂尔干在其博士论文《社会分工论》中论及了这一观点,他认为正是"劳动分工""在人与人之间构建了一个能够永久地把人们联系起来的权利和责任体系",从而"产生了法律和道德"等"各种规范"。[③]

社会分工产生了行政管理(公共管理)这一专门工作,所以也产生了做好这一专门工作的责任,即行政责任。因为行政管理工作是整个社会劳动体系中的一部分,它要为整个社会提供人们需要体系中不可或缺的"公共产品"。如果行政组织和行政人员不能在行政管理工作中提供足够的公共产品,整个社会的公

① 《马克思恩格斯选集》第1卷,人民出版社1995年版,第68页。

② 《资本论》第1卷,人民出版社2004年版,第393—394页。

③ 埃米尔·涂尔干:《社会分工论》,渠敬东译,生活·读书·新知三联书店2000年版,第364页。

共需求就不可能获得满足,因此整个社会的存在和发展都要受到严重的甚至致命的影响。所以,从事行政管理工作的组织和人员必须做好这一工作,如果他们未能做好这一工作,则必须给以惩罚。正是在这一意义上,我们认为,产生和确立行政责任的原因和根据也在于社会分工。离开社会分工,行政责任无从产生,或者说,也就没有理由确立行政责任。

社会分工实际上也区分为两个方面,一方面是整个社会领域的大的分工,即职业的不同;另一方面则是每个职业内部,或从事不同职业的群体、组织的内部的分工,即岗位的不同。职业分工产生的是对整个社会而言的职业责任,岗位分工产生的则是对组织、群体而言的岗位责任。这两种责任是联系在一起的,也同样都是因为社会分工而产生的。在一个组织的内部,也正因为有明确的岗位分工才有岗位责任,如果组织内部的每一个成员没有明确的岗位分工,那也就无所谓岗位责任。

三、约定与承诺

行政责任的确立还在于人们的社会约定与承诺,即所谓社会契约。

在人的本性中有一个非常重要的特征,那就是人的理性与自由。人,不可能超越自然规律和社会规律,但人具有智慧和理性,人能认识和掌握规律,所以人的行为是自由的。人做什么或不做什么,乃至于将成为一个什么样的人,都在于其自觉自愿的选择。因此,当人们结成社会,进行分工与合作,要求对方做好某些工作,也应对方的要求而做好某些工作的时候,即彼此承担一定的责任的时候,就只能通过约定与承诺,而不可能是强迫。这也就意味着,我们每个人之所以要在社会生活中承担某些责任,都是由于我们相互之间订立的社会契约,而不是因为彼此的胁迫。

关于"社会契约"的道理,西方人很早就发现了,并且将其发展成解释社会和国家起源的政治哲学理论。最早提出社会契约说的是古希腊哲学家伊壁鸠鲁,他说:"公正没有独立的存在,而是由相互约定而来的,在任何地点,任何时间,只要有一个防范彼此伤害的相互约定,公正就成立了。"[1] 17 世纪英国哲学

---

① 转引自李志逵:《欧洲哲学史再编》,湖南人民出版社 1987 年版,第 85 页。

家霍布斯和洛克提出了国家起源于社会契约的思想。霍布斯认为,国家就是一大群人联合在其中的一个人格,"一大群人通过相互约定使他们自己每一个都成为这个人格的一切行动的主人,为的是当他认为适当的时候,可以使用他们大家的力量和工具来谋求他们的和平的和公共的防御"。[①] 洛克认为,在自然状态下,人人都享有生命、自由和私有财产三项"自然权利",但由于人们的利己情怀,每一个人都有可能损害他人,因而存在战争的可能,为了避免战乱,人们订立契约,组成了国家。[②] 继霍布斯、洛克之后,18 世纪法国启蒙思想家卢梭进一步发展和完善了社会契约理论。卢梭感叹,"人生而自由,却无往而不在枷锁之中"。但他希望,这种"枷锁"建立在人与人之间平等自由的契约关系之上。他认为,社会契约才是一切合法权威的基础,我们需要社会契约,在社会契约中,每个人都放弃天然自由,而获得契约自由。

行政责任主要是行政组织和行政人员的责任。行政组织和行政人员是有智慧、有理性的,其行为完全是自由的,其之所以成为"行政组织"和"行政人员",完全是自由选择的,谁也不可能强迫哪个组织成为行政组织,哪些人员成为行政人员。因此,在成为行政组织和行政人员后所承担的行政责任,也是出于其本身的意愿,出于其与公众(或与行政组织及其内部成员)之间的约定和承诺。正是在这个意义上,我们认为,行政责任的确立,除了因为人的本性和社会分工之外,还在于人们之间的约定与承诺,在于社会契约。

第三节　行政责任的内容与类型

行政责任的内容,一方面是指行政主体(主要是行政组织及其成员)应该的作为,即应做的事情或应尽的义务;另一方面则是指行政主体不作为或作为不当而应该承担的惩罚、谴责,或某种补偿义务等不利后果。为了便于叙说和理解,我们往往将行政责任的内容从不同的角度区分为不同的类型,如:道德责任、政治责任、法律责任,积极责任与消极责任,外部责任与内部责任,客观责任与主观

---

① 李志逵:《欧洲哲学史再编》,湖南人民出版社 1987 年版,第 197 页。

② 同上书,第 216 页。

责任等。

一、道德责任

所谓道德责任，即从道德角度考量的行政责任，亦即行政组织和行政人员的行为应该遵循的道德规范，以及因违反道德规范而应受到的谴责和惩罚。

道德责任是一种极为宽泛的责任。一方面，所有其他类型的行政责任都包括在道德责任的范围内，即承担其他行政责任的同时也要承担道德责任（但承担道德责任不一定会同时承担其他责任），只有这样，才能有充足的理由解释行政行为的正当性，才能真正证明行政行为是一种负责任的行为；另一方面，道德责任既包括职业道德责任，也包括社会公德责任。也就是说，行政组织和行政人员的职业行为（行政行为）应该遵循行政管理的职业道德规范，行政人员的非职业行为即行政人员的公民行为应该遵循公共道德规范（社会公德）。

行政人员的非职业行为即非行政行为，其行为责任本应该不在“行政责任”的范围之内了，但我们一般也将行政人员的公民道德责任纳入行政责任的考虑范围。这主要是因为行政职业掌握公共权力，其职业群体在整个社会生活中地位最高，其行为的社会影响也最大，具有很强的示范效应，所以人们要求行政人员首先是一个合格的公民，必须模范遵守社会公德，如果其行为违反社会公德，那么他将承受较其他公民身份更严厉的谴责和惩罚。

有这样一个案例：湖南省长沙市某县，一位乡官因车祸现场见死不救而激起民愤被撤销职务。2004 年 3 月 4 日上午，38 岁的村民龙某骑摩托车时被一辆货车撞倒，颅骨严重挫伤。此时正碰上镇党委副书记、纪委书记王某驾车（私车）经过。乡亲们帮忙拦下王某的车请求送伤者去医院，遭王某拒绝。王某说：“我的工作很忙，你们不要影响我的工作，影响了我的工作我就要派人找你、抓人。”尽管乡亲们再三请求，王某仍断然拒绝。在拖延了十多分钟后，乡亲们只得另拦了一辆路过车辆将伤者送往医院。伤者后因伤势过重、抢救无效而死亡。乡亲们对王某的行为感到愤怒。经媒体披露后，该县迅速做出反应，于 2004 年 3 月 10 日召开县委常委会议，会议决定撤销王某党委副书记、纪委书记、党委委员职务。①

在这个案例中，乡官王某所承担的责任无疑是一种道德责任，而且，是一种公德责任。王某作为党委副书记、纪委书记，作为公务员，其职务中并没有将受伤公民送往医院救治的行政责任，但他作为公民，当他遇到有人受伤需要紧急救治，而他又是当场最有条件和最有能力给予伤者及时救治的人的时候，他就负有积极施救的道德责任。这是我们社会公认的道德要求，即公德规范。王某没有履行公德义务，应该施救而没有施救，所以受到了舆论的批评和谴责，乃至于被党委给予撤职惩罚。显然，王某的公德责任虽然并非其严格意义上的职业责任和职务责任（岗位责任），但又与其公职身份有着较为密切的联系。试想，如果王某仅仅是一个非公职身份的普通公民，那么因为同样的行为，其所受到的谴责和惩罚就可能要轻得多。正因为他是公务员、党委副书记、党的纪委书记，其身份地位的"显赫"，所以其公德责任也相应更为严格、更为重大。也正因为如此，公务员的公德责任也被纳入行政责任的考量范围。

道德责任在不同时代、不同民族、不同国家有不同的具体内容。这是因为，道德作为一种上层建筑是由经济基础、生产力状况决定的，不同时代、不同民族、不同国家的经济基础、生产力状况有所不同，所以其行政组织和行政人员的道德责任也有所不同。但是，因为基本人性是相同的，人类同在"地球村"，其所面对的客观环境也基本相同，所以不同时代、民族、国家的道德责任中也存在大量相同、相近的内容。而且，随着人类历史的发展，人类交往越来越广泛、越来越频繁，相互联系越来越紧密，其道德责任的共同性、相似性、趋同性也越来越强。

二、政治责任

所谓政治责任，主要是指行政组织及其成员的行政行为必须合乎一定的政治意志和利益，即阶级的或人民的意志和利益，以及因违反政治意志和政治利益而应该承担的谴责和惩罚。

行政，从根本上讲，是国家政治意志和政治利益的执行。国家的政治意志和政治利益在传统的阶级统治的社会中主要体现为统治阶级的意志和利益，在现

① 葛荃、韩玲梅主编：《行政道德案例分析》，南开大学出版社 2006 年版，第 150—151 页。

代民主社会中则体现为人民的意志和利益,即所谓"国民公意"和"公共利益"。而无论是在传统的阶级统治的社会,还是现代民主社会,行政行为都必须与国家的政治意志和政治利益保持一致,因而也必然要承担政治责任。

政治责任是一个比较模糊的概念,人们在理解上存在分歧,这些分歧主要表现在四个方面:(1)政治责任存在于何种社会之中,或者说,政治责任在何种社会条件下存在?(2)谁是政治责任的对象,即对谁而言的责任?(3)谁是政治责任的主体,即谁的责任?(4)何种行为产生政治责任?

政治责任在何种社会条件下存在?学术界一般认为,政治责任存在于现代民主法治社会条件下,在传统的专制统治社会中无政治责任可言。如张成福认为:"政府的政治责任,发端于英国,是由英国多年使用的弹劾程序演变而来的。英国早在16世纪就出现了弹劾,一个大臣被众议院控告后由贵族院审判,用议会这种形式来反对那些依据普通法律对其不端行为不够判罪的奸佞之臣。随着议会权力的扩大,大臣们日益认识到在政治上同议会多数保持一致的重要性。在1742年,内阁首相渥尔波因得不到议会多数信任被击败而辞职,从而开创了政府向议会承担政治责任的先例。以后的实践表明,政府在重大政策问题、预算问题或重要国际条约的签订上得不到议会的批准也需辞职,政府承担政治责任的范围不断扩大。"①我们不完全同意张成福的观点。我们认为,有政治即有政治责任问题,政治责任存在于一切社会条件下,只不过不同社会条件下,政治责任追究的方式和程序有所不同而已。比如传统的封建专制社会,其政府行为无疑是独断专制的,没有现代意义上的宪法和议会的制约,但是尽管如此,政府也不可能是无所顾忌的,它不可能仅仅以政府自身的狭隘利益为目的,它必须要考虑它所代表的阶级的利益,并且要或多或少地考虑民众的共同利益,否则,它将受到批评、谴责,甚至被起义者推翻。所以,中国封建社会的帝王感叹,君如舟民如水,水能载舟亦能覆舟;中国历史上的皇帝如不能体察民情、保百姓丰衣足食,则必被骂为"昏君""慵君",地方官吏如不能清正廉洁、"为民做主",则必被骂为"贪官污吏";而封建官僚体系内部职位的升降,也往往与"民意"有关。这些应该可以证明,即使在封建专制社会,因为存在政治斗争,所以也存在政治责任问

① 张成福:《责任政府论》,《中国人民大学学报》2000年第2期。

题。但我们承认,明确提出和区分“政治责任”,则是现代社会的事情,是随着现代民主制度的产生而产生的。

政治责任是对谁而言的责任?这与上一个问题是联系在一起的。在现代民主社会,政治责任的对象从根本上讲是公众、公民或人民,因为其政治意志和政治利益是国民公意和公共利益。但在形式上,政治责任的对象也表现为公众的法定代言人(如“人民代表”“议员”)和代言机构(如“人民代表大会”“议会”)。如果承认在传统的阶级统治社会中也存在政治责任问题,那么,其政治责任的对象主要是统治阶级的成员及其代言人,但也或多或少地包括被统治阶级的成员及其代言人。

政治责任是谁的责任?对于这一问题,学者们也有不同的看法,有人认为政治责任主体是行政机关中的政务官员;有人认为是国家机关及其工作人员;有人认为是代议机关的代表、行政机关中的政务官员;有人认为是政治官员,即经选举产生或政治任命而产生并有一定任期的公共权力行使者;等等。

我们认为,这个问题可以从两个方面来理解。一方面是广义的理解:所有的国家机关及其工作人员(公务员)乃至于全体社会成员(人民、公民)都负有一定的政治责任,都是政治责任的主体。因为,“无论一个人是否喜欢,实际上都不能完全置身于某种政治体系之外……政治是人类生存的一个不可避免的事实。每个人都在某一时期以某种方式卷入某种政治体系”①。既然每个人都卷入政治体系之中,都在政治体系中担当某一角色,而且都享有一定的政治权利,当然每个人都要承担政治责任。事实不也是这样吗?在我们的社会生活中,我们每个人不都被要求有政治觉悟、政治热情、政治品德吗?这就是要求我们每个人都承担政治责任。

另一方面则是狭义的理解:指对公共事务和公共利益(或国家事务和国家利益)有较大影响的组织机构及其个人。虽然每个人(以及每个组织)都是政治体系中的一分子,但因其在政治体系中的分工不同,其角色地位不同,其与公共权力的关系不同,所以,其对公共事务和公共利益的影响也不同,即其政治影响力有所不同。与公共权力关系越密切的组织或个人,或者在整个国家管理体系

① 罗伯特·A.达尔:《现代政治分析》,吴勇译,上海译文出版社1987年版,第5页。

中所处地位越高、掌握领导权和决策权越大的组织或个人，其政治影响力也越大。而普通公民，甚或国家管理体系中的级别地位较低的成员，或一般规模的民间组织，其政治影响力就很低。因为其政治影响力低，所以其政治责任小。小到微不足道，可以忽略不计。所以，人们认为政治责任的主体是"行政机关中的政务官员"、是"国家机关及其工作人员"、是"代议机关的代表"、是所谓"政治官员"，因为这些人或组织的政治影响力较大。笔者倾向于对政治责任主体作狭义理解，又考虑我们是在"行政责任"中区分"政治责任"，所以，将政治责任主体理解为"行政组织及其成员"。

何种行为产生政治责任？政治责任无疑是由于某种行为而产生的，但也显然不是所有人的所有行为都会产生政治责任问题，只有与政治权力（公共权力）、政治意志（公意）、政治利益（公共利益）的实现与否发生关系的行为，即政治行为，才产生政治责任问题。那么，到底何种行为是政治行为因而产生政治责任？学者们对此的理解和表述也有所不同。有人说是政府"违反公意"的行为；有人说是"行政机关的所作所为"；有人说是"国家机关及其工作人员的所作所为"；有人说是"行使公权力者""违反政治义务"的行为；有人说是"政府机关及其工作人员的所作所为"；有人说是"政治官员"制定公共政策以及推动公共政策执行的行为；等等。我们倾向于认为，是行政组织及其成员的行政行为产生政治责任。行政行为一般区分为两类，一类是针对不特定行政相对人的"抽象行政行为"，另一类是针对特定行政相对人的"具体行政行为"。一般来说，抽象行政行为因其对政治意志和政治利益的影响大，而且其自由裁量的空间也大，所以是产生政治责任的最主要的政治行为。人们之所以强调政治责任，也主要是针对行政组织及其成员的抽象行政行为而言的。但不能否认具体行政行为也产生政治责任，因为具体行政行为无疑也对政治意志和政治利益的实现产生影响，并且同样也存在一定的自由裁量空间，只不过其政治影响力和自由裁量空间都相对较小，因而其政治责任也小。

三、法律责任

所谓法律责任，是指行政组织及其成员的行政行为所必须遵守的行政法规范，即必须依法行政，以及因违反行政法以及其他法律法规而应该依法受到的惩罚、制裁或承担其他不利后果。

法律责任的主体包括组织和个人，其组织为行政组织，主要指国家行政机关；其个人为行政组织成员，主要指国家公务员。

所谓行政行为是指行政组织或其成员运用行政权力对行政相对人所作的法律行为。“不具有行政权能的组织或个人所作的行为，具有行政权能的组织或个人没有运用行政权所作的行为，没有针对行政相对人所作的行为，不具有法律意义的事实行为，都不是行政行为。”[①]行政行为主要区分为抽象行政行为与具体行政行为两类。抽象行政行为包括行政立法行为和制定其他规范性文件行为；具体行政行为主要包括行政许可、行政给付、行政征收、行政征用、行政奖励、行政处罚、行政处分、行政裁决、行政强制、行政复议等行为。

所谓行政法，“是指调整行政关系、规范和控制行政权的法律规范系统”[②]。行政法一般不存在统一法典，其法律规范广泛地散见于各种法律规范文件之中。如我国的行政法就主要来源于宪法、法律、地方性法规和行政立法等。

我国宪法所包含的行政法规范主要有：

（1）关于行政管理活动基本原则的规范。如关于依法治国、建设法治国家的原则，人民参与国家管理的原则，保障人权和保障公民权利自由的原则，法制统一的原则，工作责任制原则，民族平等原则，行政首长负责制原则，行政机关工作人员接受人民监督的原则等。

（2）关于国家行政机关（包括国务院、国务院各部委和审计机关、地方各级人民政府、民族自治地方政府）组织、基本工作制度和职权的规范。

（3）关于国家行政区域划分和设立特别行政区的规范。

（4）关于公民基本权利和义务的规范。如关于公民的批评权，建议权，申诉权，私有财产权，获得赔偿、补偿权，言论、出版、集会、结社、游行、示威自由权，非经法定程序不受逮捕、拘留权，劳动权，受教育权，社会保障权以及服兵役的义务，纳税的义务，遵守法律、公共秩序、尊重社会公德的义务的规范。

（5）关于保护外国人合法权益和关于外国人义务的规范。

---

① 姜明安主编：《行政法与行政诉讼法（第三版）》，北京大学出版社、高等教育出版社2007年版，第176页。

② 同上书，第18页。

(6) 关于国有经济组织、集体经济组织、外资或合资经济组织以及个体劳动者在行政法律关系中的权利、义务的规范。如关于国有企业在法律规定的范围内享有自主经营权的规范,关于集体经济组织在遵守有关法律的前提下享有独立进行经济活动自主权的规范,关于国家保护个体经济、私有经济等非公有制经济合法权益,对非公有制经济予以鼓励、支持和引导,并依法实行监督和管理的规范等。

(7) 关于国家发展教育、科学、医疗卫生、体育、文学艺术、新闻广播、出版发行等事业方针政策的规范;关于发挥知识分子作用、建设社会主义精神文明、推行计划生育、保护环境、防止污染和其他公害的规范;关于加强国防、保卫国家安全和维护社会秩序的规范等。

作为行政法来源的法律,主要包括由全国人民代表大会制定的基本法律,如《国务院组织法》《地方各级人民代表大会和地方各级人民政府组织法》《统计法》《兵役法》《行政诉讼法》《行政处罚法》等,以及由全国人民代表大会常务委员会制定的非基本法,如《国家赔偿法》《行政许可法》《食品卫生法》《药品管理法》《居民身份证法》《行政监察法》等。

法律责任也包括积极责任和消极责任两个方面。积极的法律责任是指行政主体遵守行政法规范的责任;消极的法律责任则是指因违法行为而必须承担的不利的法律后果。行政行为的违法行为又包括两个方面,一方面是指违反行政法的行为,如没有充分证据而实施的行政行为,违反法定程序而实施的行政行为,适用法律法规错误的行政行为,超越职权或滥用职权的行政行为,应当实施而未实施的行政行为(行政不作为),违反法律规定实施委托的行政行为,非法拘禁或以其他方法非法剥夺公民人身自由的行政行为,违法使用武器、警械造成公民身体伤害或死亡的行政行为等;另一方面则是指违反其他法律法规的行为,如违反刑法、民法等的行政行为。

行政组织或其成员因行政行为违法而须承担的消极责任主要有:改变或撤销的责任、行政赔偿责任、刑事责任。

改变或撤销的责任主要是针对行政主体的"其他行政规范性文件"的创制行为而言的。非法源性的其他行政规范性文件,如果违反宪法、法律、法规、规章或上级其他行政规范性文件,将依法予以改变或撤销。如:国务院根据《中华人民共和国宪法》第89条第13、14项的规定,对任何行政主体制定的非法源性的其他行政规范性文件,可以依法认定其“不适当”而予以改变或撤销;县级以上地方政府根据《地方组织法》第59条第3项的规定,对所属行政主体(包括所属各工作部门和下级人民政府)的其他行政规范性文件,可以依法认定其“不适当”而予以改变或撤销。“改变或撤销”是由行政组织因其“抽象行政行为”违法而承担的一种不利的法律后果,所以也可以说是法律责任中的一种消极责任。

行政赔偿责任(亦称“政府侵权赔偿责任”或“民事法律责任”),是指行政组织及其成员在行使职权过程中,因侵害公民、法人或其他社会组织的合法权益而依法承担的赔偿责任。在现代法治国家,行政赔偿责任均被不同程度地确立。《中华人民共和国宪法》第31条第3款规定:“由于国家机关和国家工作人员侵犯公民权利而受到损失的人,有依照法律规定取得赔偿的权利。”《中华人民共和国行政诉讼法》第67条第1款规定:“公民、法人或其他组织的合法权益受到行政机关做出的具体行政行为侵犯受到损害的,有权请求赔偿。”1994年5月12日第八届全国人民代表大会常务委员会第七次会议正式通过《中华人民共和国侵权赔偿法》,标志着我国正式全面实施政府侵权赔偿责任制度。行政赔偿责任主要是针对行政组织及其成员的具体行政行为的违法而言的,其赔偿责任的主体是行政组织即政府机关而非公务员个人。

刑事责任是公务员个人因其与职务活动或身份有关的触犯刑法规定的行为而承担的责任。公务员的刑事违法行为包括两类,一类是与其职务活动或身份有关的刑事违法行为,另一类是纯粹私人活动触犯刑法的行为。我们所讨论的主要是前一种刑事违法行为,也被称为职务犯罪行为,主要包括:(1)官商结合、参股谋利等构成的权钱交易行为;(2)权力“寻租”“公权私租”,中饱私囊构成的贪污受贿行为;(3)衙门作风、玩忽职守、失职渎职构成的严重渎职行为。①

四、内部责任

内部责任,即狭义的行政责任,是指行政系统内部各机关、部门及其成员,因国家法律和自身纪律的规定,以及客观规律与合理性的要求,而向行政系统自身

① 参阅王美文:《公务员责任意识教程》,中国人事出版社2009年版,第150页。

或内部相关部门及成员承担的责任。

任何国家行政都是由众多成员(公务员)和众多机关、部门组成的一个庞大系统。这个庞大的行政系统,必须是一个负责任的系统,一方面必须向系统外的社会、公众(公民、人民)负责,另一方面又必须向系统本身以及系统内的相关部门及成员负责。前文所谓道德责任、政治责任、法律责任,主要强调的是行政系统的外部责任(实际上,内部责任也有道德、政治和法律方面的意义),即行政系统向外对社会和公众负责。但外部责任的实现离不开内部责任机制的建立,如果行政系统内部没有明确分工,没有权力和责任的划分,没有操作规范和惩罚措施,就不可能真正地向社会和公众承担任何责任。

内部行政责任同样既可能是行政机关或行政部门的集体责任,也可能是行政人员即公务员的个人责任;既包括积极责任,也包括消极责任。积极责任是指行政机关、部门或公务员基于行政系统的内部分工而应该做好的工作。消极责任则是指行政机关、部门或公务员因未做好分内工作而应该承担的惩罚、制裁等不利后果。内部行政责任中的消极责任主要是针对公务员个体而言的,即主要由公务员个人承担。而无论是积极责任,还是消极责任,最终都必须落实到个人头上,因为集体归根到底是由个体组成的,集体行为是由个人行为构成的,如果责任不能落实到个人头上,则可能被虚化而变成无人负责。

内部行政责任一方面由国家宪法和法律予以明确(从这个角度看,内部责任与法律责任存在交叉重叠),另一方面也由行政系统内部制定的纪律、制度等规范性文件予以明确。如我国《宪法》《国务院组织法》和《地方各级人民代表大会和地方各级人民政府组织法》《公务员法》等就对国务院(中央人民政府)和地方各级人民政府以及公务员个人的内部行政责任作了原则性规定。而《国务院工作规则》(2008 年 3 月 21 日国务院第一次全体会议通过)、《行政机关公务员处分条例》(2007 年 4 月 4 日国务院第 173 次常务会议通过)、《中华人民共和国行政监察法实施条例》(2004 年 9 月 6 日国务院第 63 次常务会议通过)等,则对行政机关及公务员的内部行政责任作了更为细致的明确规定。

但是,宪法、法律、法规、规章等对内部行政责任的明确划分又总是有限的。因为,这些都是人们基于经验和认识而于事前设想的规范。而实践是不断发展的,总会产生人们未曾经验的、人们设想不到的情况。所以,内部行政责任也不仅仅是已经制定的规范所划分和明确的,还包括因为客观规律和合理性所要求的超越于成文规范的内容。(应该说,这一道理在道德责任、政治责任、法律责任中也是成立的,但在内部行政责任中最为突出,因为其情况更为具体、更为复杂,其工作的技术性和艺术性更强,所以一方面需要规则、需要循规蹈矩,另一方面又需要随机应变,需要不断突破规则、不断创新。)

内部行政责任的确立意味着行政系统自律机制即内部控制机制的建立。自律机制,从历史上看,可以说存在于一切行政系统即政府体系之中,只不过其形式、规模有所不同而已。这是因为,政府自身的内部控制机制是整个政府体系得以存在和发展的基本条件之一,没有自我控制,政府必将土崩瓦解。所以,在当代各国的政府体系内部,也都建立了与自己国情相适应的内部责任控制体系,而这些控制体系在实现政府部门的全部行政责任方面起到了积极的促进作用。①

五、客观责任与主观责任

行政责任也可以区分为客观责任与主观责任。这一区分是由美国的库珀首先提出来的。

所谓客观责任,是指相对于每一个责任人(行政人员个体)而言是一种外在的、客观的规范和要求。库珀说:“客观责任来源于法律、组织机构、社会对行政人员的角色期待。”②所谓主观责任,则是指行政人员内在的、基于良心和信仰而自觉自愿履行的责任。库珀说:“但主观责任却根植于我们自己对忠诚、良知、认同的信仰。……我们相信法律,因此在良知的驱使下,我们以特定的方式行为。推动我们行为的不是上级或法律的要求,而是信仰、价值观和被理解成禀性的个性特征等这样一些内部力量。这些受内部力量推动的责任源头或许开始于外部标准或期待,但随着长时间不断的培训和社会化,我们把它们转化成了内心的东西。”③

---

① 参阅张成福:《责任政府论》,《中国人民大学学报》2000年第2期。

② 特里·L.库珀:《行政伦理学:实现行政责任的途径(第五版)》,张秀琴译,中国人民大学出版社2010年版,第84页。

③ 同上书,第84—85页。

行政责任首先是一种外在的、客观的规范或要求,它不可能是行政人员头脑中固有的东西。但它必须被行政人员认识到、意识到,转化成行政人员内心的信念、情感、态度,即转变成一种主观的规范和自觉的要求,才有可能被切实履行从而得以实现。

内在的主观责任是外在的客观责任的反映,但这种反映不是机械地照搬,而是能动的反映,因而两者虽有联系,却可能并不一致。正因为两者可能不一致,我们才意识到两者的区别,才强调两者的区分。而强调两者的区分并不是要将两者分开,将其当作两个东西来看待,而是要缩小两者的区别,使两者尽可能地一致起来。因为只有一致起来,才可能消除矛盾冲突,而趋向于和谐。

第四节 行政责任的归咎原则

行政责任的归咎是指对于行政组织及其成员是否因其行为(作为与不作为)而承担某种不利后果(消极责任或所谓"第二性责任")的判断过程。行政责任的归咎原则(亦称行政责任的归责原则),则是指这一判断过程所依据的根本性规则。

当行政组织或行政人员的行为对行政相对人的权利或公共利益或内部相关人的权利造成损害,则必须承担赔偿、补偿或批评、谴责、辞职、停职、降职、撤职、判刑等不利后果。但损害是否确因行政行为而造成?损害行为是否违反法律、纪律、道德等既定的原则规范?损害是否因行政组织或行政人员的主观故意而造成?等等。对于这些问题必须通过我们的判断过程才能回答,只有正确回答了这些问题才能确定行政组织及其成员应该承担的不利后果,才能使当事人(加害人与受害人等)心服口服,才能真正实现确立行政责任的目的。因此,人们对于行政责任的归咎问题颇为慎重,从而也使得这一问题成为行政伦理学必须关注和研究的重要问题。根据以往理论研究的成果,行政责任的归咎原则主要可以概括为以下几条:(1)过错责任原则;(2)过错推定原则;(3)危险责任原则;(4)公平责任原则等。

一、过错责任原则

过错责任原则,也叫过失责任原则,它以行为人主观上的过错为承担责任的根本条件,也就是说,行为人只有在有过错的情况下才承担责任,没有过错,则不承担责任。

过错责任原则原本是民法意义上的归责原则,它的应用历史十分悠久。公元前 3 世纪(前 287 年)罗马人颁布的《阿奎利亚法》便明确规定了私犯责任的主观标准,即过错责任原则。1804 年,《法国民法典》将过错责任原则作为侵权法的重要原则加以规定。此后,资产阶级各国纷纷仿效,使过错责任原则成为近代民法典中三个支柱性原则之一(另外两个支柱性原则为:所有权平等原则与契约自由原则)。我国《民法通则》也将过错责任原则作为其最重要的原则之一。《民法通则》第 106 条规定:"公民、法人由于过错侵害国家的、集体的财产,侵害他人财产、人身的应当承担民事责任。"

民法意义上的过错责任原则主要包括以下几个方面的含义:

(1) 在确定行为人法律责任时,不仅要考虑行为人的行为与损害后果之间的因果关系,而且要考虑行为人在主观方面是否有过错,行为人只有在主观方面有过错时才应该承担法律责任;

(2) 行为人无过错则不承担责任;

(3) 如果加害人与受害人对损害的发生都有过错,则应该将加害人的行为与受害人的行为进行比较,从而决定加害人与受害人各自应该承担的责任范围;

(4) 在多人共同实施侵权行为时,各个行为人责任的大小应根据他们过错的程度进行判断。

将过错责任原则作为行政责任的归咎原则主要是针对行政人员(公务员)的个人责任而言的。行政人员在行使职权的过程中,可能与行政相对人或行政系统内部有关人员的权利甚或公共利益发生冲突而造成损害。但是,当我们追究行政人员的个人责任时,不能仅仅因为其行为与损害事实之间存在因果联系而要求其承担责任(不利后果)。因为其行为可能是依法做出的,或是在上级指挥下做出的,其行为造成的权利损害或公共利益的损失,可能是不可避免的,是可以解释的,是情有可原的。也就是说,行政人员个人并无过错。如果行政人员的行为没过错也要承担责任,则可能大大打击行政人员的工作积极性,使行政人员不敢有所行动、不敢大胆做事,形成“多一事不如少一事”“不求有功但求无过”的行政态度,从而影响行政效率。正是基于这样一种考虑,对行政人员个人责任的追究也应该坚持“过错责任原则”,只有当行政人员的行为存在过错时,才对因此而造成的损害承担责任。

那么,如何判断行政人员的行为是否存在过错?这是一个具体而复杂的问题,是一个难以准确界定的问题。一般来说,有两条标准,一条是合法性标准,一条是合理性标准。行政人员的行为是否存在过错,首先要看它是否违法,如果违反法律规范就存在过错。(这里的“法律规范”可以作广义的理解,它包括宪法、法律、法规,以及道德、纪律等一切既定的公共规范。)其次则要看它是否合理,如果行政人员的行为虽然没有违反既定的公共规范,但它明显不合理,明显违反公认的理性原则(或逻辑原则),也可以说存在过错。

在实践中,人们对于行政人员过错的判断标准有许多更细致的概括和表述。如广东省深圳市出台的《深圳市行政机关工作人员行政过错责任追究暂行办法》第 2 条规定:“本办法所称行政过错,是指行政机关工作人员因故意或者过失不履行或不正确履行规定的职责,以致影响行政秩序和行政效率,贻误行政管理工作,或者损害行政管理相对人的合法权益,给行政机关造成不良影响和后果的行为。”并将其主要的过错行为概括为七种:(1)拒绝、放弃、不完全履行规定职责的;(2)无合法依据以及不按照规定程序、权限和时限履行职责的;(3)工作不负责任,不认真履行岗位职责,贻误行政管理工作的;(4)违反政务公开规定,不履行公开和告知义务,损害行政相对人知情权的;(5)服务态度恶劣,作风蛮横粗暴,故意刁难企业和群众的;(6)利用职权“吃拿卡要”,索取、收取财物,接受当事人宴请,参加当事人提供的旅游和娱乐活动的;(7)内外勾结、徇私舞弊,搞非法中介活动,为个人或他人谋取不正当利益的。

又如《南京市行政过错责任追究暂行办法》(2002 年 10 月 1 日起施行)第 2 条规定:“本办法所称行政过错,是指行政机关、法律法规授权的组织或者受行政机关委托履行行政管理职责的组织(以下简称行政机关)及其工作人员在行政管理和行政执法过程中,由于故意或者过失,不履行或不正确履行法定职责,以致影响行政秩序和行政效率,贻误行政管理工作,或者损害行政管理相对人合法权益,给行政机关造成不良影响和后果的行为。前款所称不履行法定职责,包括拒绝、放弃、推诿、不完全履行职责等情形;不正确履行法定职责,包括无合法依据以及不按照规定程序、规定权限和规定时限履行职责等情形。"

二、过错推定原则

过错推定原则实质上是过错责任原则的一种补充,或者说是过错责任原则的发展。这一原则强调受害人可以通过损害事实与行为人之间的因果关系"推定"行为人有过错,除非行为人能够证明自己在损害行为的发生中并无过错,否则行为人应该为此承担责任。

理论界一般认为,过错推定原则是由17世纪法国法官多马创立的,多马在其《自然秩序中的民法》一书中,详细论述了代理人的责任、动物和建筑物致人损害的责任。他提出,在这些责任中,过错应采取推定的方式确定。但作为比较明确、稳定的民事法律制度,过错推定首先是由19世纪初的《法国民法典》确立的。《法国民法典》第1384条规定:"任何人不仅对其自己行为所造成的损害,而且对应由其负责的他人的行为或在其管理下的物件所造成的损害,均应负赔偿的责任。"到20世纪初期,英国的判例法也已经形成了比较系统的过错推定制度。如事故损害,只需证明事故发生的原因是处于被告操纵之下,便足以推定被告的过失责任。《苏俄民法典》(1922年)也有类似的规定(第403条):"对于他人之人身或财产致以损害者,应负赔偿损害之义务。如能证明其系不能防止,或由于授权行为,或损害之发生系由受害人之故意或重大过失者,应免除其义务。"适用过错推定原则,受害人可以从损害事实中推定行为人有过错,免除了举证责任,因而处于有利的地位,而行为人则因担负举证责任而实际上加重了责任。因而这一原则更有利于保护受害人合法权益,通过加重加害人的责任,也能更有效地制裁违法行为,促进社会的安定团结。

在行政责任的归咎中,采用过错推定原则,则意味着行政相对人(或公众)须证明其(或公共利益)所受损害与行政主体的行为有因果联系,如果行政主体不能证明自己的相关行为没有过错,则法律上(或政治上、道义上)就可以推定行政主体有过错并应该承担相应的行政责任。

采用这一原则,一方面,有利于保护行政相对人的合法权益,因为这一原则使行政相对人避免了行政侵权行为中的举证困难,行政相对人不需要证明行政主体有过错而只要证明侵权、损害事实的存在即可获得救济;另一方面,采用这一原则也有利于加强对行政权的监督和控制,因为这一原则给行政主体增加了举证责任,行政主体必须证明其行为没有过错方可避免承担不利后果。我国《行政诉讼法》实行的"举证责任倒置"制度,其所遵循的就是过错推定原则。[①]

作为行政责任归咎原则的过错推定原则,重点在于保护行政相对人的合法权益,其对受害人即行政相对人的指认是具体而明确的,但对于"加害人"即行政主体的指认则是笼统模糊的。它在归责过程中须确认加害人为行政主体、加害行为为行政行为即可,无须明确加害人的姓名、职衔等细致信息。因此,过错推定原则不是针对公务员个体的归责原则,而是针对行政组织(行政主体)集体的归责原则。对于公务员个体责任的归咎,只能适用过错责任原则,只有证明公务员的行为存在过错才能要求其承担行政责任。

三、危险责任原则

危险责任原则是一种无过错责任原则。过错责任原则和过错推定原则,都以"过错"为核心,都是因"过错"而分配责任的归责原则。危险责任原则不因"过错"而归责,而是因为行为的危险性,或所属物体的危险性而归责。

"危险责任"主要是英美法中的一个概念,后为大陆法系国家所接受。[②] 在美国法律中,危险责任被称为"异常危险活动责任",是指"某人从事某种异常危险活动,尽管他已尽到最大的注意防止损害,仍应对该活动给他人人身、土地或

① 所谓举证责任倒置,是指基于法律规定,将通常情形下本应由提出主张的一方当事人(原告)就某种事由负担的举证责任,改由他方当事人(被告)负担,如果该方当事人不能证明自己没有过错,则推定原告的主张成立的一种举证责任分配制度。"谁主张谁举证"是举证责任分配的一般原则,而举证责任的倒置则是这一原则的例外。

② 大陆法系,又称民法法系(Civil Law System)、罗马-日耳曼法系或成文法系。在西方法学著作中多称"民法法系",在中国法学著作中惯称"大陆法系"。指包括欧洲大陆大部分国家从19世纪初以罗马法为基础建立起来的、以1804年《法国民法典》和1896年《德国民法典》为代表的法律制度,以及其他国家或地区仿效这种制度而建立的法律制度。它是西方国家中与英美法系并列的渊源久远和影响较大的法系。

动物所致的损害负责”[1]。在德国法律中,危险责任是指“特定企业、特定物品之所有人或持有人,在一定的条件下,不问其有无过失,对于因企业、装置、物品本身所具危害而生之损害,应负赔偿责任”[2]。

危险责任原则首先是一种民法原则,是在民法实践中发展起来的,但也逐渐为行政法所借鉴引用。作为行政法归责原则的危险责任原则,是指行政主体因作出的行政行为或所管理的设施引起某种危险并使行政相对人以及行政人员本身受到损害时应承担行政责任。一般来说,行政法中的危险责任原则上主要适用于如下三种情况:(1)行政人员工伤事故的赔偿责任。行政人员因工作而受伤或死亡,行政主体(政府或其他行政组织)无论有无过错均应承担行政赔偿责任。(2)危险物体造成人身、财产损害的赔偿责任。行政机关(政府或其他行政组织)所管理的物体,或公有公共设施,因其危险而对公民或私有财产造成损害,不管行政机关有无过错,均应承担行政赔偿责任。(3)危险行为造成人身、财产损害的赔偿责任。行政机关的行政行为,因其具有一定的危险性而对公民或私有财产造成损害,不管行政机关有无过错,均应承担行政赔偿责任。

作为行政责任归咎原则的危险责任原则,其所归咎的责任主要是法律责任中的赔偿责任,而不是政治责任或道德责任或内部行政责任。因为行政主体之所以承担责任,并非因为有过错,而是因为其行为或所属物的“危险性”。行政主体(尤其是行政人员或公务员个人)没有过错,则不应该承担政治上或道义上或纪律上的不利后果(行政责任)。

四、公平责任原则

公平责任原则也是一种无过错责任原则,它也首先存在于民法实践中,是指在当事人双方对于损害的造成均无过错的情况下,法院依法并根据公平观念,责令加害人对受害人的财产损失给予适当补偿的一种归责原则。对于这一原则主要可以从以下几个方面来理解:(1)公平责任是一种法律责任,而不仅仅是一种

① 参见美国1997年《侵权法重述(第二版)》第519条的规定,转引自王利明:《侵权行为法归责原则研究》,中国政法大学出版社2003年版,第160页。

② 参见王利明:《侵权行为法归责原则研究》,中国政法大学出版社2003年版,第162页。

道德责任，因为它是由法律明确规定的。我国《民法通则》第132条即是公平责任原则的体现："当事人对造成损害都没有过错的，可以根据实际情况，由当事人分担责任。"（2）公平责任原则主要适用于当事人双方都没有过错的情况，如果一方或双方有过错则另当别论。（3）公平责任原则主要适用于侵犯财产权的案件，它的宗旨是在当事人中合理分配损失，以适当平衡当事人的财产状况。

公平责任原则也存在于行政法中。作为行政法归责原则的公平责任原则，是指当行政主体的合法行政行为对行政相对人造成损害时，基于公平的考虑，由行政主体依法给予行政相对人一定的补偿。这一原则在法国行政法中被称为"基于公共负担平等的无过错责任"原则，或"建立在公民承担公共义务平等基础上的责任"原则。①

"公共负担平等"说源于法国，认为国家在任何情况下都应以平等为基础为公民设定义务。政府为了公共利益而实施的行政行为使得一部分人或个别人承担的义务重于相同情况下的其他人时，国家应设法调整和平衡这种义务不均衡现象，使全体公民和受害者之间的平衡机制得到重新恢复。（百度百科）

在我国行政法中，公平责任原则主要针对的是因合法行政行为而引起的行政责任问题。其合法行政行为主要包括行政征收、行政征用等。基于公共目的的合法行政行为也可能造成相对人权益的损害，在这种情况下，行政主体也应当承担责任，但这种责任与赔偿责任又有所不同，称为损失补偿责任。② 我国《宪法修正案》第20条（2004年通过）明确规定："国家为了公共利益的需要，可以依照法律规定对土地实行征收或者征用并给予补偿。"这是公平责任原则在我国宪法中的直接体现。

第五节　行政责任制度与行政责任意识

行政责任对于行政责任主体而言，一方面表现为外在的、客观的要求，即库

① 参阅杨解君主编：《行政责任问题研究》，北京大学出版社2005年版，第225页。

② 孙笑侠：《法律对行政的控制——现代行政法的法理解释》，山东人民出版社1999年版，第188页。

珀所谓的“客观责任”,这种客观责任往往以制度的形式存在;另一方面则表现为内在的、主观的行政责任意识,即库珀所谓的“主观责任”。外在的、客观的行政责任(行政责任制度)得以实现、得以履行,以成为内在的、主观的行政责任意识为前提。因为人的行为是由其“意识”引导的,只有当行政主体形成了明确的行政责任意识,才有可能引导其行为履行社会公众赋予的行政责任。而行政责任意识也可能反过来影响行政责任制度的生成与发展。

一、行政责任制度

关于制度,人们有不同的理解和定义,但一般来说,是指约束人的行为的(或要求人们共同遵守的)规则体系。

人们在社会交往中,因为利益立场的不同,而难免产生冲突,为了避免因冲突激化、恶化而破坏社会共同体的和谐稳定,便产生了“制度”。制度具有两个方面的功能,一方面是约束功能,另一方面则是激励功能。约束即限制,人们的行为往往以追求自身利益的最大化为目的和动力,如果不加以限制,不划定界限,则有可能侵犯他人的利益,危害他人人身和财产的安全。如果人们在社会共同体中,其人身和财产不能得到保障,则可能减弱甚至丧失创造财富的热情,从而使共同体失去活力,走向贫乏乃至于消亡。因此,通过制度约束人的行为,同时也是给人以保障。而当人们的生命和财产有保障的时候,也就能够激发人们创造财富的热情。所以,当制度发挥约束功能的时候,也产生了激励功能。

制度作为一种约束性的规则体系,其内容一般包括这样三个方面:(1)权利;(2)义务;(3)落实权利和义务的方式。所谓权利,即人们在社会共同体中被允许的作为(行为),以及人们可以得到的财富、荣誉等一切有价值的东西。所谓义务,即人们应该的作为,包括人们应该为社会付出的有价值的东西,以及不应该的作为(被禁止的行为)。落实权利与义务的方式则是指,社会共同体对人们不履行义务或违反禁令而采取的强制性、惩罚性措施,或者说,当人们的权利受到侵犯时而采取的保障措施。显然,制度中的义务及其落实权利与义务的方式,即我们所谓的责任的内容。这也就是说,制度亦即关于权利和责任的规则体系。

行政责任制度亦称行政问责制度,是指约束行政行为(亦即约束行政权力),分配以及追究行政组织及其成员行政责任的规则体系。行政责任制度也是行政制度,它的内容既包括行政权利(力)和行政义务,也包括落实行政权利(力)和行政义务的方式。之所以称之为"行政责任制度",一方面是为了强调行政制度中存在分配和追究行政责任的内容,另一方面则是因为其作为行政制度侧重于甚或专门为分配和追究行政责任而设。

行政责任制度的建立,以责任政府理论的发展为背景,也可以说是现代社会民主政治发展的结果。人类历史发展中的一个相当长的时期,是无责任政府时期。在奴隶社会和封建社会,即奴隶主和封建君主专政时期,奴隶主的国王或封建君主既是国家的最高管理者,也是国家主权的拥有者,他们的统治、管理即使有失误,也不必承担任何责任,尤其是不必向人民承担任何责任。但是随着现代民主思想的产生和发展,责任政府理念以及对政府官员的问责制度也随之产生了。

行政责任制度最早出现在西方资本主义国家。到 20 世纪 70 年代,在全球公共行政改革潮流的影响下,西方国家逐渐形成了一整套较为完善的行政责任制度。西方国家的行政责任制度有几个重要特点:(1)问责主体多元化。既有议会问责、司法问责,也有社会和公民问责,更有行政部门内部的监察问责。(2)以异体问责为主,同体问责为辅。即对行政部门的问责主要依靠议会、法院、社会组织和公民个人,而非掌握行政权力的行政部门自己。(3)以法律化和制度化问责为主,以思想教育和公务人员的自律为辅。①

我国从 2003 年"非典"危机后开启了行政责任制度的建设发展时期。新中国成立以至于改革开放以来,我国在行政责任制度的建设方面一直是比较薄弱的。行政问责在实践中存在,但往往以"政治运动"的形式出现,没有形成明确的制度。即使在改革开放以后,到 2003 年"非典"危机以前,有关行政问责的内容也只是零碎存在于一些规定和条例中。如:1989 年国务院发布的《特别重大事故的调查程序暂行规定》,1993 年国务院颁布的《国家公务员暂行条例》,1998 年中共中央颁发的《关于实施党风廉政建设责任制的规定》等。2003 年爆发的

① 施雪华、邓集文:《西方国家行政问责制的类型与程序》,《中共天津市委党校学报》2009 年第 5 期。

全国性“非典”危机，使人们认识到建设和完善行政问责制度的必要性和重要性。此后，我国全国人大、政府以及中国共产党组织相继出台了一系列有关行政问责的法律法规和政党纪律，使行政问责制度建设步入快速发展的时期。正是在这样一种背景下，“行政责任制度”在实践领域和理论领域都成了一个重要概念。

2003年以来，我国相继出台的公务员问责制度有以下五类：(1)全国人民代表大会制定的相关法律，如《中华人民共和国公务员法》《中华人民共和国安全生产法》；(2)国务院制定的行政法规，如《国务院关于特大安全事故行政责任追究的规定》《突发公共卫生事件应急条例》等；(3)国务院所属部委制定的部门规章，如《公安机关追究领导责任暂行规定》《财政部行政执法过错责任追究办法》《国土资源执法监察错案责任追究制度》等；(4)地方政府制定的政府规章，如《长沙市人民政府行政问责制试行办法》《天津市人民政府行政责任问责制试行办法》《重庆市政府部门行政首长问责暂行办法》《大连市政府部门行政首长问责暂行办法》《海南省行政首长问责暂行规定》等；(5)党组织制定的相关文件，如《关于实行党风廉政建设责任制的规定》《中国共产党纪律处分条例》《中国共产党党内监督条例(试行)》《党政领导干部辞职暂行规定》《关于在干部选拔任用工作中实行用人失察、失误责任追究制度的暂行规定》等。

二、行政责任意识

行政责任意识是指行政主体对其应该承担的行政责任的主观认识，即客观责任的主观反映。这种主观反映，一方面表现为行政主体对公众呼声、要求(公民意志)的倾听、理解和认同；另一方面也表现为行政主体因为自己所掌握的权力、所享有的权利，而进行的思考、推定和认领。

公共行政是由公众出资而为公众服务的管理活动。因此，公众必然对这一管理活动、对从事这一管理活动的行政组织及其成员高呼其要求，并百般努力使其要求成为具有一定刚性的行政制度，为行政组织及其成员确立起一种“客观责任”。当行政组织及其成员能够倾听公众的呼声，能够理解行政制度，并且认同“客观责任”，行政责任意识也就形成了。这是一种相对被动的途径。

行政组织及其成员也可能主动“认领”行政责任。“责任”是人类社会生活中存在的一种普遍现象,社会生活中的每个人在享有权利的同时都必须尽义务,如果有人只享受权利而不尽义务或少尽义务,则会被谴责或惩罚。因此,每个人都可能养成尽职尽责的习惯。行政组织及其成员掌握权力、享有权利,他们也势必会思考自身的义务和责任。他们会根据其权力和权利,根据其拥有的职务和地位,推定、认领其义务和责任。当行政组织及其成员能够思考,并且推定和认领行政责任,行政责任意识也就形成了。这是一种自觉、主动的途径。

行政责任意识在实践中又体现为行政责任感。行政责任感,即行政主体在行政过程中对行政责任的敏感性。行政责任意识是行政主体的一种内在的、主观的状态,这种主观状态到底如何,则要看其引导和推动行政行为过程中的表现。即要看行政主体在具体的行政事件中,是否能够准确判断其应该的作为,当行政行为出现失误时是否能够及时发现自身的过错,并主动承担因此而产生的后果。行政主体的这种表现便是其行政责任敏感性的体现,即行政责任感的体现。这种行政责任感显然与行政主体对于行政责任的认识即行政责任意识有关,只有当行政主体对自身的行政责任有了充分的认识,才可能在具体的、个别的行政事件中准确判断自己应该承担的具体的行政责任。

三、行政责任制度与行政责任意识的相互转化

实践证明,建立和健全行政责任制度或行政问责制度,是行政责任主体形成行政责任意识最重要的途径。其重要性可以从下几个方面来理解:

第一,建立和健全行政问责制度可以明确行政责任之所在,可以帮助行政主体正确认知自身的责任。行政主体责任意识的确立是从行政责任的认知开始的。行政责任的认知可以建立在行政主体的思考和推理之上,行政主体可以根据自身的工作经验及其理想信念来推导、认领其应负的行政责任。但每一行政主体的认识能力是有差别的,他们对自身行政责任的认识可能不一样,不是每一行政主体都能通过自身的思考、推理而全面、准确地认识到自身的责任所在。通过建立或健全行政问责制度,使每个行政组织、每个行政岗位的责任内容明确清晰,则可以避免行政主体在责任认知上的偏差、模糊,可以帮助行政主体更有效、更准确地认识到自身的责任,从而确立正确的行政责任意识。

第二,建立和健全行政问责制度可以有效防止行政组织及其成员的失职行

为,强化行政主体的责任意识。公共权力属于全体公民,但它实际上掌握在行政组织及其成员手中,行政组织及其成员代表公民直接行使公共权力。而掌握公共权力的行政组织及其成员也不可避免地具有“经济人”本性,在所有的行政活动中,他们追求自身利益最大化的动机仍然存在。这种动机在缺乏有效防范的情况下,必然借助手中的公共权力而寻求实现,即“以权谋私”。而防止以权谋私最为有效的办法就是严格、合理的制度。通过制度明确每个行政组织、每个行政岗位的责任,并规定对失职、渎职行为予以严厉惩罚,使以权谋私者“得不偿失”。这样,行政组织及其成员虽然有以权谋私的动机,但必然慑于压力,或出于“犯规成本”的考虑,而收敛野心,回归正途。如果失职、渎职行为每每遭遇惩罚,行政组织及其成员的责任意识势必增强,因为没有人不惧怕惩罚,没有人不着意规避风险。

第三,建立和健全行政问责制度,可以规范和统一对行政组织及其成员的监督,使对行政组织及其成员的各种监督更加合理、更加有效,从而深化行政组织及其成员的责任意识。为了防止行政组织及其成员滥用权力,必须对行政组织及其成员的权力行为进行监督。但行政组织及其成员本身的权利也必须予以尊重,对行政组织及其成员的监督必须是合理的、适度的,必须有统一的标准。如果监督不当,或者监督标准混乱,则可能对行政组织及其成员造成不应有的伤害,同时也会扰乱行政组织及其成员的责任感和责任意识。为了防止监督不当和监督混乱,就必须建立和健全行政问责制度,使监督行为本身有法可依、违法必究。只有这样,才能使行政组织及其成员透过合理、有效的监督机制而进一步深化自身的责任意识。

但是,行政责任意识也可能转化为行政责任制度。“制度”本是一种意识形态,是在实践中产生的。它首先是因为人们意识到(认识到)“制度”的必要性,意识到“权利”和“义务”在社会实践中的客观存在,然后才被创造出来,并在实践中被不断地修正和完善。行政责任制度是从行政实践中产生的一种意识形态,它也首先是因为人们(公众以及行政组织、行政人员)意识到了“行政责任”在行政实践中的客观存在,意识到行政责任制度的必要性,然后才被创造出来、被不断地修正和完善。这也就是说,行政责任制度也是从有关行政责任的意识转化而来的,是有关行政责任意识的凝结。行政责任制度一旦形成,可以帮助行政主体明确、增强、深化行政责任意识。而新的行政责任意识，又可能进一步修正和完善行政责任制度。

行政责任意识转化为行政责任制度，也是一个从个别认识到社会共识的过程。在行政实践中对行政责任的存在及其制度化需要的认识首先是由个别头脑完成的，这种个别化的认识在社会交往中，通过主体间的相互交谈、辩论而逐渐成为社会共识，然后才可能转化为行政责任制度。这也就是说，一定时期的行政责任制度往往是这一时期有关行政责任的社会共识的体现。有关行政责任的社会共识发生了变化，必将推动行政责任制度的改造和完善。

第四章　行政伦理关系

伦理,即人际关系应当如何的道理,是基于人与人之间的利害关系而产生和存在的。人,总会因各种不同的需要和利益而与他人建立或保持某种关系。有关系必有利害,必有依赖与冲突,有利害、有依赖与冲突则要讲“理”。循理,才能趋利避害;循理,依赖才能持久安全,冲突才能化解或避免。于是,有所谓“伦理”。因此,我们把人与人之间有利害、有依赖与冲突的关系称为伦理关系。与不同的人、因不同的需要和利益而建立或保持的伦理关系会有所不同,其中的“伦理”也会有所不同。古人所谓“五伦”(君臣、父子、夫妇、兄弟、朋友)即五种基本的伦理关系,这五种伦理关系便有五种“伦理”,如孟子所谓:“父子有亲,君臣有义,夫妇有别,长幼有序,朋友有信。”①只有明确了伦理关系的性质、类型,才有可能认识其中的“伦理”,才有可能自觉地顺应伦理、实现伦理,从而营造和谐的人际关系。

行政伦理是基于行政场域人与人之间的利害关系,亦即依赖与冲突的关系,而产生和存在的。那么,行政场域会有哪些存在利害的人际关系,亦即有哪些行政伦理关系?这是行政伦理学必须研究的问题。只有认识、区分各种不同的行政伦理关系,才有可能真正认识其中的“行政伦理”,才有可能使行政主体自觉

① 《孟子·滕文公上》。

地顺应和实现行政伦理,从而实现人们社会组合的目标。

行政伦理关系无疑是在行政实践中产生的。基于对行政实践的认识、理解,我们认为,行政伦理关系主要存在于两个方面:一方面是行政系统与行政相对人之间的行政伦理关系,另一方面是行政系统内部的行政伦理关系。行政系统是指所有掌握公共权力的组织与个人,包括政府(广义)和非政府组织及其成员。而“伦理关系”在实际生活中并不仅仅表现为个人与个人的关系,它常常也表现为个人与组织的关系,组织与组织的关系,甚至个人或组织与某种特殊的中介物的关系。因此,我们进一步认为,现代社会的行政伦理关系主要有:(1)政府与公民的关系;(2)政府与自然的关系;(3)政府与企业的关系;(4)政府与社会的关系;(5)政府与市场的关系;(6)政府内部的行政伦理关系等。①

第一节　政府与公民的行政伦理关系

一、政府及其权力

政府即管理国家事务的组织机构及其人员,它是随国家的产生而产生的。现代意义上的“政府”一词有广义和狭义之分,广义的政府包括立法机关、行政机关、司法机关、军事机关及其人员,狭义的政府则仅指行政机关及其人员。我们主要从广义上理解和讨论政府。

政府管理的国家事务,一般包括政治、经济、文化、社会等方面的事务。政治事务主要包括防御外敌侵略和颠覆,维护国家独立和主权,保卫公民生命安全和合法权益;对内惩治各种违法犯罪分子,维护正常的政治秩序、经济秩序、社会秩序等。经济事务主要包括对社会经济建设进行统筹规划、政策掌握、信息引导、检查监督、提供服务,以及国有资产的管理等。文化事务主要包括全民思想道德教育,以及教育、科技、文化、卫生、体育、新闻出版、广播影视、文学艺术等方面的管理。社会事务主要指为社会提供各种服务、搞好社会保障,诸如环境保护、医疗卫生、城市规划、旅游娱乐以及建立完善社会保障体系等。

政府完成如此繁多事务,离不开“权力”,即“行政权力”或“公共权力”。政

① 参阅刘祖云:《行政伦理关系研究》,人民出版社2007年版。

府因为掌握了权力，才有可能完成如此事务。所谓权力，即影响和控制他人行为的力量。马克斯·韦伯说，权力是指“在社会交往中一个行为者把自己的意志强加在其他行为者之上的可能性”[①]。所谓行政权力，即在上述行政事务（国家事务）中影响和控制相关人员的力量。而所谓公共权力则是因为国家事务实乃公共事务，与国家中的每一个人的利益都有关系，所以行政权力也具有公共性，必然涉及每一个人，影响和控制每一个人，是每一个人都必须服从的，同时也是为每一个人谋利益的公共权力。

为什么会有行政权力或公共权力，或者说这些权力是从何而来的？这主要有两种观点，一种是“神授”论，一种是“民授”论。传统的君主专制时代主张的是“神授”论，即“君权神授”，而现代民主政治时代主张的是“民授”论，即“主权在民”。

“君权神授”观念在中国传统社会和西方传统社会都同样存在。在中国传统社会，人们认为皇帝的权力是神给的，具有天然的合理性，皇帝代表神在人间行使权力，管理人民。据记载，在中国，夏代奴隶主已开始假借宗教迷信进行统治。《尚书·召诰》说：“有夏服（受）天命。”这是“君权神授”最早的记载。殷商奴隶主贵族则创造了一种“至上神”的观念，称为“帝”或“上帝”，认为它是上天和人间的最高主宰，又是商王朝的宗祖神，因此，老百姓应该服从商王的统治。西周时用“天”代替了“帝”或“上帝”，周王被赋予了“天子”称呼。君权神授的理论在汉代有了系统的发展，董仲舒提出了“天意”“天志”的概念，并且提出了“天人相与”的理论，认为天和人间是相通的，天是有意志的，是最高的人格神，是自然界和人类社会的最高主宰，天按照自己的面目创造了人，人应按天的意志来行动。从“天人相与”的神学目的论出发，董仲舒提出“君权神授”的命题。他认为皇帝是天的儿子，是奉天之命来统治人世的，人民应该绝对服从他们，凡是君主喜欢的事，老百姓应该无条件去做。西方中世纪时期，查士丁尼皇帝竭力歌颂君主的权力，第一个提出“君权神授”思想，竭力将世俗君权和宗教神权结合起来，从而使东罗马帝国（拜占庭）逐渐发展成为一个神权君主国，实行专制主义的政治体制。奥古斯丁对“上帝之城”（the City of God）与“地上之城”（the

① 邓正来主编：《布莱克维尔政治学百科全书》，中国政法大学出版社 1992 年版，第 595 页。

City of Men)的描写,是当时这一观念的反映。他说,“上帝的选民”才有资格成为“上帝之城”的居民,“地上之城”只能是“上帝的弃民”居住之所,但两者都由上帝控制;“地上之城”的君主职位是上帝为实现自己的目的而设立的;由谁登基为王也受上帝的意志支配。奥古斯丁的论述奠定了中世纪西欧“君权神授”的理论基础。

“主权在民”思想是由西方资产阶级思想家提出来的,其杰出代表是法国启蒙思想家卢梭。卢梭在其《社会契约论》一书中论证了人民主权原则。他认为主权是公意的运用,而公意是人民共同体的意志。唯有公意才能按照国家创制的目的,即公众幸福来指导国家的各种力量。既然公意是人民共同体意志的体现,所以主权属于人民。政府只不过是主权者的执行人,是臣民与主权者之间所建立的一个中间体,负责执行法律。这一中间体的成员就叫行政官或国王,他们仅仅是主权者的官吏,是以主权者名义行使主权者所托付给他们的权力。而且,只要主权者高兴,就可以限制、改变或收回这种权力。

我国自1840年鸦片战争以后逐渐接受、形成了主权在民的思想。1840年以后,中国人民为国家独立、民族解放和民主自由进行了前仆后继的英勇奋斗。1911年孙中山先生领导的辛亥革命,废除了封建帝制,创立了中华民国。1949年,以毛泽东为领袖的中国共产党领导中国各族人民,在经历了长期的艰难曲折的武装斗争和其他形式的斗争以后,推翻了帝国主义、封建主义和官僚资本主义的统治,取得了新民主主义革命的伟大胜利,建立了中华人民共和国。《中华人民共和国宪法》明确规定:“中华人民共和国是工人阶级领导的、以工农联盟为基础的人民民主专政的社会主义国家”。“中华人民共和国的一切权力属于人民。人民行使国家权力的机关是全国人民代表大会和地方各级人民代表大会。人民依照法律规定,通过各种途径和形式,管理国家事务,管理经济和文化事业,管理社会事务。”“全国人民代表大会和地方各级人民代表大会都由民主选举产生,对人民负责,受人民监督。”“国家行政机关、审判机关、检察机关都由人民代表大会产生,对它负责,受它监督。”

二、公民及其权利

公民指具有一国国籍,并根据该国法律规定享有权利和承担义务的人。

“公民”一词最早出现于古希腊,“公民”的古希腊文为“polites”,源于“polis”(城邦),意为“属于城邦的人”。该词的英语表达为“citizen”,词源亦为城市“city”。城邦在古希腊原本属于城市范畴,意为有设防的居民点,与不设防的乡村相对立。直到公元前8世纪左右,城邦才具有政治意义而指称国家。因此,从词源来看,公民就是属于城市、城邦和国家的人。古汉语中的“公民”与西方人的“公民”含义相去甚远,指“为公之民”,如《韩非子·五蠹》有言:“是以公民少而私人众矣”,意思是“为公之民少,为私之人众”;或“君主之民”“公家之民”,如汉刘向《列女传·齐伤槐女》有“(婧)对曰:‘妾父衍,幸得充城郭为公民’”;或“公共土地上的居民”,如康有为《大同书》乙部第三章:“凡未辟之岛皆为公地,居者即为公民。”中国现代意义上的“公民”概念,是在辛亥革命前后由西方传入的。

与“公民”相近、相似或相对应的概念有“人民”与“臣民”等。“人民”是一个政治概念,它是相对于敌人而言的,指一个国家或社会中的大多数人。“公民”是一个法律概念,它是相对于外国人而言的,其范围比人民范围更广一些。公民中的人民,享有宪法和法律规定的一切权利并履行全部义务;公民中的敌人则不能享有全部权利,也不能履行某些义务。“臣民”则是指屈从或被动服从于权力的人,指君主专制统治下的臣工和百姓。臣民对国家(政府)具有强烈的依附性,缺乏独立的人格和意志,相对于国家或政府权力而言只有义务没有权利。公民强调法律面前的权利平等,而臣民没有平等可言。

什么是权利?“权利”也是人类文明史上的一个古老概念。古汉语中的“权利”一词主要指权势和财物,它是一个贬义词。如《荀子·君道》曰:“接之以声色、权利、愤怒、患险,而观其能无离守也。”这是我国最早出现的“权利”表述。后来《史记》也有明确的“权利”概念,如谓灌夫“家累数千万,食客日数十百人。陂池田园,宗族宾客为权利,横于颍川”。[①] 显然,这种语义上的“权利”不是我们现在所说的“权利”,我们现在所使用的“权利”概念是从西方文化中引进来的。19世纪中期,美国学者丁韪良(W. A. P. Martin)先生和他的中国助手们把维顿(Wheaton)的《万国律例》(*Elements of International Law*)翻译成中文时,他们选择了“权利”这个古词来对译英文中的“rights”,并说服朝廷接受它。从此以后,

① 《史记·魏其武安侯列传》。

“权利”在中国逐渐成了一个褒义的至少是中性的词,并且被广泛使用。英语中“权利”(right)一词源于拉丁文“jus”。“right”有两个含义,一是指正确的、正当的,二是指某种资格。由此可见,英语中的“权利”概念具有正当资格的含义。古希腊的亚里士多德曾把权利定义为正义的标准,“正义的观念是同国家的观点相关的,因为作为政府标准的权利,是调节政治交往的准绳”。[①] 后来的斯多葛学派继承了亚里士多德的这一观点,并进一步把权利与理性联系到了一起。近代以来,由于人权成为资产阶级反对封建统治、维护自身利益的思想武器,因而西方对于权利问题的研究逐步深入,其关于权利的定义也就很多了。如:权利天赋说,认为权利是人与生俱来的天赋,只要是人就天然地具有权利;权利自由说,认为权利就是法律允许范围内人们所享有的种种自由;权利利益说,认为权利就是受到法律保护的利益;权利力量说,认为权利就是法律赋予权利主体的强制力量;权利平等说,认为权利意味着政府对人民的平等关心和尊重;等等。

现代社会,因为权利概念的广泛使用,其内涵越来越丰富深邃,以至于我们很难准确定义权利。如果一定要给以定义,大概可以说,所谓权利,是指人的基于其需求和本性而产生的、得到社会或法律认可的利益主张。权利存在于人的本性之中,它是基于人的需求而产生的,离开人的本性、离开人的需求,无所谓权利;权利与主体对利益的自觉主张有关,与主体的利益表达有关,一种利益若无人提出对它的主张或要求,就不可能成为权利;权利也意味着一种正当的、合法的利益,因此它与社会或法律的认可有关,只有当主体的利益主张得到社会或法律的认可,才真正成为权利。

与“权利”相对应的概念是“义务”。所谓义务,是指人的因国家法律或社会道德的要求而应该(必须)为他人或社会付出的财物或劳务。权利意味着得到、拥有某些财物或服务,即得到和拥有一定的利益;义务则意味着付出、意味着为他人服务,亦即放弃或失去一定的利益。在社会共同体中,任何一项权利的存在,都意味着一项义务的存在。有人享有权利,也就意味着有人承担义务。若无人承担和履行相应的义务,权利便没有意义。权利是从义务中推导出来的,因为承担义务所以享有权利,权利以义务为前提;反之,义务也是从权利中推导出来

① 转引自涅尔谢相茨:《古希腊政治学说》,蔡拓译,商务印书馆 1991 年版,第 192 页。

的,因为享有权利所以承担义务,义务也以权利为前提。

三、政府与公民之间的张力

政府掌握权力,公民享有权利。公民为了充分实现自身的权利,必然要组建政府,并授给政府以统治社会的权力。而政府也必须充分尊重公民的权利,为实现和维护公民权利而努力。但政府一经形成,掌握权力,则又可能在行使权力、实现和维护公民权利的过程中,因为自身的利益诉求或所代表的阶级的利益诉求等原因而侵犯和伤害公民权利,形成一种与公民权利方向相反的作用力。一个国家的公民也可能因为过度重视其私利而藐视政府权力、"忤逆"政府行为,形成一种与政府权力方向相反的作用力。这也就是说,政府与公民相互联系,谁也离不开谁,却又存在利益冲突,从而形成一种张力。

正因为政府与公民之间存在张力,所以政府与公民之间的关系是一种伦理关系,即必须以伦理规范进行调节的关系。(同时也可以说是法律关系,也必须以法律规范来调节。)伦理关系(或法律关系)的存在总是以主体之间的联系和利益冲突为前提的,如果主体之间没有联系、没有利益冲突或不可能发生利益冲突,也就无所谓伦理关系(或法律关系)。如果主体之间有联系,而且存在利益冲突,也就必然形成伦理关系(或法律关系)。

政府与公民之间的伦理关系即行政伦理关系,一方面意味着政府在行使行政权力的过程中如何尊重、维护、实现公民的权利(做什么、不做什么,以及以什么手段和方式去做),尽其应当的责任和义务;另一方面也意味着公民尊重、服从政府的权威,尽公民的责任和义务。一般来说,我们在行政伦理关系的研究中更强调的是政府的责任和义务,但公民的责任和义务也不能忽视。

第二节　政府与自然的行政伦理关系

政府与自然的行政伦理关系,是指政府在行政过程中,充分尊重自然规律、承认自然的"权利"、考虑自然本身的存在和发展,将自然当作伦理主体对待。政府与自然的行政伦理关系其实以政府与人的行政伦理关系为前提,自然只是政府与人的关系的中介,自然实际上并不是权利主体或伦理主体。之所以提出、强调政府与自然的行政伦理关系,与人类所面临的自然环境的恶化有关,与生态伦理学(或环境伦理学)的兴起有关。

一、自然环境恶化的主要表现

20 世纪以来,特别是第二次世界大战以来,世界各国在相继走上工业化发展道路的同时,也造成了全球性的自然环境恶化。其主要表现在四个方面:环境污染、生态平衡破坏、资源与能源危机和全球环境问题。

1. 环境污染

环境污染主要表现在三个方面:大气污染、水体污染、工业垃圾和生活垃圾污染。据统计,全世界每年排入大气的颗粒物约 5 亿吨,而且吸附着许多有毒有害的金属、无机物和有机物等。机动车和燃煤发电厂每年排放氮氧化物约 1.5 亿吨,每年排放的二氧化硫达 1 亿多吨,一氧化碳 26 亿吨。大气污染及其形成的酸雨含有各种致病和致癌物质,使许多生物物种灭绝,对广大地区的生态造成了严重的破坏。全世界每年排放的污水为 6000 亿—7000 亿吨,破坏了沿海地区的水产养殖业和捕捞业,使近一半的人口喝不上安全卫生的饮用水。每年因缺少洁净水造成腹泻病历高达 40 亿起。我国 1999 年全年废水的排放量达 401 亿吨。占全国水资源 36%的长江,带有污染物质已达数十种。全世界每年新增加的垃圾约有 80 亿—100 亿吨,其中,有害垃圾约 3.3 亿吨。这些垃圾堆积城郊或排入江河,成为重大污染源。

2. 生态平衡破坏

生态平衡破坏的主要表现是:森林锐减、草场退化、水土流失、土地沙漠化。据统计,全球森林占陆地的面积,从工业革命前的 55%减少到了现在的 25%,而且仍以每年 1800 万公顷的速度减少。我国二十多年来的森林面积减少了 23.1%,目前全国森林覆盖率大约只有 14%,还不及世界平均覆盖率 31%的一半。世界大部分草地和牧场都严重退化。我国北方草场退化率 20 世纪 80 年代已达 30%以上,有的已超过 50%。由于水涝灾害,全球每年有 1/5 的耕地失去一层肥沃的表土,同时也损失了其中的数千万吨肥料。我国每年表土流失量达 50 亿吨以上,水土流失面积达到 360 万平方公里。全球土地沙漠化迅速发展,受沙漠化威胁的面积已占陆地面积的35%,遍及150个国家和地区,目前还以每年5万—7万平方公里的速度大幅度蔓延。我国土壤沙化问题也十分严峻,北方沙漠化土地面积已达33.4万平方公里(不包括自然造成的沙漠和砾质荒漠),占我国北方地区面积的10%。

3. 资源与能源危机

资源与能源危机包括耕地资源危机、淡水资源危机、矿藏资源匮乏与能源短缺。地球上可耕地仅占陆地表面积的8%,由于土地沙漠化和非农业占地(城市发展、交通、工业等),全世界每年持续损失500万—700万公顷耕地。随着全球人口激增,粮食生产与耕地资源危机的矛盾将更加突出。覆盖地球表面70%的水中,只有2.53%是淡水,其中仅有10%的淡水能为人类所利用。随着人口的增加、城市化和工业化的发展,人类对淡水的需求正以每年5%的速度递增,目前已有八十多个国家缺水。在不久的将来将出现全球性用水危机。随着工业的发展,矿藏资源消耗量剧增。尽管人们不断勘探发现新的矿藏资源,但地球上的矿藏毕竟是有限的,全球矿藏资源已出现了枯竭的趋势。当前世界绝大多数国家使用的能源中,90%是不可再生能源。不可再生能源是有限的,随着人口的增加,消耗能源水平的提高,能源短缺问题日渐突出。

4. 全球环境问题

全球环境问题主要有三个方面的表现:温室效应、臭氧层破坏、生物多样性减少。温室效应是因为人们大量使用石油和煤炭等,使二氧化碳量成倍增加,而大面积砍伐森林,又影响二氧化碳被树木的吸收,从而使地球气温上升。地球气温上升引发全球气候异常,对全球的农业、林业、牧业以及野生动物的危害极大。地球气温上升也引起两极冰雪的融化,导致海平面上升,地势较低的岛屿将会被海水淹没。臭氧层的破坏是人类为制造制冷剂等而合成出来的氯氟烃造成的。臭氧层可以将来自太阳辐射的99%的紫外线吸收,像一把保护伞保护着地球上的动植物和人类。1984年科学家们发现在南极上空出现了相当于美国国土面积大小的臭氧层空洞,后来又发现在北极和北半球上空的臭氧层也出现了空洞。臭氧层遭到破坏会使紫外线长驱直入,损伤人类的免疫系统,破坏农业生产,破坏海洋食物链,破坏微生物净化淡水的能力。据联合国环境署估计,目前地球上大约有 500 万—600 万种生物。但是,近百年来,地球上的动植物以每天 100—200 种的速度在消失,生物多样性日趋减少。

二、生态伦理学

自然环境的恶化主要是因为人类行为失范所造成的,而人类行为失范的原因主要在于人类的认识和观念。长期以来,人们错误地认为,人类物质财富的增长所依赖的自然资源在数量上是无限的,是不会枯竭的,自然环境对人类废弃物和污染物具有无限的净化能力。因此,人们肆无忌惮地“征服自然”“改造自然”,将自然当作可以无偿索取的对象;将发展等同于经济的增长、等同于物质财富的增长,将国民生产总值(GDP)作为衡量国家实力、发展水平、政府绩效的唯一指标。终于,人们发现,自然环境在一步步地恶化,以至于成为威胁人类生存的生态危机。面对生态危机,人类不得不反思自己的行径,人们意识到必须改变对待自然的态度和观念,必须尊重自然、保护环境,必须考虑自然本身存在和发展的规律,必须考虑自然的“内在价值”……正是在这一背景下,生态伦理学兴起了。生态伦理学旨在研究人与自然关系背后的人与人的伦理关系,并为判定人类改造自然活动的正当性提供评价标准。

生态伦理思想古已有之,但作为一门学科,是现代西方环境保护运动的产物。从 18 世纪末到 20 世纪初,是西方生态伦理学的孕育期。当时,西方一些工业化国家出现了大规模破坏森林和严重的环境污染事件。许多有识之士自发组织起来,开始对传统的发展模式和发展观提出质疑,重新审视人与自然的关系,形成了第一次环境保护运动,写出了最初的伦理学著作,如美国学者乔治·珀金·玛什的《人与自然》(1864 年)、威廉·詹姆斯的《人与自然:冲突的道德等效》(1910 年)等。这些著作为后来生态伦理学的发展奠定了不同的逻辑起点。从 20 世纪初到 20 世纪中叶,是西方生态伦理学的创立时期。两次世界大战所引发的经济危机,加剧了人们对自然资源的掠夺式开发,造成了西方一些地区生态环境的严重失调。一些有识之士掀起了西方社会的第二次环境保护运动,出版了一系列生态伦理学著作,如法国学者施韦兹的《文明的哲学:文化与伦理学》、美国学者 A. 莱奥波尔德的《保护伦理学》(1933 年)和《沙乡年鉴》(1949 年)(其中最后一篇《大地伦理学》集中反映了他的生态伦理思想)等。他们所倡导的生态伦理学和环境保护运动,使西方一些国家开始注意到自然资源管理的伦理调节问题。从20世纪50年代到现在,是生态伦理学的系统发展时期。在这个时期里,生态危机的日益严重,促使越来越多的人深入反思人与自然的关系,于是引发了西方社会第三次环境保护运动。伴随这次环境保护运动而诞生的生态伦理学代表作有:美国学者皮·卡逊的《寂静的春天》(1962年)、约翰·帕斯莫尔的《人类对自然应负的职责》(1974年)、罗宾·阿特弗尔德的《环境关系的伦理学》、霍尔姆斯·罗尔斯顿的《环境伦理学:自然界的价值及其人类对自然的责任》(1988年)、W. 泰勒的《尊重自然界》(1986年)等等。

生态伦理学从孕育、创立到系统发展,学派纷呈,其中最主要的学派有两个,一是自然中心主义学派,一是人类中心主义学派。

自然中心主义学派的代表人物是A. 莱奥波尔德、W. 泰勒和霍尔姆斯·罗尔斯顿等人。他们从生态学视角考察人与自然(大地)的关系,认为人与自然(大地)的关系也应当成为伦理学的研究对象,生物也是道德主体;认为自然物具有不依赖于人类而独立存在的“内在价值”;认为生物物种之间的合作共生关系是一种义务和权利的关系,人类在自然生物圈中仅仅是普通的一员,人类应当尊重其他的生物同伴;认为评判一个事物或行为是否正确,要看它是否“有助于保护生物群落的和谐、稳定和美丽”;要求政府和资源私有者都要对环境的良性发展尽职尽力。这一学派的思想对当代西方的环保运动产生了广泛而深刻的影响。

人类中心主义学派的代表人物是吉福德·平肖、J. 帕斯莫尔和墨迪等人。他们从传统伦理学视角考察人与自然的关系,认为人类是自然价值的主体;人类之所以对自然生态环境的破坏负有道德责任,之所以要保护自然生态环境,归根结底是源于对人类自己的生存与发展以及子孙后代的利益的关心;非人类的自然物无所谓“公共利益”,它们之间谈不上具有权利与义务关系;人类与自然的相互关系实际上是由人类单方面沟通的;人类具有特殊的文化、知识积累和创造能力,能主动反思和计划自己的行为,履行对于自然的责任。因此,他们主张“为了人民的永久利益,而不是为了某些个人或公司的利益”,“明智利用”自然资源;一旦自然资源的利用与人的利益发生冲突,“将以大多数人的长远利益为尺度调和矛盾和冲突”。这一学派的思想,表达了对人类的价值的信仰以及对人类伟大创造力的理解，代表了西方生态伦理学的主流。

西方生态伦理学两个学派在基本理论上有着根本的分歧，但它们的使命却是共同的：维护自然的生态平衡。生态伦理学的产生，表达了人类试图借助道德手段来调节人类内部涉及自然环境的矛盾冲突，达成人类内部以及人类与自然之间和谐统一的意愿，标志着人类对于日益严重的自然生态危机的忧患意识的理论升华，显示了人类为消除自然生态危机、确保自己在自然中的持续发展而作的道德努力，同时也标志着人类作为"类存在"的意识的觉醒。

三、政府与自然行政伦理关系的本质

政府与自然的行政伦理关系，本质上是政府行政过程中产生的以"自然"为中间环节的政府与人的伦理关系。"自然"不是伦理主体，人与自然发生关系时，一切自然物——无论是动物、植物，还是土地、空气、水、矿物等，都是作为人的生产条件、生活条件、生存条件而存在的。在这一点上，我们同意人类中心主义的观点。但是，自然的存在是有规律的，有逻辑上的必然性，当人类（比如政府）作用于自然时，自然也会反作用于人类。这种反作用力可能有益于人类，给人类带来福利；也可能有害于人类，给人类带来灾难。只有当人类真正认识和理解自然规律，并且顺应自然规律时，自然才有可能为人类所用，才是人类的福音；如果人类不能认识和理解自然规律，或者违背自然规律，自然则不可能为人类所用，甚至将伤害、毁灭人类。因此，人类与自然发生关系的时候，亦即人类改造和利用自然的时候，不能不小心谨慎、检点约束自己的行为，不能不尊重甚至敬畏自然。也正因为如此，我们将自然"提升"为伦理主体，将人类与自然的关系"提升"为伦理关系，将政府与自然的关系"提升"为行政伦理关系。

人类中心主义认为，人类是地球上最核心、最重要的物种，人类的一切计划和行动都应该以人类自身为目标和归宿。这一观念为绝大多数人所承认和赞同，也为绝大多数人所实际奉行。因为这一观念原则上是没有错误的。人类难道不是至高无上的吗？人类难道不应该成为人类计划和行动的目标吗？人类难道不应该以自身的利益、自身的尺度，来评价、选择、改造和利用人类以外的自然物吗？回答无疑是肯定的。人类中心主义遭受批评的理由是，人类中心主义导致了自然环境的恶化，导致了环境污染、生态平衡的破坏、资源和能源的危机等。

而这一理由并不具有充分性,因为人类中心主义并非必然导致自然环境恶化。导致自然环境恶化的原因不是人类中心主义,而是人类对自身的利益认识不全面,忽视了整体利益、长远利益,将人类利益片面化、浅表化了;或者是因为人类对自然的认识和理解还不深刻、全面,没有真正掌握自然规律。而保护自然环境,尊重自然规律,乃至于节制人类欲望,约束人类行为,与人类中心主义并不矛盾。

所谓伦理主体,一般来说,是指具有自觉能动性,能意识到自身的利益,能主张自己的权利,并能承担义务和责任者。一切自然物,哪怕是一些较为高等的动物,也都不具有这样的理性能力,所以,自然物不是伦理主体。只有人才可能具备这些理性能力,只有人才可能是伦理主体。但伦理主体资格也并非绝对以"理性能力"论,它也可能是约定俗成的。如果绝对以"理性能力"而论,则事实上并不是所有的人都具备这样的理性能力,如胎儿、婴幼儿、植物人等,他们不能意识到自身的利益,不能主张自己的权利,也不能承担责任和义务,那么,他们也不是伦理主体。但是,我们又总是承认胎儿、婴幼儿、植物人等的人格权,承认他们的伦理主体资格。当然,他们的人格权、伦理主体资格也存在争论。也正因为存在争论,证明伦理主体资格不是绝对以理性能力划界,也是约定的。但无论是以"理性能力"论,还是以"约定俗成"论,与"人类中心主义"都不矛盾,都是以人类为核心、围绕人类的利益和价值而展开的。所以,政府与自然的行政伦理关系本质上是政府行政过程中发生的政府与人的伦理关系。

这里与政府发生伦理关系的"人",是指通过具体的自然物与政府行为有关的人。自然物如山川树木、鸟兽虫鱼等,是政府与人联系起来的中介,即公共物。当政府作用于自然物,对自然物进行改造和利用时,就同时与和这些自然物联系着的、有利害关系的人发生了关系。这些人可能是当地居民(公民),也可能是外地游人(本国公民或外国公民),还可能是未来的人,即所谓子孙后代(后代作为伦理主体也是约定的)。政府对自然物的尊重敬畏,其实是对与之有关的人的尊重和敬畏。

因此,我们也可以进一步说,政府与自然的行政伦理关系实质上隐含着两种伦理关系,一方面是政府与当代公民的伦理关系,另一方面是政府代表的当代人与未来的子孙后代的伦理关系。关于政府与当代公民的行政伦理关系,第一节已有论述,它强调的是政府如何约束自身的利益冲动,尊重公民权利,实现公共利益的问题。政府代表的当代人与未来子孙后代的伦理关系,则是一种"代际伦理"问题。

代际伦理即人类代与代之间的伦理关系和伦理规范,它的视域从"在场各代"延伸到了"在场各代与尚未出场的人类后代"。也就是说,它不仅讨论"在场各代"之间的伦理关系和伦理规范,也讨论"在场各代与尚未出场的人类后代"之间的伦理关系和伦理规范。讨论在场各代之间的伦理问题很好理解,但是,为什么要讨论与尚未出场的后代之间的伦理问题呢?这就不太好理解了。对于这一问题,大概可以从以下两种理论中寻求理解:

第一种是跨代共同体理论。以拜尔(Anette Baier)和戈尔丁(M. P. Golding)为代表的跨代共同体理论认为,我们作为个体是共同体的一部分,与共同体的关联构成了我们个人生活的历史。这一共同体体现了一种直线式的纵向合作关系,它将当代人与前后各代人联系在一起。于是享受了某种权利的当代人,就有义务将前代人传下来的好处再传给后代人。这一共同体显示出一种代际义务的自然之流,从过去流到今天再到未来。当代人对后代人的义务是一种不容争议和回避的事情。在他们看来,在这里起决定作用的不是社会契约,也不是个体的生存权益,而是一种我们从前人那里获得生存前提的感激之情。

第二种是社会契约论。以罗尔斯为代表的社会契约论者在论证代内正义原则的形成之后,也论证了代际正义问题。众所周知,罗尔斯是以处于"无知之幕"之中的人类"原初状态"的假设来论证(代内)正义原则的形成的。在原初状态下,人们不知道自己的出身、地位、经济状况等,因此,人们必然选择"平等自由原则""机会的公正平等原则"和"差别原则"作为正义原则。罗尔斯将这一代内正义原则移植到代际——在原初状态下,所有的人都不知道自己属于哪一代,因此,所有的人都会同意公正地对待后代,因为每个人自己都可能属于未来的一代。"代际的正义标准仍是那些将在原初状态中被选择的原则。"[①]这样,代际正义原则就通过"原初状态"和"无知之幕"的假设性前提而得到了论证。

① 罗尔斯:《正义论》,何怀宏等译,中国社会科学出版社 1988 年版,第 282 页。

第三节　政府与企业的行政伦理关系

一、企业的职能及其可能的恶行

企业(enterprise)是一种集合土地、资本、劳动力等生产要素,从事生产、流通、服务等经济活动,通过满足社会需要实现盈利目的,依法成立具有法人资格,进行自主经营,独立享受权利和承担义务的经济组织。企业这样一种经济组织最早出现在18世纪的英国,它是社会发展的产物,是生产力发展、社会分工发展和市场经济(商品生产)发展的产物。企业在现代社会生活中承担着重要职能,是现代社会不可或缺的"主角"之一。

企业在现代社会中的职能主要是经济职能,即满足社会对于各种产品(包括物质产品与精神产品)和服务的需要。社会是由人组成的,它有各种需要。有生活方面的需要,也有生产方面的需要;有物质上的需要,也有精神上的需要;有对于有形产品的需要,也有对于无形的服务的需要。所有这些需要,在现代社会只有通过"企业"这样一种经济组织,才能最有效率地满足。没有企业,现代社会各种需要的实现几无可能。

但是,企业对于现代社会而言,并非单纯的善,它也可能为恶。因为,企业是"经济人",企业的目的是盈利,是自我利益的最大化,满足社会需要只是其实现盈利的手段而已。企业并不是主动地、自动地去满足社会需要,而是因为自身的利益而被动地、被迫地、被利益驱使着地为社会需要提供产品和服务。因此,企业一方面只向社会提供能为自身带来最大利润的产品或服务;另一方面,企业向社会提供产品或服务时,会千方百计地降低自身的成本,以求得利润的最大化。正因为如此,企业也有可能为恶,如:它可能向社会提供劣质产品、冒牌产品、有害产品;可能向公共环境中排放有毒有害的气体、液体,或噪音,或其他垃圾;可能滥采、滥伐、滥捕、滥猎,浪费资源、破坏生态平衡;还可能剥削工人,侵害工人权益;等等。正如马克思所言:"资本来到世间,从头到脚,每个毛孔都滴着血和肮脏的东西。"①

① 《马克思恩格斯选集》第2卷,人民出版社1972年版,第265页。

二、政府对企业的监管与服务职能

因为企业在为社会提供产品和服务时有可能为恶,所以需要对其进行监管,以防止其危害社会。对企业进行监管是政府的重要职能。只有政府,才能最有效地制止企业的恶行。对企业的监管工作,包括制定涉及生产过程和产品质量的标准,进行检查评估,对生产行为和产品质量不符合标准的企业进行惩罚等。这也就意味着,对企业进行监管,需要具有一定专业知识和技能的人才,需要有专门设备以及运作经费,还需要有足够的权力等。这些条件只有政府才具备,所以,只有政府才能承担对企业进行监管的责任。事实上,这也正是社会之所以组建政府的原因之一。

但是,政府也并非只对企业进行监管,还同时负有对企业提供服务的责任。企业虽然可能为恶,但也更有可能为善,企业是现代社会不可或缺的存在。为了保证企业的存在和发展,还必须为企业提供必要的条件和环境,即必须为企业提供一定的服务。这些条件、环境或服务,有些是可以由市场本身,即其他企业来提供的,有些则属于具有公共性的条件、环境或服务,必须由政府来提供,如公共安全、教育、信息、土地、能源交通,等等。

三、政府侵害企业权益的可能

政府对企业进行监管并提供一定的服务,因此,政府与企业发生了关系。这一方面是一种相互依赖的关系,另一方面也是一种存在利益冲突的关系。相互依赖主要表现在,政府依赖于企业的缴税,企业则依赖于政府提供的公共产品和公共服务;利益冲突主要表现在,企业偷税逃税,逃避政府监管,滥用公共资源等,而政府则可能滥用公共权力、侵害企业的合法权益。因此,政府与企业的关系是一种行政伦理关系。

在政府与企业的行政伦理关系中,我们要着重讨论的是政府滥用公共权力、侵害企业合法(合理)权益的可能,因为行政伦理学主要研究政府作为伦理主体应当如何的问题。政府侵害企业权益的可能主要存在于以下几个方面:

1. 政府监管过度

政府对企业的监管缘于必要,也应止于必要。也就是说,要监管有度。政府之所以有必要对企业进行监管，是因为企业可能为恶，监管的目的是防止或制止企业为恶。至于企业为善的内容、方式，比如生产什么、生产多少、生产的组织过程等，则是政府管不了也管不好的事情，也是政府不必要管的事情。如果政府对于企业管得过细，管了一些不必要管的事情，即监管过度了，则势必束缚企业手脚，势必增加企业成本、侵害企业权益。计划经济制度就是一种政府对企业监管过度的制度。在市场经济时代，政府也可能对企业有不同形式的过度监管。

需要强调的是，政府对企业可能监管过度，也可能监管不足，亦即"政府监管不到位"。政府对企业监管不到位的情况时有发生，这是政府失职渎职的表现，也是政府失德的表现。政府监管不足不会侵害相关企业的权益，但会损害社会公众的权益。因此，我们应注意到，在政府与企业的行政伦理关系中，又隐藏着政府与公众（公民）的行政伦理关系。

2. 政府服务不足

政府对企业提供的服务必须到位，即必须充分满足企业的需要，如果政府对企业的服务不到位、有所不足，也可能增加企业成本，侵害企业权益。政府对企业的服务不足主要表现在两个方面，一是服务的内容不足，缺少应有的服务项目；二是服务的方式不正确，如程序、手续过繁等。

3. 政府索贿受贿

在政府与企业的关系中，政府最严重的恶行是向企业索贿或接受企业的贿赂。政府在对企业进行监管或提供服务的过程中，掌握着否定、惩罚的权力和资源分配的权力，政府的权力行为直接影响着企业的收益，甚至决定企业的生死存亡。因此，企业惧怕政府。正因企业的惧怕，政府有可能要挟企业向政府部门或个人缴纳、奉送额外的"福利"，即向企业索贿。而企业为了讨好政府，为了获得政府监管过程中的宽待，或服务过程中的优待，也可能主动向政府部门或个人"进贡"，即向政府行贿。而政府也有可能接受企业的贿赂，同意向企业"租借"手中的权力，即给企业以宽待或优待。

行贿是企业的恶行，索贿和受贿是政府的恶行，这一系列的恶行，或将侵害企业的权益，或将侵害公众（消费者）的权益。企业如果获得政府监管过程中的宽待，则可能向社会（市场）提供劣质产品（或服务），或向公共环境中超标准排放,无疑会侵害公众的权益。如果企业行贿或被索贿,而依旧合法生产、向社会提供合格产品,排放也在合理范围内,则其贿赂开支无疑增加了企业成本,成为额外负担,而使企业的利益遭受损害。如果某个或某些企业通过贿赂而获得政府服务中的优待,即获得政府资源分配时的倾斜,则势必减少其他企业获取资源的份额,从而侵害了其他企业的权益。

第四节　政府与社会的行政伦理关系

一、社会与社会利益

"社",在古汉语中是指土神以及祭祀土神的地方、日子、祭礼。人们在某个日子聚集在供奉土神的地方举行祭祀活动,则称为"社会",即因祭祀土神(社)而会集在一起。现代意义上的"社会",是指人们因为共同的物质条件、共同的利益、共同的目标、共同的价值观而相互联系结成的联盟,形成的共同体。王海明认为,社会,静态地看,是人群体系,"是两个以上的人因一定的人际关系而结合起来的共同体";动态地看,"则是人的'社会活动'的总和,是人们相互交换活动、共同创造财富的利益合作体系"。[1]

人是社会性动物,人必然要结成社会,人离不开社会。这是因为,人只有在社会中,在与他人交往、合作的过程中,才能最有效、最充分地满足自己的需要,实现自身的利益诉求。利益,是人们组成社会的根本目的,也是我们认识和理解社会的关键性因素。

所谓利益,无非指满足人的需要的事物或条件。利益在社会形态中被区分为多种类型,如个人利益、集体利益、社会利益、国家利益、公共利益等。之所以将利益区分为多种类型,与能够满足人的需要的事物或条件的存在形式有关,也与利益的创造、分配、交换有关。满足人的需要的事物或条件大都不是或不完全是天然的,而必须由人通过劳动而创造。劳动创造意味着人的体力和脑力的付出。人们是否愿意付出自己的体力和脑力而创造利益,与人们能否在分配或交换中获得令人满意的利益回报有关。为了能让人们在分配或交换中满意,必须

---

① 王海明:《伦理学原理(第三版)》,北京大学出版社 2009 年版,第 102 页。

因利益的存在形式的不同而选择不同的分配或交换方式。因此,利益被划分为不同的类型。

一般来说,个人利益是指能够满足个人需要的、为个人所享有并得到他人(社会)认可的事物或条件。首先,人的需要有相同的一面,也有不同的一面,每个人都可能具有不同于他人的特殊性需要。个人利益必定与个人的需要相一致。其次,个人利益必定是个人所真正享有的,不会有外部效应,不会同时被他人共享。这与利益的存在形式有关。另外,个人所享有的利益还必定是他人或社会认可的利益,是由个人劳动创造,或通过合理合法的分配或交换方式取得的。集体利益,则是指集体成员所共同创造和共同享有的利益。它与利益的存在形式有关,也与人们的相互约定或国家法律制度的规定有关。

所谓社会利益,则是指能够满足所有社会成员需要的,为社会成员所共同创造、共同享有的事物或条件。社会利益也可以说就是公共利益,它主要与利益(事物或条件)的存在形式有关。有些事物或条件是具有非排他性和非竞争性的,它能够满足一定范围内所有个人的需要,却不可能为个人所独立享有,因而也是个人(或私人)所不可能或不愿意提供的,而只能由社会共同创造。那么,这种利益就是社会利益。社会利益是因为人们结成社会后被区分出来的一种利益形式,它不同于个人利益,却并非与个人相脱离。

国家利益,是指一个国家内所有成员共同创造与共同享有的利益。它也可以说就是一个国家范围内的公共利益或社会利益,它同样也主要与利益的存在形式有关。

二、社会问题

当人们组成社会,寻求个人利益和社会利益的实现的时候,也产生了社会问题,即一定社会所面临的具有普遍性、公共性的问题。

所谓的“问题”,是指实际情况(现实)与人们的理想、期望之间的差距,或者说,实际情况与正常值之间的差距。“社会问题”是“社会利益”的反义词。在社会生活中,人们期望的正常情况是社会利益(包括个人利益)得以顺利实现。但实际上,因为种种原因,人们所期望的社会利益往往不能顺利实现,从而形成各种“社会问题”。如人口问题、生态环境问题、劳动就业问题、青少年犯罪问题、家庭暴力问题、老龄问题等。

人口问题是全球性最主要的社会问题之一,是当代许多社会问题的核心。虽然它在不同国家的具体表现各异,但其实质主要表现为人口再生产与物质资料再生产的失调,人口增长超过经济增长而出现人口过剩。以中国为例,当前社会生活和发展所遇到的种种问题,无一不直接地或间接地与巨大的人口压力相联系。首先,人口压力使社会在提供现有人口生活条件和提高人民生活水平方面,遇到了难以克服的困难。突出表现为就业困难,住房紧张,粮食、燃料等生活必需品短缺。其次,人口压力造成消费与积累比例失调、生态环境严重破坏、全民族的科学文化水平降低等。

生态环境问题突出表现为生态破坏、环境污染严重等。它是社会运行和发展的重大障碍。未来社会问题的主要矛盾将集中到生态环境上。如不及早解决,它将给社会带来巨大的破坏,甚至是全球性的、毁灭性的破坏。

劳动就业问题源于劳动力与生产资料比例关系失调。这种失调在不同社会、不同地区表现形式不同。但它作为社会问题主要指人口过剩及经济发展缓慢或停滞,造成劳动人口失业或待业现象。中国的劳动就业问题,首先表现为就业不充分;其次是现有从业人员冗员严重、劳动生产效率低下、就业及待业人员素质低下等问题。就业问题的社会后果,一方面妨碍了人民生活水平的提高,从而诱发社会动荡及社会犯罪;另一方面,不利于社会经济的协调发展,进而威胁整个社会结构的稳定性。

青少年犯罪问题是指青少年或未成年人的违法犯罪问题。这是世界各国面临的日趋严重的社会问题。近三十年来,世界各国青少年犯罪现象急剧恶化,突出特点是犯罪次数增多、犯罪年龄提前、蔓延广泛、手段残忍、团伙作案突出、反复性增强、改造难度加大。

家庭暴力问题是指发生在家庭成员之间的,以殴打、捆绑、禁闭、残害或者其他手段对家庭成员从身体、精神、性等方面进行伤害和摧残的行为。家庭暴力直接作用于受害者身体,使受害者身体上或精神上感到痛苦,损害其身体健康和人格尊严。家庭暴力发生于有血缘、婚姻、收养关系而生活在一起的家庭成员间,如丈夫对妻子、父母对子女、成年子女对父母等,妇女和儿童是家庭暴力的主要受害者,有些中老年人、男性和残疾人也会成为家庭暴力的受害者。家庭暴力会造成死亡、重伤、轻伤、身体疼痛或精神痛苦。

老龄问题又称人口老龄化问题,一般指人口中60岁及以上的人口比例增大,从而影响社会生产和生活的问题。人口老龄化是近年来世界各国普遍关注的一项重大社会问题,目前在发达国家较为突出,不发达国家的这一现象则被高出生率造成的人口年轻化掩盖了。从人口年龄构成上看,中国已在20世纪末21世纪初进入老年型社会。但由于人口基数大,无论现在还是将来,中国老年人口总数都将居世界首位。人口老龄化给社会、政治、经济带来一系列影响和问题,它要求对社会生产、消费、分配、投资、社会保障及福利、城乡规划等都要作出相应的调整。

所有这些社会问题不仅具有普遍性,而且具有公共性,它会影响到每一个社会成员的生活水平和生活质量。社会问题一旦形成,一旦被人们意识到,也就意味着必须解决。解决社会问题,也就是谋求社会利益的实现。解决社会问题与创造、实现社会利益一样,也需要每一个社会成员、社会主体付出努力才有可能实现。

三、政府与社会的依赖以及冲突

在解决社会问题的过程中,政府发挥着极为重要的作用。社会问题的解决,需要全社会共同努力,是每一个社会成员和社会主体的责任。政府是社会的一部分,是社会主体之一,当然负有责任。因为政府掌握公共权力,拥有公共权威,有极大的号召、动员能力,能够对社会资源进行调度和控制,所以政府在解决社会问题的过程中的责任和作用尤其重大。实际上,政府就是为解决社会问题、为实现社会利益而建立起来的。社会需要政府、依赖于政府,社会的存在和发展不能没有政府(或类似于政府的公共组织)。

政府也不可能脱离社会而存在。政府是从社会中产生出来的,政府本身不从事生产,不直接创造财富,需要社会供给才能生存。政府需要社会、依赖于社会,如果没有一个稳定的、和谐的、文明的社会,政府也不可能独善其身。

政府与社会相互依赖,却也存在冲突。政府是为了实现社会利益、解决社会问题而产生的,但它一经产生,便与其他社会主体或社会成员一样,有了自身的特殊利益。因此,政府行为不仅以实现社会利益(解决社会问题)为目标,同时也存在实现自身特殊利益的动机。为了实现自身的利益诉求，政府行为可能偏离社会利益的方向，可能影响、削弱实现社会利益的力度或质量，甚至可能侵犯其他社会成员或社会主体的利益。因此，政府与社会在相互依赖中又产生了对立和冲突。

正因为政府与社会既依赖又冲突，所以必须寻求某种合理的规范，以保证双方能够合作共存。因为依赖，政府与社会都以对方的存在和发展为自身存在和发展的前提。而冲突又可能损害乃至于毁灭对方，并最终损害乃至于毁灭自己。为了避免冲突，双方都必须正确认识自身的利益和对方的利益，以及双方利益的关联性，都必须尊重对方的利益，都必须将自身的利益冲动控制在一个恰当的、合理的范围内。在这样一种情况下，政府与社会之间的关系也就成为一种行政伦理关系。

第五节　政府与市场的行政伦理关系

一、市场与市场经济

所谓市场，是指人们进行交易的场所以及交易行为本身。市场是人类社会发展的必然产物。人类社会形成后，因为人们居住地的自然环境和资源的差异，因为有剩余产品和社会分工，必然有交易，也必然有交易的场所，即市场。市场之所以是“市场”主要是因为“交易”，所以，“市场”一词也不仅指交易场所，还包括交易行为本身。

所谓市场经济，是指一种经济体系（或体制），它与计划经济体系（体制）不同，在市场经济体系中，产品或服务的生产与销售主要由市场的自由价格机制所引导，社会资源主要由市场来配置，而不像计划经济那样由国家（政府）来引导或分配。

“市场”产生早，在人类的原始社会即已存在，“市场经济”的产生则比较晚，是工业革命以后的事情，只有几百年的历史。一般认为，市场经济的发展区分为两个不同阶段，即自由市场经济（或古典市场经济）与现代市场经济。自由市场经济，即完全由市场力量来自发调节的市场经济，一般指20世纪以前存在的市场经济。它建立在工业革命以及相应的生产技术基础上。这一阶段采取的是一种国家不干预经济生活的自由放任政策,整个经济在“一只看不见的手”的支配下自由运作,社会经济运行呈现出一种无组织、无计划的自然运行状态。现代市场经济萌芽于20世纪初,形成于两次世界大战之间。它是建立在更加发达的生产力水平基础之上,实行国家宏观调控的市场经济。相对于自由市场经济,现代市场经济制度及其运行更趋完善,表现为市场机制的健全,法律的完备,保障制度的社会化、规范化,宏观调控手段的完善以及调控机制的健全,较之于自由市场经济,更加注重宏观经济效益和社会效应,注重对效率与公平的协调。现代市场经济是市场经济发展的一个更加高级的阶段。

二、政府与市场的关系

政府与市场的关系,可以用“自由”“干预”“依赖(依托)”几个词来概括。就市场的本质来说,它是向往自由的。市场的目的和意义在于互通有无、互利互惠,只要交换(交易)双方同意,它就可以成立、可以实现。但政府产生以后,必然要对市场进行管理和干预。这一方面是因为,政府本质上就是一个对社会进行管理和干预的机构,正是通过对社会的管理和干预,政府才能获得生存的资源,才能证明其存在的必要性和合法性。市场是一种极重要的社会形式,政府不对市场进行管理和干预,则无异于放弃自我。另一方面则是因为市场实际上也是需要政府的,市场所向往的自由只有通过政府、依赖政府的管理和干预才可能真正实现。

人类历史上的政府与市场的关系,大概有这样几种形式:重农抑商、重商主义、经济自由主义、凯恩斯主义和新经济自由主义。

1. 重农抑商

所谓重农抑商,即政府尊重农业、农民,抑制、打压商业和商人。重农抑商是工业社会以前的普遍现象,西方国家如此,东方国家也是如此。我国古代政府的重农抑商政策从战国时代就开始出现了,到汉武帝时已形成了一种系统化模式。汉武帝的重农抑商政策主要包括以下内容:

(1) 贬低商人的社会地位,并加以各种形式的人身侮辱。如将商人与罪犯看作同一类人,不许商人穿丝绸、乘马或车,不许做官、购置地产等。《史记·平准书》载:“天下已平,高祖乃令贾人不得衣丝乘车,重租税以困辱之。孝惠、高后时,为天下初定,复弛商贾之律,然市井之子亦不得仕宦为吏……”

(2) 加重商人赋税负担,使其无利可图或所图甚少。公元前119年,汉武帝颁布算缗令。所谓“算缗”(缗:音民,穿铜钱用的绳子),就是向大商人征收财产税。规定凡商人,财产每两千钱,抽税一算;车每辆抽一算;船五丈以上,每只亦为一算。

(3) 直接没收商人财产。汉武帝时代与“算缗”同时出台的政策还有“告缗”,即政府为防范商人隐匿财产数量,规定经揭发查实者,所有财产一律充公。当时,由杨可负责此事。杨可是一酷吏,极力鼓动告缗,揭发者可得没收财产的一半。于是,告缗之风遍行全国,商人“中家”以上大都“遇告”破产。

(4) 实行禁榷制度,由国家垄断大宗贸易。所谓“禁榷制度”(榷:专卖),即官营工商业,如煮盐、冶铁、酿酒等重要工商业由政府垄断。汉武帝采纳大商人孔仅和东郭咸阳的建议,将原来由私人垄断的冶铁、煮盐、酿酒等重要工商业收归国家,由政府垄断经营,在全国产盐铁的地方设专卖署,并任命官员专董其事,规定盐铁官营之后,任何私人不得再自行其是,犯者重处。

(5) 由政府平抑物价,反对商人对市场的垄断。公元前110年,汉武帝采纳桑弘羊的建议,在全国实行“均输”“平准”政策。所谓均输即调剂运输;所谓平准即平衡物价。

2. 重商主义

重商主义(mercantilism)是封建主义解体之后的16—17世纪反映西欧资本原始积累时期商业资产阶级利益的经济理论和政策体系。重商主义者坚信,(1)贵金属(如金银等)是国家财富的体现,这个国家如果没有贵金属矿藏,就必须通过贸易来取得;(2)对外贸易必须保持顺差,即出口必须超过进口。因此,国家(政府)应该采取有利于贸易发展的措施,应该提高商人的政治地位(伊丽莎白一世就是这样做的)。重商主义的发展可分为两个阶段:15—16世纪为早期重商主义时期,16世纪下半期到17世纪为晚期重商主义时期。早期重商主义主张采取行政手段,禁止货币输出和积累货币财富。晚期重商主义与早期不同的是,认为国家应该将货币输出国外,以便扩大对外国商品的购买。不过它们要求,在对外贸易中谨守的原则是购买外国商品的货币总额,必须少于出售本国商品所获得的总额，其目的仍是要保持有更多的货币流回本国。因此，晚期重商主义者主张，对外贸易必须做到输出大于输入，以保持出超。

3. 经济自由主义

经济自由主义是资本主义发展初期的一种政策主张。17、18世纪，西欧资产阶级革命为资本主义的发展扫清了道路，工场手工业发展成为工业生产的主要形式，因此，强调国家力量的重商主义变得不合时宜了，代之而起的是反对国家（政府）干预的经济自由主义思潮。1776年，经济自由主义（古典经济学）奠基人亚当·斯密所著的《国民财富的性质和原因的研究》一书正式出版。在这部划时代的著作中，斯密批判了当时居统治地位的重商主义，强调市场调节的作用，主张实行经济自由主义。斯密认为，要增加一国的财富，增进社会公共利益，最好的经济政策就是给私人的经济活动以完全的自由。从此，到20世纪30年代以前，政府与市场的关系就是一种经济自由主义指导下的自由放任的关系，政府充当着市场“守夜人”的角色。

4. 凯恩斯主义

凯恩斯主义，是一种反对自由放任、主张国家（政府）干预经济的新经济学理论。1929—1933年爆发了世界性的经济危机。面对这一危机，古典经济学（经济自由主义）不能给出令人信服的理论解释，也无法提出解决危机的对策。统治阶级和统治集团于是不再欣赏那种自由放任、反对国家干预的传统经济学了，而是需要一种反对自由放任、主张国家干预的新经济学，于是，凯恩斯主义应运而生。1936年，凯恩斯的《就业、利息与货币通论》出版。凯恩斯在这一著作中不仅构建了一套宏观经济学理论体系，而且提出市场经济需要“看得见的手”，即国家宏观调控的观点。此后，自由主义思潮退出主流，以凯恩斯为代表的国家干预主义开始主导20世纪中期的西方世界。

5. 新经济自由主义

20世纪60年代末70年代初，西方经济出现了一种新的问题——“滞涨”，即经济停滞，通货膨胀，失业率上升。面对这一情况，凯恩斯主义显得无能为力，“政府失灵”了。因此，又掀起了一股新经济自由主义思潮，主张减少政府干预，更多地依赖市场本身的调节作用。

三、政府与市场关系中的伦理问题

显然,政府与市场不可避免地要发生关系。任何一个国家和社会,既离不开政府也离不开市场。只有当政府与市场巧妙结合、相互依托,才可能使国家富强、社会和谐。

政府与市场的关系从根本上说,还是一种利益关系,其中的矛盾和冲突也无非利益。政府对市场进行管理和干预,是因为利益。一方面是因为公共利益,为了保障市场秩序,保证市场竞争的良性,保证市场供应的数量和质量,保证市场交易的诚信等;另一方面则是因为政府自身的利益,政府是由人组成的,政府不对市场进行管理和干预,则不可能充分满足政府人员的利益诉求。市场拒绝政府的管理和干预或依赖政府的管理和干预,也都是因为利益。拒绝,是为了政府不要妨碍市场获利,不要与市场争利,不要向市场索利;依赖,则是希望政府能为市场所不能,能为市场营造一个良好的盈利环境等。

因此,政府与市场的关系,也无疑是一种伦理关系。因为我们主要从政府的角度来讨论这一关系,所以,我们称其为行政伦理关系。在这样一种伦理关系中,存在着政府对自身职能和责任的认识问题,政府对市场利益(权利)的认识和尊重的问题,政府对自身利益的认识维护以及对利益欲望的约束、节制问题。当然也存在着市场对政府权力和政府利益的承认和尊重问题,以及市场对自身利益欲望的约束和节制问题。所有这些问题,从根本上讲都是政府与市场关系中的伦理问题。解决这些伦理问题,意味着在政府与市场的交往过程中建立起合理的规范,即伦理规范。只有当双方遵循一定的伦理规范的时候,它们的关系才可能是“巧妙”的,才有可能在相互依赖中取得双赢。

第六节 政府内部的行政伦理关系

政府是一个庞大的系统,当政府成立并运行起来的时候,其内部的组织、成员之间,必将因为分工、权力与责任以及权利与义务的划分而彼此依赖,在相互依赖中又存在矛盾冲突(竞争、博弈),从而形成伦理关系。我们把这种伦理关系称为政府内部的行政伦理关系。一般来说,政府内部的行政伦理关系,可以从以下三个方面来认识:(1)政府间行政伦理关系;(2)政府官员间行政伦理关系;(3)政府与政府官员间行政伦理关系。

一、政府间行政伦理关系

政府间行政伦理关系,是指一个国家的中央政府与地方政府之间,地方政府与地方政府之间,以及中央政府与地方政府内部的不同部门(或机构)之间的行政伦理关系。任何一个国家的政府都是由一个中央政府与多个地方政府组成的,而中央政府和地方政府内部又划分为不同的部门(机构),中央政府与地方政府、地方政府与地方政府,以及政府中的不同部门,彼此分立却又相互关联,从而形成政府间关系(或所谓"府际关系")。政府间关系是在行政管理的过程中形成的,它既是权力与责任的关系即政治关系,也是权利与义务的关系即行政伦理关系。

首先,政府间关系体现为中央政府与地方政府之间的关系。国家的结构形式一般区分为两种,一种是单一制国家,一种是复合制国家。这两种结构形式的区别主要在于其中央政府与地方政府之间的关系不同。单一制国家中央政府掌握着主要的和统一的政治权力,并统辖着地方政府;地方政府与中央政府之间是服从与被服从的关系。复合制国家是由若干独立的国家或政治实体(如共和国、州、盟、邦)等通过某种协议而组成的联合体。复合制国家又区分为联邦制国家与邦联制国家。联邦制国家的中央政府(联邦政府)拥有最高权力的立法、行政和司法机关,行使国家最高政治权力。而各联邦组成单位(地方政府)也有自己独立的立法、行政、司法机关,这些机关与中央机关之间没有隶属关系,它们在各自的行政区域内行使政治权力。联邦国家有统一的宪法和基本法律,但是,在国家统一宪法和基本法律范围内,各联邦组成单位又都有自己的宪法和法律。邦联制国家则实际上是一种国家联盟,它由若干具有独立主权的国家组成。邦联(中央政府)一般不设统一的最高权力机关,没有统一的军队、赋税和国籍,只设协商机关,其成员主要由各成员国(地方政府)的政府首脑担任,其职能仅限于协商成员国之间的共同事宜,邦联成员国之间的共同活动以各方共同签字的条约为基础。

不管国家的结构形式如何,其中央政府与地方政府的关系都无非权力与责任的关系。既是权力关系，中央政府与地方政府在管理国家（公共）事务的权力上有所不同，中央政府拥有最高的“计划、组织、指挥、协调、控制”的权力，地方政府必须服从中央的权力，地方政府在不违背中央权力意志的前提下拥有在所属区域进行独立管辖、统治的权力；也是责任关系，中央政府必须对整个国家的公共事务负责、对全体国民负责、对地方政府负责，地方政府对所属区域的公共事务负责、对地方民众负责，同时对中央政府负责。中央政府与地方政府关系的结点，亦即矛盾的焦点，就在于权力的划分和责任的归咎。

其次，政府间关系体现为地方政府与地方政府之间的关系。任何一个国家都会有数量不等的多个地方政府。地方政府与地方政府之间的关系，也无非权力与责任的关系。地方政府之间的权力与责任是根据地域界限来划分的，它们彼此是平行的、平等的，互不相属，似乎没有关系。但因为存在跨界公共事务、存在利益交往（产品贸易）、属于同一利益共同体（国家），从而产生权力与责任的相关性，产生权力的划分（博弈）和责任的归咎（推诿）问题。

再次，政府间关系也体现为政府（包括中央政府和地方政府）内部不同部门之间的关系。政府内部部门的划分是因为公共事务的性质不同、人员的分工不同而形成的。政府内部不同部门彼此也是平行的、平等的，也互不相属，但因为公共事务本身的统一性和相关性、因为同属于一个政治（利益）共同体，从而产生了关系。这种关系也无非权力的划分和责任的归咎。

此外，无论中央政府还是地方政府内部，除了划分部门而产生平行（横向）关系外，还存在纵向的上下级政府（部门）关系。这种上下级政府关系，也无非是权力和责任的关系。

政府间的权力与责任的关系，在实践中主要体现为权力的分配、争夺（竞争），责任的归咎、推诿。政府要实现其存在的价值，要充分履行其公共职能，首先必须对其掌握的权力进行合理分配，其次则要建立责任追究机制。只有当权力被恰当地分配到不同的政府部门，当政府部门掌握一定权力的同时也负起相应的责任，才有可能充分发挥政府的总体效用，才有可能使政府真正做好应该做的所有工作。在权力的分配过程中，往往伴随着权力的争夺或竞争，因为任何政府部门都希望掌握更多的、更大的权力。而在责任的追究过程中，又往往伴随着推诿，因为任何政府部门都希望自己只承担最少的、最小的责任。

之所以在权力的分配中出现争夺,在责任的追究中出现推诿,这是因为权力、责任都与利益有关。掌握权力意味着享有一定的利益,承担责任则意味着丧失(损失)一定的利益。人的动机是由利益决定的,为了获得更多的利益所以争夺权力,为了避免利益的损失所以推诿责任。因此,政府间的权力、责任关系实质上是利益关系,这种利益关系的演化则为权利与义务的关系。

权力是指主体所拥有的对他人行为进行强制性影响的能力或对事物、资源进行处置的能力。这种能力是他人乃至于众人授予的、认可的,也可以说是法律、道义授予和认可的。因为他人从自身利益考虑、众人从共同利益考虑、法律和道义从合理性考虑,所以这种能力的存在是必要的、是好的、是有价值的。但是这种能力的形成,还与主体本身意愿有关,以主体的心甘情愿为前提。如果主体本身不愿意拥有这种能力,不接受他人或众人或法律与道义的授予,则必要的、好的、有价值的"权力"就不可能存在。如何才能确保主体自愿掌握权力,乃至于热爱权力?将权力与利益挂钩。当他人或众人或法律、道义授予主体以权力的同时,即授予相应的利益。拥有一定的权力也就意味着拥有一定的利益。有利益,主体就不会拒绝权力。"权力"则因此而演化为"权利",即主体应该得到的利益。

责任是主体应该(必须)具有或应该(必须)发挥出来的对他人行为的强制性影响力,或对事物、资源进行处置的能力。主体如果不具有或未发挥这种能力,将受到相应的惩罚。责任与权力实质上是同一的,它们说的同一回事。"责任"只不过是换了一种说法的"权力",权力是从正面、从积极意义上说的,责任则是从反面、从消极意义上说的。权力强调的是"授予""认可",责任强调的则是"应该"(或"必须")、是"惩罚"。凭什么要求主体"应该"如何或"必须"如何?凭什么"惩罚"主体?这还得以主体本身的心甘情愿为前提。只有当主体愿意(同意),他人或众人或法律、道义所要求的应该(必须)才是有效的,所施行的惩罚才是有效的。如何才能确保主体愿意承担责任?还得将责任与利益挂钩。主体履行责任即赋予其利益,未履行责任、不履行责任(或不正确履行其责任)则剥夺其利益。有利益,主体则不会拒绝责任。"责任"也因此而演化为"义务",即主体因利益而应该完成的任务。

政府间关系,无论其具体形式如何,从根本上说都是权力与责任的关系。而权力与责任的关系,实际上也是一种利益关系,是权利与义务的关系。因此,我们可以从伦理的角度来讨论政府间关系,将政府间关系理解为一种行政伦理关系。

二、政府官员间行政伦理关系

在政府内部的行政伦理关系中,存在的一种最重要的、最基本的行政伦理关系则是政府官员间的行政伦理关系。

政府作为一种社会组织,它是由个体的人组成的。在政府组织中的人,即政府工作人员,亦即公务员,我们也将其称作政府官员。政府官员按照一定的规律或规则联结起来,“政府”才真正形成了。因此,组成政府的官员之间一定存在某种关系,政府不是官员的简单堆积。

政府官员间的关系,有纵向的上下级关系,也有横向的平级关系,还可能有斜向的交叉关系。这些关系可能是指挥与服从的关系,也可能是一种相互监督的关系,还可能是一种合作与伙伴的关系,或者彼此竞争的关系。而说到底,这些关系又无非是权力与责任的关系。政府官员间的相互依赖,或矛盾冲突,都是因为权力的分配、争夺,或责任的归咎、推诿。

这与政府间关系是极其相似的。政府官员间的关系是个体之间的关系,政府间关系则是组织、集体之间的关系。但组织、集体是由个体组成的,组织或集体的需要和欲念,是由个体的需要和欲念组成的,是个体需要和欲念的组织形式。所以,个体之间的权力、责任的关系,与组织或集体间的权力、责任的关系,在本质上是一致的。

也正因为如此,政府官员间的权力责任关系实质上也是利益关系,是权利与义务的关系。在政府展开其行政管理的各项职能的过程中,活跃其中的政府官员必然有权利也有义务。政府官员在相互交往中,必然要争取自己的权利也要尊重别人的权利,要求别人尽其义务也必须尽自己的义务。所以,政府官员间的关系也是一种伦理关系。因为这种关系是在行政过程中展开的,我们称其为行政伦理关系。

三、政府与官员间行政伦理关系

在政府与官员之间也存在伦理关系,即行政伦理关系。

政府是由官员组成的,但政府一旦组成,则具有相对于官员个体的独立性。因此,产生了政府组织与官员个体之间的关系。这种关系一方面表现为依赖。政府组织离不开官员个体,没有官员,政府便是空的、虚的。官员个体也离不开政府组织,官员个体只有在政府组织之中才能实现自己的利益和梦想。另一方面则表现为冲突。政府一旦形成,必然有其利益和目标,有组织原则、有政府理念。而与此同时,每一个官员个体也有自己的利益和目标,有自己的思想观念。这两者难免龃龉,便有了冲突。

当政府组织与官员个体有了冲突,显然不能简单地说谁服从谁,而应该循其理。强调"个人服从组织",可能忽视了个人要求的合理性,忽视了个人权利的正当性,从而伤害了官员个体的积极性,并最终影响政府组织的活力、影响政府组织的整体能量。过于强调个人的自由,则可能使组织涣散,使政府的整体权威受到威胁。因此,无论是政府组织还是官员个体,都应该正确认识两者的关系,都应该尊重对方的利益和原则。在政府组织与官员个体的相互依赖和冲突的关系中,一定存在一种平衡,即"伦理"。我们从伦理角度来看待政府与官员之间的关系,循着伦理来对待、来处理二者的关系,则政府组织与官员个体双赢。

第五章　行政伦理规范

行政伦理规范或行政道德规范，是行政伦理学研究的核心内容，行政伦理学以探索、凝练行政伦理规范为主要目的之一。那么，什么是行政伦理规范？行政伦理规范是如何生成的？历史上主要有哪些行政伦理规范？我国当代行政伦理规范主要有哪些？这是本章所要研究回答的问题。

第一节　行政伦理规范概论

一、什么是行政伦理规范

1. 规范与伦理规范

所谓规范，即事物或人的行为的标准、准则。“规”，一种可以用来画圆形的工具，称“圆规”或“两脚规”。“范”，指用于铸造器具的模子，如“铁范”“钱范”等。事物或人的行为，常为一定的规范所塑造，或被要求遵循一定的规范。规范主要是针对人的行为而言的。事物没有能动性，不会主动依就规范，所以也无所谓规范。只有人才能遵循规范，或按照一定的规范去塑造事物。规范只对人才有意义。

伦理规范，或称道德规范，是人们所依循的形形色色的规范中的一种。伦理规范是针对人的伦理行为而言的。伦理行为,是指"利害己他(它)的行为",且"受利害己他意识支配的行为"。① 亦即可以进行善恶评价的行为。如果人们的行为,并不对自己、对他人、对社会共同体产生利害影响,且没有自觉的"利害己他"的意识,则是非伦理行为,是不可进行道德评价即善恶评价的。规范一定是因为某种目的、因为一定的必要性而制定和设立的。人们不会无缘无故弄些规范出来,因为规范对人的行为毕竟是一种约束,人们并不喜欢规范,人们更愿意无拘无束、自由自在。人们制定伦理规范、遵循伦理规范,也完全是不得已而为之。因为人具有社会性,是生活在社会关系中的,人们在社会关系中的行为,可能"受利害己他意识的支配",并对自己或他人或社会共同体产生或利或害的影响。为了确保人的行为是有利于他人、自己以及社会共同体的(善良行为),避免发生有害于他人或自己或社会共同体的行为(恶劣行为),就必须制定一定的规范,并要求人们遵循它。这也就是说,伦理规范的制定是因为必要,但亦止于必要。

伦理规范不是随意制定的,它以"伦理"为依据。伦理即人伦之理,即人际关系(或人的行为)事实如何的规律或应当如何的道理。人们必定是生活在一定的时代、一定的社会关系、一定的自然环境和社会环境中的。在一定的时代和环境中,人们为了趋利避害,为了生活得舒适安逸、幸福美好,人们为自己制定的伦理规范也一定有其必然性和合理性。这种必然性和合理性不是自然的必然性和合理性,而是人际关系中的、是人类社会中的必然性和合理性,即我们所谓的伦理。

伦理规范也是约定俗成的,它的制定和设立具有约定性。"伦理"有其客观性,但它要成为规范,则以人们的主观认识为前提。人们有关伦理的主观认识是不可能完全一致的,而人们在交往中所依循的规范又必须是一致的,否则人们无法顺利交往、和谐相处。如何解决这个矛盾?通过"约定"来解决。所谓约定,是人们在自由平等、相互尊重的交往过程中,通过"商谈"而取得共识的过程。这也就是说,伦理规范以人们对伦理的主观认识为前提,是商谈和共识的结果。这种商谈和共识往往来自民间"俗世",所以说是"约定俗成"的。

---

① 王海明:《新伦理学(修订版)》上册,商务印书馆 2008 年版,第 547 页。

在人类历史上，伦理规范的约定俗成也可能未必是自由平等的商谈共识的结果。因为人类社会始终存在着斗争（或者说竞争），存在着个体之间、群体之间、阶级之间的斗争。在斗争中取得胜利的、强势的一方，为了更多地实现自己的利益，势必将自己的主观意志强加给相对弱势的、落败的一方。因此，在一定的历史时代，也常常形成一种强势的、主导的、居于统治地位的主观意志，即意识形态。这种居统治地位的意识形态，必然影响伦理规范的形成。伦理规范的约定俗成，必然更多地体现统治者的主观意志，成为统治者意识形态的一种伦理形式。但我们相信，人类社会总是趋向于自由平等的，伦理规范也更多地趋向于商谈共识，因为这样更符合人类的共同利益。

伦理规范对人的伦理行为既是一种约束，更是一种指导。当人的自觉行为违反伦理规范、损害人己利益时，人们会因此而受到外界舆论的谴责，同时也会受到内在良心的谴责。人们因为畏惧谴责而被迫就范，伦理规范因此成为人们行为的约束。但事实上，伦理规范并非来自上帝或客观世界的"绝对命令"，而是人们主动寻求、创造出来的主观立法。人是主动的，是主体，人在本质上是向善的。人们在复杂社会生活中所做出的种种恶行，在很大程度上是因为人们不知道如何为善，如何避免恶行，或者是因为人们不知道其恶行会给他人造成如此痛苦，并且这种痛苦终将以一定的形式反射到自己身上。而伦理规范为人们提供指导，人们也因为有伦理规范的指导而获得快乐、幸福。

从伦理规范的表述（存在）形式中，我们可以进一步理解其指导性。伦理规范一般来说有三种表述（存在）形式，或称三种模式：(1)应为模式，它强调的是人们应该做什么；(2)勿为模式，它强调的是人们不能做什么，不应该做什么，或禁止做什么；(3)可为模式，它强调的是人们可以做什么。从伦理规范的表述形式中，我们可以看出来，伦理规范虽为"规范"却给人们行为很大的自由空间。这种自由不仅体现在"可为模式"中，在"应为模式"和"勿为模式"中也有所体现。生活中存在的伦理规范，其"应为"与"勿为"的规定，都并非高度精细的"模子"，而只是方向性的指引，人们可以根据自己的理解而创造性地"诠释""演绎"既定的伦理规范。伦理规范更多的是我们生活中的"温馨提示"。

基于上述理解，我们可以给伦理规范下一个定义：伦理规范是指一定社会和时代的人们，因为共同利益或彼此的私人利益，基于商谈共识，而制定的指导和约束人们行为的准则。

2. 行政伦理规范

行政伦理规范是行政场域的伦理规范，是针对行政人员的行政行为的伦理规范，“是社会对从事行政管理职业活动的行政人员提出的道德要求的体现，是专门用来规范行政人员及其行为的伦理规则和道德标准”①，“是指国家公务员在执行公务活动中应当遵循的行为规范和伦理要求”②。

行政人员在行政场域的行政行为，无疑是自觉的、“受利害己他意识支配”的行为，必将对社会公共利益或行政相对人的私人利益，以及行政人员自身的利益产生影响，因而必须加以规范。针对行政人员的行政行为的规范有多种，行政伦理规范只是其中之一，此外有法律规范、纪律规范等。

行政伦理规范以“行政伦理”为依据。所谓行政伦理，即行政场域行政人员的行政行为事实如何的规律或应当如何的道理。在一定的历史时代、一定的社会环境中，为了最大限度地实现社会公共利益，最大限度地实现社会公众的价值诉求，其行政场域行政人员的行政行为应当如何的规范绝不可能是随意制定的，也一定具有某种必然性与合理性，即有其“道理”。这种“道理”因为是针对行政行为的，我们可以称其为行政伦理。

行政伦理规范虽以客观的行政伦理为依据，但它本身是一种主观形式，它是人们对行政伦理的主观认识。因为人们的主观认识总是存在差异的，所以，任何统一的行政伦理规范，实质上又都是一定时代、一定社会人们共同约定的结果，亦即“社会契约”。这种社会契约，既是社会对从事行政管理职业活动的行政人员提出的道德要求，也是行政组织和行政人员对社会的道德承诺。

行政伦理规范虽为“社会契约”，具有一定的约定性，但也必然更多地代表统治阶级的利益和意志，带有明显的政治倾向。因为统治阶级的主观意志，在形成社会契约的过程中处于强势，必然更多地体现在社会契约的各项条款中。也正因为如此，行政伦理规范实际上也可以说是一种政治规范，具有较强的政治性。

① 张康之主编：《行政伦理学（第二版）》，中央广播电视大学出版社 2007 年版，第 227 页。

② 王伟、鄯爱红：《行政伦理学》，人民出版社 2005 年版，第 85 页。

行政伦理规范也同样既是一种约束,也是一种指导。任何一种行政伦理规范,都在一定种程度上具有抑恶扬善的功能,因而对行政人员的行政行为具有控制和约束的作用。但是,寻求行政伦理规范、遵循行政伦理规范,也是行政人员自觉的愿望,与行政人员自身的利益诉求是一致的。而且,行政伦理规范也并不会给行政人员一个铁的"模子",无论是哪一种模式("应为""勿为""可为")的行政伦理规范,都不会为行政人员提供详细周密的行动方案,不会否定行政人员的主观能动性,不会剥夺行政人员的自由和创造。它会给行政人员足够的"自由裁量"的空间,它只是给行政人员的行政行为指引方向。

二、行政伦理规范的生成

行政伦理规范的生成,是指对行政组织和行政人员的行政行为有约束和指导意义的行政伦理观念及其语言形式的形成。观念与语言两者有区别,观念是内容,语言是形式。但两者也是统一的,语言无非表达思想观念,而思想观念也必须通过语言来表达。那么,这种体现行政伦理观念及其语言形式的行政伦理规范是如何生成的?对这一问题的思考,可以帮助我们深入理解行政伦理规范的本质。

行政伦理规范,从根本上说,是在行政管理实践中生成的。人的思想观念及其语言形式,不是从天上掉下来的,不是凭空产生的,而是在人的社会实践中产生的。这是历史唯物主义的基本论断。没有行政管理实践,不可能产生行政伦理规范。正是在行政管理实践中,社会公众以及行政人员,为了最大限度地实现其利益目标和价值诉求,必然要思考、寻求在其所处的环境和条件下展开行动的合理方式(方案)。在一系列的合理方式中,必然包括如何应对各种利益关系的合乎行政伦理的方式,即行政伦理规范。

行政伦理规范首先是在社会公众的要求、期望中形成的。在行政管理实践中,社会公众必然要对行政组织和行政人员有所要求、有所期望,这种要求和期望的表达,即意味着行政伦理规范的初步形成。行政管理本身不是一种生产活动,它不创造生产资料和生活资料。因此,行政管理活动的存在离不开生产行业的供给。行政组织和行政人员必须依靠国家税收,才可能生存。而且,行政组织和行政人员在依靠社会供养、消费国家税收的同时,还可能通过行政管理活动而干预社会生活,影响社会利益的分配。因此,社会公众有理由,也有权力、有资格,对行政组织和行政人员的行为提出自己的要求和期望。而行政组织和行政人员也应该尊重社会公众的期望和要求,应该按社会公众的要求和期望去做。于是,行政伦理规范形成了。

行政伦理规范的生成还是行政组织和行政人员责任意识的体现。在行政伦理规范的生成过程中,行政组织和行政人员不是被动的,也会主动思考。在行政管理活动中,他们应该承担哪些责任?应该如何尽自身的责任?行政组织和行政人员在行政管理活动中获得了各种权利,当然也应该尽相应的责任(义务),这是天经地义的事情。当行政组织和行政人员真正意识到自身的责任,并努力做好自己应当做好的事情时,行政伦理规范也就形成了。

行政伦理规范也是社会公众与行政组织和行政人员博弈的结果。所谓博弈,是指主体在相互作用时,根据各自掌握的信息及对自身能力的认知,而做出有利于自己的一种决策行为。社会公众对行政组织和行政人员提出要求、期望,无疑是出于自身利益和公共利益的考量。行政组织和行政人员在尊重公众要求和期望而认识自身的责任的同时,也有自己的利益打算。因此,行政伦理规范作为一种社会契约的最终形成无疑是社会公众与行政组织、行政人员相互作用、博弈的结果。行政伦理理规范并非完全是公众的要求与期望,也并非完全是行政组织和行政人员的自我认识。

三、行政伦理规范与行政法律规范的区别

约束或指导人的行为的规范有许多不同的样式,同样,约束或指导行政人员的行政行为的规范也有许多不同的样式。有伦理规范(道德规范)、法律规范、纪律规范等,或行政伦理规范、行政法律规范、行政纪律规范等。这些规范都是针对人的行为(或行政人员的行政行为)而言的,有许多共同点。那么,它们之间的不同、区别何在呢?尤其是伦理规范与法律规范的区别何在?行政伦理规范与行政法律规范的区别何在?

德国哲学家康德认为道德与法(伦理规范与法律规范)的区别在于,道德是针对动机的原则,法律只针对外在行为;法律具有强制性,道德则只是一种诱导或规劝的模式。康德说:“一切立法都可以根据它的‘动机原则’加以区别。那

种使得一种行为成为义务,而这种义务同时又是动机的立法,便是伦理的立法;如果这种立法在其法规中没有包括动机原则,因而允许另一种动机,但不是义务自身的观念,这种立法便是法律的立法。至于后一种立法……必须是强制性的,也就是不单纯地是诱导的或规劝的模式。"①

康德关于道德与法的区别的见解似乎很有道理,很多人沿袭了这一观点,认为道德(伦理规范)是针对人的内在的思想动机的规范,因而不具有强制性;而法律规范是针对人的外在行为效果的规范,因而具有强制性。但也有人认为,这种认识其实是错误的,比如王海明在他的《新伦理学(修订版)》一书中讨论了这一问题,他讲了三点②:

第一,众所周知,思想动机与外在行为是联系在一起的,它们不可能决然分开,因而无所谓思想动机规范与外在行为规范,两者没有区别,一回事也。比如"不应偷盗"这一行为规范,既是思想动机的规范,也是外在行为的规范。普天之下,没有什么只规范思想动机而不规范外在行为抑或相反的规范。

第二,道德(伦理)并非仅仅规范、评价人的动机,法律也并非仅仅规范、评价人的外在行为(效果)。道德在规范或评价人的行为时,总是既看动机也看效果,强调结合效果看动机,结合动机看效果。而法律在规范或评价人的行为时,也是既看效果(后果)也看动机。同样的伤害行为,如果动机不同,故意或无意(失误),其行为主体所要承担的法律责任是不同的。

第三,并非只有法律具有强制性,道德也具有强制性。所谓强制,是使人不得不放弃自己的意志而服从他人意志的力量。哈耶克说:"当一个人被迫采取行动以服务于另一个人意志,亦即实现他人目的而不是自己的目的时,便构成强制。"③强制的外延极为广泛,有肉体强制,如各种刑罚;也有行政强制,如各种处分;还有舆论强制,因为舆论也具有使人不得不放弃自己意志而屈从众人意志、他人意志、社会意志的力量。道德确实不具有肉体强制性和行政强制性,但却无疑具有舆论强制性。狄骥说:"我以为道德的规则是强迫一切人们在生活上必须遵守这全部被称为社会风俗习惯的规则。人们如果不善于遵守这些习惯,就

① 康德:《法的形而上学原理》,沈叔平译,商务印书馆1991年版,第20页。

② 王海明:《新伦理学(修订版)》上册,商务印书馆2008年版,第331—335页。

③ 哈耶克:《自由秩序原理》,邓正来译,三联书店1997年版,164页。

要引起一种自发的、在某种程度上坚强而确定的社会反应。这些规则由此就具有一种强制的性质。”①

那么，道德与法的区别到底何在？王海明认为，不在于其是针对动机还是针对效果，或是否具有强制性，而在于其是否具有“权力”强制，有权力强制的是法律规范，无权力强制的是伦理规范（道德）。所谓权力，是指仅为管理者、领导者所拥有而为社会所承认的迫使被管理者服从的强制力量。因为“法所规范的是具有重大社会效用的行为”，所以“法的强制是有组织的强制，是仅为社会的管理者、领导者所拥有的强制，说到底是权力强制，是应该且必须如何的强制”。因为“道德所规范的是一切具有社会效用的行为”，所以“只具有最弱的强制性：舆论强制”。而这种强制“显然是一种无组织的因而为全社会每个人所拥有的强制；说到底，是非权力强制，是应该而非必须如何的强制”。②

王海明的分析、论断无疑是深刻的，但我们认为，其以“权力强制”和“非权力强制”区分法与道德（法律规范与伦理规范）仍然有瑕疵，或者说，是不妥当的。

首先，权力并非仅为管理者、领导所拥有。马克斯·韦伯说：权力是“一个人或一些人在某一社会行动中，甚至是在不顾其他参与这种行动的人进行抵抗的情况下实现自己意志的可能性”。③ 显然，作为一种在社会行动中实现自己意志的可能性，即影响力，是每一个人都拥有的。群众、被领导者、被管理者，在社会行动中也有实现自己意志的可能性，也会对领导、管理者的行为产生影响力。

其次，法律也并非是仅针对被管理者而设的，法律不是管理者、领导者手中的工具，管理者、领导者也要服从法律。说法律是权力规范，而权力仅为管理者、领导所拥有，则无异于说法律只针对被管理者，而管理者、领导者自身则逍遥法外。这与现代法治理念相违背，也显然不合情理。

最后，道德（伦理）也是应该且必须如何的规范。王海明认为，“权力强制”与“非权力强制”，即法与道德的区别在于前者具有“必须性”，是应该且必须服

① 狄骥：《宪法论》，钱克新译，商务印书馆 1959 年版，第 67 页。

② 王海明：《新伦理学（修订版）》上册，商务印书馆 2008 年版，第 334 页。

③ 马克斯·韦伯：《社会和经济组织理论》，自由出版社 1947 年版，第 152 页。转引自王海明：《新伦理学（修订版）》上册，商务印书馆 2008 年版，第 333 页。

从的规范(力量),后者不具有必须性,是“应该而非必须如何”的规范。“必须”何意?王海明未予特别解释。按照一般性理解,所谓“必须”即非如此不可,不如此则将遭受惩罚(或损害)。法律规范无疑是“必须”遵守的,因为不遵守就会遭受惩罚。但是,道德规范就是“非必须”遵守的吗?不遵守道德规范就不会遭受惩罚或损害吗?显然不是。所以,如果说法律规范是“必须如何”的,那么道德也是。

到底如何理解伦理(道德)规范与法律规范的区别,以及行政伦理规范与行政法律规范的区别?我们的认识如下:

第一,从根本上说,伦理规范与法律规范,或行政伦理规范与行政法律规范,是没有区别的。二者都具有强制性,都是“应该且必须如何”的规范。法律规范或行政法律规范,毫无例外地也是伦理规范或行政伦理规范,而伦理规范或行政伦理规范如果有必要,完全可以通过一定程序而明确为法律规范或行政法律规范。西方国家的“行政伦理法”,即是将伦理规范明确为法律规范。

第二,伦理规范与法律规范,或行政伦理规范与行政法律规范的区别是非根本性的,是“量”的或程度的区别。这种区别大概可以从两个方面来理解:一方面是其所针对的行为的社会效用不同。伦理规范或行政伦理规范,是针对所有具有社会效用的行为或行政行为而言的,而法律规范或行政法律规范只是针对具有重大社会效用的行为或行政行为而言的。另一方面是强制的力度不同。伦理规范或行政伦理规范只具有较弱的强制性,如王海明教授所谓的“舆论强制”。而法律规范或行政法律规范则具有较强的强制性,如王海明教授所谓的“肉体强制”和“行政强制”。

第三,伦理规范与法律规范或行政伦理规范与行政法律规范的区别,是存在形式的区别。法律规范或行政法律规范,通过一定的正式机构和正式程序(立法机关、立法程序)产生,有正式的文字形式(法典),有保证其落实的正式机构(军队、警察、检察院、法院)和程序(司法程序)。而伦理规范或行政伦理规范,其产生没有正式机构和正式程序(来自民间、约定俗成),没有正式的文字形式(风俗习惯、口口相传),也没有保证其落实的正式机构及程序(依靠社会舆论、家庭教育或学校教育、良心自责来保证其落实)。

第二节 中国传统行政伦理规范

人类文化,一方面是因时而变的,另一方面又具有继承性,变之中有不变。其不变的、世代相传的内容,我们称之为传统。研究、认识中国传统行政伦理规范,对于我们深入理解甚至重建我国当代行政伦理规范无疑有重大意义。中国传统行政伦理规范,作为一种文化形式,必定藏身在卷帙浩繁的历史文献之中,而“官箴”是其最集中的所在。

官箴,即对于政府官员进行规谏、劝诫、告诫的话语。中国历史上官箴的发生、发展分为三个阶段:先秦至两汉时期为第一阶段,唐、宋、元时期为第二阶段,明、清时期为第三阶段。第一阶段的官箴主要是针对各级政权机构主事者(天子、国君和文武百官)的规谏和劝诫。相传为孔子编定的《尚书》有“帝王教科书”之称,其中就颇多规谏、劝诫的“箴词”。如“以公灭私,民其允怀”[①]等。第二阶段,官箴发生了变化,其主流由自下对上的劝谏变为自上而下对各级官吏的勉励和告诫。武则天“御撰”的《臣轨》是这一变化中的第一书。到明、清时期,“官箴”又发展到了一个新的阶段,除数量上激增外(先后出现了50余种官箴书),其内容也更加丰富多彩。这一阶段的官箴有一个重要特点,几乎所有的官箴书都以知府、知县等地方亲民官为告诫对象,特别强调对直接与民众打交道的地方官员的要求。明代杨昱的《牧鉴》是这一阶段官箴的代表作。[②]

官箴是针对行政官员的官场行为而言的,强调其“应该如何”,有国家利益、百姓利益和官员自身利益的综合考量,以行政伦理为根据,对行政官员的官场行为有指导和约束作用。所以,官箴实质上也就是中国古人的行政伦理规范。在官箴中始终存在的、一脉相承的内容,即中国传统行政伦理规范。

基于以上认识,参考彭忠德、赵骞编著的《官箴要语》,可以将中国传统行政伦理规范区分为“修身”“治家”“待人”“尽职”四个方面,主要有:诚实守信、贵而不骄、正人先正己(以身作则)、和气从容(戒怒)、功成身退(不贪权势)、从严

① 《尚书·周官》。

② 参阅彭忠德、赵骞编著:《官箴要语》,武汉大学出版社2007年版,第7—11页。

治家、事君尽忠、同僚相敬、爱民如子、举贤任能、清廉淡泊、谨慎小心、勤奋有为、秉公守正、重教轻刑、好学有术等十六条规范。

一、修身

中国传统行政伦理规范以儒家的“内圣外王”为基本逻辑。“内圣”，即内具圣人之才德；“外王”，即外施王道。外王以内圣为前提。至于内圣外王的步骤途径，儒家经典《大学》将其明确为“格物、致知、诚意、正心、修身、齐家、治国、平天下”。其中“格物、致知、诚意、正心、修身”（归结为“修身”）为“内圣”的步骤，“齐家、治国、平天下”则为“外王”的途径。因此，中国传统行政伦理规范以修身为首要内容。有关修身的行政伦理规范主要如下：

1. 诚实守信

诚实守信，即诚信。“诚”，真实无妄，自然而然，不自欺、不欺人；“信”，言行一致，说到做到，不食言，不爽约。诚、信有所区别，诚是指人的内心状态，信则是说人的外在行为。但二者也可以说是一回事，诚则信，信即诚，内心有诚才能言而有信，言而有信必定内心有诚。所以，许慎《说文解字》说：“诚，信也”“信，诚也。”

诚信是中华民族的传统美德，是所有社会成员都应该遵循的伦理规范。“人而无信，不知其可也。”①但尤其被强调、被重视为当官为政者的伦理规范即行政伦理规范。

孔子说：“民无信不立。”②强调为政者必须取信于民，没人民的信任，国家或政府就站不住了。

《礼记》云：“信以结之，则民不倍。”③为政者只有待民众以诚信，民众才不会背叛你。

管子说：“言而不信，则民不附。”④当官为政者不讲信用，百姓就不会团结在

---

① 《论语·为政》。
② 《论语·颜渊》。
③ 《礼记·缁衣》。
④ 《管子·形势》。

你周围。

司马光强调“厚赏重刑,未足以劝善而禁非,必信而已矣”①;又:“夫信者,人之大宝也。国保于民,民保于信。非信无以使民,非民无以守国。是故古之王者不欺四海,霸者不欺四邻。善为国者,不欺其民;善为家者,不欺其亲。”②

唐武则天说:“非诚信无以取爱于其君,非诚信无以取亲于百姓。”③

清王永吉说:“人君之于臣也,犹父之于子。子无不可告于父之隐,臣无不可达于君之情。比而观之,其道一也。故臣之事君,一切智术皆无所施,而惟以区区之衷可相得而罔间者,无他,曰诚而已矣。不诚则伪,伪则计谋日益拙,思日益劳,而所以事君之道日益乖。是故一诚有余,百伪不足。”④

2. 贵而不骄

这是说,当官了,地位高了,身份尊贵了,不要骄傲,不要居功,不要自鸣得意;应该尊重地位低的普通百姓,应该“平易近民”,应该宽厚包容。这样才能不遭嫉妒,使无可辱;才能获得百姓的支持和拥护。

《周易》云:“地势坤,君子以厚德载物。”⑤所谓“厚德”,即宽厚包容之德。“厚德载物”意思是说,待人接物应该像大地一样有宽厚包容的气度、品格。又:“劳而不伐(夸耀功劳),有功而不德(有功而不自以为德),厚之至也。”⑥

老子说:“功成而弗居。”⑦又:“江海所以能为百谷王者,以其善下也,故能为百谷王。是以欲上民,必以言下之,欲先民,必以身后之。是以圣人处上而民不重,处前而民不害。是以天下乐推而不厌,以其不争,故天下莫能与之争。”⑧

宋朱熹说:“平易近民,为政之本。”⑨

---

① 司马光:《资治通鉴·汉纪》。

② 司马光:《资治通鉴·卷二》。

③ 武则天:《臣轨·诚信章》。

④ [清]王永吉:《御定人臣敬心录》。

⑤ 《周易·坤·象》。

⑥ 《周易·系辞上传》。

⑦ 《老子》第二章。

⑧ 《老子》第六十六章。

⑨ [宋]朱熹:《朱文公政训》。

元张养浩说："以礼下人。夫能下人者，其志必高，其所至必远。"①

明薛瑄说："处事了，不形之于言尤妙。尝见人寻常事处置得宜者，数数为人言之，陋亦甚矣。……凡事分所当为，不可有一毫矜伐之意。凡事皆当推功让能于人，不可有一毫自得自能之意。"②

清郑端说："守谦。傲为凶德，人不可有。今人有自恃才能而慢上官，自矜清廉而傲同列，自恃甲科而轻士夫。有一于此，皆足以丧名败德。故居官者，必虚以受人，示其能听；卑以下人，示其能容；履满盈则思抑损，闻誉言则思谦降；无骄心，无傲色，无矜辞；民安，而视之若伤；政成，而视之若庞；颂作，而视之若谤；终日兢兢，不萌怠荒，庶几可以从政矣。"③

3. 正人先正己

官者，管也。当官为政，就是要管理天下，使天下人行正道。而要使天下人行正道，为政者自身必率先行正道。自己不行正道，不能严格自律，而欲要求他人行正道是不可能的。所以，政府官员作为正人者必先正己。

《礼记》云："尧、舜率天下以仁，而民从之。桀、纣率天下以暴，而民从之。其所令反其所好，而民不从。是故君子有诸己而后求诸人，无诸己而后非诸人。"④为政者自己做到了才能要求别人做到，自己做不到就不能责难他人。又："子曰：'下之事上也，不从其所令，从其所行。上好是物，下必有甚者矣。故上之所好恶，不可不慎也，是民之表也。'""子曰：'君子道人以言，而禁人以行，故言必虑其所终，行必稽其所敝，则民谨于言而慎于行。'"⑤百姓往往不看你说什么，而看你做什么，当官为政者是百姓模仿的对象。所以，你必须注意检点自己的言行。

《论语》云："季康子问政于孔子。孔子对曰：'政者，正也。子率以正，孰敢不正？'"又："季康子问政于孔子曰：'如杀无道，以就有道，何如？'孔子对曰：'子

---

① ［元］张养浩：《牧民忠告》卷下。

② ［明］薛瑄：《薛文清公从政录》。

③ ［清］郑端：《政学录》卷三。

④ 《礼记·大学》。

⑤ 《礼记·缁衣》。

为政,焉用杀?子欲善而民善矣。'君子之德,风;小人之德,草。草上之风,必偃。"①又:"子曰:'其身正,不令而行;其身不正,虽令不从'。"又"苟正其身矣,于从政乎何有?不能正其身,如正人何。"②

荀子说:"必先修正其在我者,然后徐责其在人者,威乎刑罚。"③

宋陈襄说:"责吏须自反。今之为官者皆曰吏之贪不可不惩,吏之顽不可不治。夫吏之贪顽固可惩治矣,然必反诸己以率吏。……惟圭璧其身,纤毫无玷,然后可以严责吏矣。"④

元张养浩说:"士而律身固不可不严也,然有官守者则当严于士焉,有言责者(谏官)又当严于有官守者焉。盖执法之臣,将纠奸绳恶,发肃中外(朝廷内外),以正纪纲,自律不严,何以服众?……且他人有犯,轻则吾得而言之,又重吾得闻于上而戮之。己之所犯,其孰得而发哉?恃人不敢发,日甚一日,将如台察何?将如天理何?"⑤

明吕坤说:"吏治无良,未有不自大吏始者。我洁己而后责人之廉,我爱民而后责人之薄,我秉公而后责人之私,我勤政而后责人之慢。若有诸己者非人,止多众口耳,势必不行,以藏身不恕也。"⑥

4. 和气从容(戒怒)

当官为政不可轻率动怒,遇事应冷静应对,对人则应和气从容。即使他人无礼,亦应宽容忍耐。如果动辄发怒,则无疑会伤害别人,也伤害自己,而且坏事。所以,应该戒怒。

宋吕本中说:"当官者先以暴怒为戒,事有不可,当详处之,必无不中,若先暴怒,只能自害,忌能害人。前辈尝言:凡事只怕'待'。'待'者,详处之谓也。盖详处之则思虑自出,人不能中伤也。"又:"忍之一事,众妙之门。当官处事,尤

---

① 《论语·颜渊》。
② 《论语·子路》。
③ 《荀子·富国》。
④ [宋]陈襄:《州县提纲》卷一。
⑤ [元]张养浩:《风宪忠告·自律》。
⑥ [明]吕坤:《明职》。

是先务。若能清、慎、勤之外更行一忍,何事不办?”①

元许名奎说:“怒为东方之情而行阴贼之气,裂人心之大和,激事物之乖异,若火焰之不扑,斯燎原之可畏。大则为兵为刑,小则以斗以争。……故上怒而残下,下怒而犯上。”②

明薛瑄说:“与人言宜和气从容,气忿则不平,色厉则取怨。”又:“疾恶之心固不可无,然当宽心缓思可去与否,审度时宜而处之,斯无悔。切不可闻恶遽怒,先自焚挠,纵使即能去恶,己亦病矣,况伤于急暴而有过中失宜之弊乎!”又:“必能忍人不能忍之触忤,斯能为人不能为之事功。”③

清郑端说:“惩忿。七情(喜、怒、哀、惧、爱、恶、欲)所偏,惟怒为甚。怒如救焚,制之在忍。苟不能忍,非徒害人忤物,抑且偾事(败事)伤身。故居官者逞怒于刑,则酷而冤;发怒于一事,则舛而乱;迁怒于人,则怨而叛矣。务涵养其气质,广大其心胸。非礼之触,必思明哲(明智)所容;无故之加,必虑祸机所伏。先事常思情恕理遣(宽容、理智),怒已则风恬浪静,非惟善政,亦可养生。”④

清陈宏谋说:“闻谤而怒者,谗之囮(俄音,捕鸟时用来引诱同类鸟的鸟)也;见谀而喜者,佞之媒也。谗言之人,起于好谀。”⑤

5. 功成身退(不贪权势)

当官为政者应正确看待权力与职位,当退则退,不要贪恋权势。贪恋权势,该退不退,则会给他人带来困扰,也可能给自己带来灾难。

老子说:“功成身退,为天之道。”⑥事情做完了,或年龄大了,应该离职退休,这是自然规律。

元许名奎说:“功成而身退,为天之道,知进而不知退,为乾之亢。……天人一机,进退一理,当退不退,灾害并至。”⑦

---

① [宋]吕本中:《官箴》。

② [元]许名奎:《劝忍百箴·怒之忍第二十六》。

③ [明]薛瑄:《薛文清公从政录》。

④ [清]郑端:《政学录》卷三。

⑤ [清]陈宏谋:《从政遗规》卷下《官鉴》。

⑥ 《老子》第九章。

⑦ [元]许名奎:《劝忍百箴·勇退之忍第七十七》。

元张养浩说:“轻去就。士之仕也,有其任斯有其责,有其责斯有其忧。任一县之责者,则忧一县;任一州之责者,则忧一州;任一路之责、天下之责者,则一路与天下为忧也。盖任重则责重,责重则忧深。古之人三揖而进,一揖而退,有以(原因)也。虽尧、舜、禹、汤、文、武之为君也,皋、夔、稷、契、伊、傅、周、召为臣,固未尝不忧其责而以位为乐也。彼以位为乐者,苟其位者也。呜呼!大圣大贤宜不难于其所任,犹且不自暇逸如此,吾才远不逮圣贤,皋顾(怎么)可乐其位而重其去也哉!”①为政者须知有职必有其责、必有其忧,不要把官位看得太重。把官位看得重,贪恋权势者,往往是不干事、不尽职者。

明洪应明说:“人知名位为乐,不知无名无位之乐为最真。仕途虽赫奕,常思林下的风味,则权势之念自轻。”②

清汪辉祖说:“退大不易!须看得官轻,立得身稳,方可决然舍去。”③

清陈宏谋说:“居官者,职业是当然的,每日做他不尽,莫要认作假。权势是偶然的,有日还他主者,莫要认作真。”④

二、治家

家庭是社会的细胞,也是个人走向社会的起点站,是与个人情感、利益联系最为密切的组织。因此,对于官吏来说,治家往往意味着修身的扩大和深化,同时也是治国、平天下的初步演习,是“外王”的前提和基础。为政者如果不能治理自己的家庭,则不可能治理好国家、天下。所以,如何治家是中国历代官箴所重视的内容,也是中国传统行政伦理规范的重要内容。

6. 从严治家

为政者应该如何治家,一言以蔽之,曰:“从严治家。”即对自己的家人,包括妻子、儿女、兄弟,以及其他亲戚朋友,不可疏于管教,不能容忍其伤风败俗、违法乱纪,或与求托者往来、收受贿赂,或仗势欺人、与民争利。家庭和穆安定,家人循规蹈矩、各安本分,方可“治国平天下”。

---

① [元]张养浩:《牧民忠告》。

② [明]洪应明:《菜根谭》。

③ [清]汪辉祖:《学治续说》。

④ [清]陈宏谋:《从政遗规》卷下《言行汇纂》。

《周易》云:"父父、子子,兄兄、弟弟,夫夫、妇妇,而家道正。正家而天下定矣。"①

《礼记》云:"所谓治国必先齐其家,其家不可教,而能教人者无之。故君子不出家而成教于国。孝者所以事君也,弟者所以事长也,慈者所以使众也。……一家仁,一国兴仁;一家让,一国兴让。……故治国在齐其家。"②

宋陈襄说:"严内外之禁。闺门内外之禁不可不严,若容侍妾令妓辈教以歌舞,纵百姓妇女出入贸易机织,日往月来,或启弟子奸淫,或致交通关节。盖外人睹其出入深熟,嘱之以事。彼有所受,讼至有司,事干闺门尤难施行。要在责阍人(守门人)禁止,仍常加察,不然恐有意外之事。"又:"戒亲戚贩鬻。士大夫闲居时,亲戚追陪,情意稠密。至赴官后,多私贩货物,假名匿税,远至官所以求售。居官者以人情不可却,或馆至廨舍,或送至寺观,以其货物分人吏,责之牙侩,而欲取数倍之利,甚则交通关节,以济其行。一旦起讼,咎将谁归?要当戒之于未至之先。或有为贫者而来者,宜待之以礼,遗之以清俸,亟遣之归,毋令留滞。"③

清汪辉祖说:"至亲不可用事。谚云:'莫用三爷,废职亡家。'盖子为少爷,婿为姑爷,妻兄弟为舅爷也。之三者,未必才无可用,第内有嘘云掩月之方,外有投鼠忌器之虑。威之所行,权则附焉,权之所附,威更炽焉。弊难枚举,事非十分败坏,不入于耳;迨入于耳,已难措手。以法则伤恩,以恩则坏法。三者相同,则子为尤甚。其见利忘亲者,无论意在爱亲,而孳孳焉为亲计利,势必陷亲于不义,所以危也!"④

清徐栋、丁日昌说:"账房不可任用至亲。……利之所在,怨之所归,必有谣言,不可轻听。此任最重,宜请老成精细之人,不妨多其束修,以义合者,去留在我;一用子弟至亲,百弊丛生。"⑤

---

① 《周易·家人·象》。

② 《礼记·大学第四十二》。

③ [宋]陈襄《州县提纲》卷一。

④ [清]汪辉祖:《学治臆说》卷下。

⑤ [清]徐栋、丁日昌:《牧令书辑要·持家》引何士祁语。

三、待人

待人,即如何对待与之有关系、有交往的人。官吏在官场上与之有交往的、有关系的人主要有三种:(1)君主(上司);(2)同僚(下属);(3)百姓或民众。如何对待这三种人,如何与之交往,这是所有官吏必须认真思考的伦理问题,这也是行政伦理规范的重要内容。中国传统行政伦理规范有关官吏如何待人的内容主要有:事君尽忠、同僚相敬、爱民如子,以及举贤任能等。

7. 事君尽忠

中国传统行政伦理在对待君主或上司问题上,强调"尽忠",曰:"事君尽忠。"所谓尽忠,即尽心尽力、一心一意、诚心诚意地为之思虑奔走。其基本的或主要的行为要求是顺从、奉献,但也强调应该直言进谏,以"矫君之失""匡君于正"。

唐马雄说:"为臣之道,忠之本也。本立而后化成。……夫忠者,岂惟奉君忘身,徇国忘家,正色直辞,临难死节已矣,在乎沉谋潜运(深谋远虑、暗中运筹),正国安人,任贤以为理(治理),端委(起模范表率作用)而自化。"①又:"忠臣之事君也,莫先于谏。下能言之,上能听之,则王道光矣。谏于未形者,上也;谏于已彰者,次也;谏于既行者,下也。违而不谏,则非忠臣。夫谏始于顺辞,中于抗议,终于死节,以成君休(美德),以宁社稷。《书》云:'木从绳则正,后(天子、君主)从谏则圣。'"②

宋晁说之说:"事上之道莫若忠。"③

元许名奎说:"事君尽忠,人臣大节;苟利社稷,死生不夺(强迫改变)。"④

唐武则天说:"夫人臣之于君也,犹四支之载元首、耳目之为心使也,相须(互相配合)而后成体,相得(互相投合)而后成用。故臣之事君,犹子之事父。父子虽至亲,犹未若君臣之同体也。"⑤

---

① [唐]马雄:《忠经·冢臣章第三》。

② [唐]马雄:《忠经·忠谏章第十五》。

③ [宋]晁说之:《晁氏客语》。

④ [元]许名奎:《劝忍百箴·忠之忍第十八》。

⑤ [唐]武则天:《臣轨·同体章》。

《论语》云:“子路问事君。子曰:‘勿其欺也,而犯(谏诤)之。’”[①]又:“子曰:‘所谓大臣者,以道事君,不可则止。’”[②]

《孟子》云:“君有过则谏,反覆之而不听,则去。”[③]

8. 同僚相敬

同僚即官场同事,指平级以及级别相近的官吏之间的关系。处理同僚关系,中国传统行政伦理规范强调相互尊敬、和衷共济,反对高傲自大、钩心斗角、朋党对立。

宋真德秀说:“夫州之与县,本同一家,长吏僚属,亦均一体。若长吏偃然(安逸的样子)自尊,不以情通于下;僚属退然(柔和的样子)自默,不以情达于上,则上下痞塞(阻滞不通),是非莫闻,政疵民隐,何从而理乎?”[④]

宋胡太初说:“县之有僚寀,兄弟等也。……心同一人,事同一体,则政和民受其福也。……同官皆忠良之士,固自悉无可虑。彼有沉鸷狠戾(深沉勇猛、狂暴)者……当以诚感,不当以势争。以诚感则礼意必周,悬白必豫,使之自有所不敢为。以势争则意义(思想)日睽(分离),仇隙日甚,或相讦,或互申,弊有不可胜救者。此令所当深戒而早图者也。”[⑤]

元许名奎说:“同官为僚,《春秋》所敬;同寅(同僚)协恭(同具敬畏之心),《虞书》所命。生各天涯,仕为同列,如兄如弟,议论参决,国尔忘家,公尔忘私,心无贪竞(贪婪争逐),两无猜疑。”[⑥]

明杨昱说:“《周官》(《尚书·周官》)曰:‘推贤让能,庶官(百官)乃和,不和政庞(混乱)’。”又:“菊坡崔氏曰:‘士夫处同僚,常因小愤而误国家大事……名位相统属,而势不合;文移(公文)相关白(禀报),而情(真实情况)不通;声色笑貌相周旋,而意不协。事鲜有济’。”[⑦]

① 《论语·宪问》。
② 《论语·先进》。
③ 《孟子·万章下》。
④ [宋]真德秀:《西山政训》。
⑤ [宋]胡太初:《昼帘绪论·僚》。
⑥ [元]许名奎:《劝忍百箴·同寅之忍第八十六》。
⑦ [明]杨昱:《牧鉴·接人》。

清徐栋、丁日昌说:“同寅有兄弟之谊,自宜和衷共济;平素则交道接礼、久而敬之,相见则输诚(表达诚心)持正,以道互勉,议公事则妥酌情理、无致歧二,有会审则秉公剖断、无庇私人,而其要在彼此相信,不为狎昵(过分亲密)。……交淡如水,未尝不义重于山。”又:“夫上司、属员,本属一体,但以公务相关,勿以私交相黩(玷污)。接见之际,彼此天青日白、表里洞然,不亦善乎?”①又:“官厅之内,不可自立崖岸,与人不和。”②

9. 爱民如子

君民关系,或者说官民关系,是中国传统社会最为重要的行政伦理关系之一。这一关系在现代社会中被称为行政人员或公务员与行政相对人或公民的关系。针对这一关系,中国传统行政伦理规范强调君主或官吏应该“以民为本”,施仁政,体恤民情,“使民以时”,③“惜民之力、节民之财”④,“视民如父母之于赤子”⑤,即爱民如子。

《尚书》云:“民为邦本,本固邦宁。”⑥又:“禹曰:‘安民则惠,黎民怀之’。”⑦

《周易》云:“君子得舆,民所载也。”⑧又:“圣人之大宝曰位。何以守位?曰仁。”⑨

《礼记》云:“民之所好,好之;民之所恶,恶之。此之谓民之父母。”⑩

孟子曰:“人皆有不忍人之心。先王有不忍人之心,斯有不忍人之政矣。以不忍人之心,行不忍人之政,治天下可运之掌上。”⑪又:“老吾老,以及人之老;幼吾幼,以及人之幼。天下可运于掌。”⑫

---

① [清]徐栋、丁日昌:《牧令书摘要·接下》引王植《贾谊》。
② [清]徐栋、丁日昌:《牧令书摘要·治原》引聂继模《诫子书》。
③ 《论语·学而》。
④ 《学治臆说》。
⑤ 《薛文清公从政录》。
⑥ 《尚书·五子之歌》。
⑦ 《尚书·皋陶谟》。
⑧ 《周易·剥·象》。
⑨ 《周易·系辞下传》。
⑩ 《礼记·大学第四十二》。
⑪ 《孟子·公孙丑上》。
⑫ 《孟子·梁惠王上》。

汉贾谊说:“夫民者,万世之本也,不可欺。凡居上位者,简(怠慢)士苦民者是谓愚,敬士爱民者是谓智。……故夫民者,大族也。民不可不畏也。”①

宋程颢、程颐说:“赤子未有知,未能言,其志意嗜欲未可求,而求,母知之,何也?爱之至谨,出于诚也。视民如父母之于赤子,何失之有?”②

宋朱熹说:“天下之大务,莫大于恤民。”③

宋真德秀说:“抚民以仁。为政者,当体天地万物之心与父母保赤子之心,有一毫之惨刻,非仁也,有一毫之忿疾,亦非仁也。”④

元张养浩说:“下之所为,惟上是视。在上者诚有重民之心而天下不治者,古今无有也。”⑤

明杨昱说:“龟山杨氏曰:‘民之有财,亦须上之人与之爱惜,而巧求暗取之,虽无鞭、扑(二种刑具)以强民,其所为有甚于鞭、扑矣’。”⑥

清朱舜水说:“常怀一点爱民之心,时时刻刻皆此念充满于中,自然事事为百姓算计,有一民不被其泽,便知己溺己饥,安得无不忍人之政?”⑦

清汪辉祖说:“治以亲民为要。长民者,不患民之不尊,而患民之不亲。尊由畏法,亲则感恩。欲民之服教,非亲不可。亲民之道,全在体恤民隐,惜民之力,节民之财,遇之以诚,示之以信,不觉官之可畏,而觉官之可感,斯有官民一体之象矣。民有求于官,官无不应;官有劳于民,民自乐承。不然,事急而使之,必有不应者。”⑧

10. 举贤任能

官吏在官场中,还会遇到一种特殊的人际关系,与贤者能者的人际关系。这种人际关系存在于其他人际关系之中,如同僚关系、官民关系之中,甚或君臣关系、上下关系之中。它实际上也是官吏在官场中、在荐人用人时应该如何面对的

① [汉]贾谊:《新书·大政上》。

② [宋]程颢、程颐:《二程集·粹言》。

③ [宋]朱熹:《朱子大全·庚子应诏封事》。

④ [宋]真德秀:《西山政训》。

⑤ [元]张养浩:《庙堂忠告·重民》。

⑥ [明]杨昱:《牧鉴·应事》。

⑦ [清]朱舜水:《朱舜水集·问答三》。

⑧ [清]汪辉祖:《学治臆说》卷上。

一个问题。中国传统行政伦理规范强调官吏在这种人际关系中，即在荐人用人问题上，应该举贤任能、用人所长，而不是任人唯亲、嫉贤妒能，或求全责备、论资排辈、用非所长。

《论语》云："哀公问曰：'何为则民服？'孔子对曰：'举直（正直的人）错（放置）诸枉，则民服；举枉错诸直，则民不服'。"①

《吕氏春秋》云："功无大于进（举荐）贤。"②

《荀子》云："论德而定次，量能而授官。"③

《礼记》云："见贤而不能举，举而不能先，命（对贤才的轻慢）也；见不善而不能退，退而不能远，过也。"④

《墨子》云："尚贤者，政之本也。"⑤

《韩非子》云："内举不避亲，外举不避仇。是（做得对的人）在焉，从而举之；非（做得不对的人）在焉，从而罚之。是以贤良遂进而奸邪并退。"⑥

唐吴兢说："为政之要，惟在得人，用非其人，必难致治。今所任用，必须以德行、学识为本。"⑦

宋司马光说："为官择人，不可造次（轻率）。用一君子，则君子皆至，用一小人，则小人竞进矣。"⑧

清陈宏谋说："用人当取其长而舍其短，若求备于一人，则世无可用之才矣。"⑨

清尹会一说："任有七难：繁任要提纲挈领，宜综核之才；重任要审谋独断，宜镇静之才；急任要观会变通，宜明敏之才；密任要藏机相可（观察可否），宜周慎之才；独任要担当执待，宜刚毅之才；兼任要任贤取善，宜博大之才；疑任要内

---

① 《论语·为政》。

② 《吕氏春秋·赞能》。

③ 《荀子·君道》。

④ 《礼记·大学第四十二》。

⑤ 《墨子·尚贤上》。

⑥ 《韩非子·说疑》。

⑦ [唐]吴兢：《贞观政要》第七卷。

⑧ [宋]司马光：《资治通鉴·唐纪》。

⑨ [清]陈宏谋：《从政遗规》卷上引《薛文清公要语》。

明外朗,宜驾驭之才。天之生人,各有偏长,国家之用人,备用群长。然而投之所向,辄不济事者,所用非长,所长非用也。"①

四、尽职

除修身、治家、待人外,如何对待自己的职务,即如何尽职,是官吏伦理行为的又一重要内容。中国传统行政伦理规范在尽职方面主要强调:清廉淡泊、谨慎小心、勤奋有为、秉公守正、重教轻刑、好学有术。其中"清廉淡泊""谨慎小心""勤奋有为"即所谓"清、慎、勤"尤被重视。"清、慎、勤"三字是宋朝吕本中在他的那部名著《官箴》中提出的,此后被历代官场奉为圭臬,视为居官要诀。清康熙皇帝曾御书此三字"赐内外诸臣"以为座右铭。②

11. 清廉淡泊

清廉淡泊要求官吏在利益问题上账目清楚,不妄取(不贪污、受贿),不奢侈浪费(节俭),不贪图享乐。

《晏子春秋》云:"廉者,政之本也。"③

汉董仲舒曰:"至廉而威。"④

唐武则天说:"君子虽富贵,不以养(滥吃)伤身;虽贫贱,不以利毁廉。知为吏者,奉法以利人;不知为吏者,枉法以侵人。理官莫如平,临财莫如廉。廉平之德,吏之宝也。非其路行之,虽劳不至;非其有而求之,虽强不得。知者不为非其事,廉者不求非其有。是以远害而名彰也。故君子行廉以全其真(保全自己的天性),守清以保其身。"⑤

元揭傒斯说:"廉非为政之极,而为政必自廉始。惟廉则欲必寡,欲寡必公,公则不匮。"⑥

元张养浩说:"戒贪。普天率土,生人无穷也,然受国宠灵(恩宠)而为民司

① [清]尹会一:《吕语集萃》。

② 《四库全书总目·史部·官箴》。

③ 《晏子春秋·杂下》。

④ [汉]董仲舒:《春秋繁露》。

⑤ [唐]武则天:《臣轨·廉洁章》。

⑥ [元]揭傒斯:《揭傒斯全集·文集》卷三《送李克俊赴长兴州同知序》。

牧者,能几何?人既受命以牧斯民矣,而不能守公廉之心,是不自爱也,宁不为世所诮耶?况一身之微,所享能几?厥心溪壑,适以自贼。一或罪及,上孤国恩,中贻亲辱,下使乡邻朋友蒙诟包羞,虽任图累千金,不足以偿一夕缧绁(拘系犯人的绳索)之苦。与其戚(忧愁)于已败,曷若严于未然。嗟尔有官,所宜深戒!"①

明杨昱说:"广昌何氏曰:'居官须要淡薄,若欲美食美衣,则俸禄有限,必至于贪财。财唯富家所有,若一受之,则畏其言告,必委曲以顺其情,凡有催科(催交赋税)、词讼相连,必致放富差贫,颠倒曲直,神怒人怨,必由于此。灾祸之至,其能免乎!'"②

清陈宏谋说:"清正俭约,是居官之良法。"③又:"守官者,虽古墨清玩,勿宜偏爱,恐小人乘间而入也。"④

清徐栋、丁日昌说:"居官之所恃者在廉,其所以能廉者在俭。"⑤又:"仕途有种习气,俗谓排场,亦曰讲款。如衣服合时,进退中度,仆从都秀,饮馔佳良,器皿精工,轿伞齐整,应对便给,书札殷勤,皆所谓排场也。然讲排场者,皆内不足。所务在此,必不能尽心事民。"⑥

12. 谨慎小心

谨慎小心,是为人处事的一条守则,对于官场中人,这一条尤为重要。各级官吏能否胜任其官职,也往往取决于其官场行为是否谨慎小心。谨慎小心,一方面要求官吏"自慎",即谨言慎行,"非所言勿言""非所为勿为",不要粗心大意;另一方面则要求"慎人",即考察他人言行,不论是逆耳之言,还是顺心之事,都应"求诸道",查其虚实,辩其善恶。

《大戴礼记》云:"居上位而不淫(自大),临事而栗者,鲜有不济矣。先忧事者后乐事,先乐事者后忧事。昔者天子日旦思其四海之内,战战惟恐不能乂(治);诸侯日旦思其四封之内,战战惟恐失损之;大夫士日旦思其官,战战惟恐

① [元]张养浩:《牧民忠告》卷上。
② [明]杨昱:《牧鉴·治本》。
③ [清]陈宏谋:《从政遗规》卷下《寒松堂集》。
④ [清]陈宏谋:《从政遗规》卷下《居官格言》。
⑤ [清]徐栋、丁日昌:《牧令书辑要·治原》引张士元《答周仲和书》。
⑥ [清]徐栋、丁日昌:《牧令书辑要·屏恶》引袁守定《图民录》。

不能胜；庶人日旦思其事，战战惟恐刑罚之至也。是故临事而栗者，鲜有不济矣。”①

《吕氏春秋》云：“听言不可不察，不察则善、不善不分。善、不善不分，乱莫大焉。”②

《论语》云：“子张学干禄。子曰：‘多闻阙疑。慎言其余，则寡尤；多见阙殆，慎行其余，则寡悔。言寡尤，行寡悔，禄在其中矣’。”③

唐武则天说：“夫修身正行，不可以不慎；谋虑机权，不可以不密，忧患生于所忽，祸害兴于细微。人臣不慎密者，多有终身之悔。故言易泄者，召祸之媒也；事有不慎者，取败之道也。……非所言勿言，以避其患；非所为勿为，以避其危。”④

宋陈襄说：“官司（官府）凡施一事情，休戚（喜忧）系焉，必考之于法，揆（权衡）之于心，了无所疑，然后施行。有疑必反复致思，思之不得，谋于同僚，否则宁缓以处之，无为轻举，以贻后悔。”又：“吏言勿信。……吏大率多欲长官用严，严则人畏其不测，彼得乘势以挟厚赂。……故凡吏有献说者，须察其可行，不可遽听，要在宽严适中则亡弊矣。”⑤

元张养浩说“为政不难于始而难于克（能）终也。初焉则锐，中焉则缓，末焉则废者，人之情也。慎终如始，故君子称焉。”⑥

明薛瑄说：“圣贤成大事业者，从战战兢兢之小心来。”又：“慎动当先慎其幾（音几，细微征兆）于心，次当慎言、慎行、慎作事，皆慎动也。”又：“勿以小事而忽之，大小必求合义。”又：“左右之言不可轻信，必审是实（正确、真实）。”⑦

清尹会一说：“居官有五要：休错问（审讯处理）一件事，休屈打一个人，休妄费一分财，休苟取一分钱。”又：“为政以问察为第一要，此尧舜治天下之妙法也。今人塞耳闭目，只凭独断，以为宁错勿问，恐蹈耳软之病，大可笑。此不求本原

---

① 《大戴礼记》卷四《曾子本孝第五十》。

② 《吕氏春秋·听言》。

③ 《论语·为政》。

④ ［唐］武则天：《臣轨·慎密章》。

⑤ ［宋］陈襄：《州县提纲》卷一。

⑥ ［元］张养浩：《牧民忠告》卷下。

⑦ ［明］薛瑄：《薛文清公从政录》。

耳。吾心果明，则择众论以取中，自无偏听之失。心一愚暗，即询岳牧刍荛，尚不能自决，况独断乎？所谓独断者，先集谋之谓也。谋非集众不精，断非一己不决。”①

13. 勤奋有为

出仕为官就要有所作为，不可“苟禄”、尸位素餐。而要有所作为就必须勤奋，必须尽其心、尽其力，“案无留牍”、当日事当日毕，还要摒弃一切“声色饮燕不急之务”，退出“闹场”，省却不必要的应酬，以集中全部精力处理政务。

《论语》云：“子张问政。子曰：‘居之无倦（不可懈怠），行之以忠’。”②

唐武则天说：“天下至广，庶事至繁，非一人之身所能周也。故分官列职，各守其所，处其任者，必荷其忧。”③

唐柳宗元说：“凡吏于土（地方）者，若（你）知其职乎？盖民之役，非以役民而已也。”④

宋吕本中说：“前辈尝言：公罪（因公利而错）不可无，私罪（因私利而错）不可有。此亦要言。私罪固不可有，若无公罪，则自保太过，无任事之意。”⑤

宋朱熹说：“今世士大夫，惟以苟且逐旋，挨去为事，挨得过时且过，上下相咻（慰问声）以勿生事，不要十分理会事，且凭鹘（音谷）突（事理不清），才理会得分明，便做官不得。有人少负能声，及少经挫抑，却悔其太惺惺了了（清醒聪明）。一切刓（削去棱角）方为圆，随俗苟且，自道是年高见识长进。当官者大小上下以不见吏民、不治事为得策，曲直在前，只不理会，庶几民自不来，以此为止讼之道。民有冤抑，无处申诉，只得忍遏。便有讼者，半年周岁不见消息，不得予决，民亦只得休和。居官者遂以为无讼之可听。风俗如此，可畏！可畏！”⑥

宋陈襄说：“事无积滞。公事随日而生，前者未决，后者继至，则所积日多，坐视废弛……要当（应当）随日区遣（分别处置），无致因循，行之有准，则政有条

---

① ［清］尹会一：《吕语集萃》。

② 《论语·颜渊》。

③ ［唐］武则天：《臣轨·同体章》。

④ ［唐］柳宗元：《柳河东集》卷二十三《送薛存义序》。

⑤ ［宋］吕本中：《官箴》。

⑥ ［宋］朱熹：《朱文公政训》。

理，事无留滞，终于简静矣。”①

元张养浩说：“治官如治家，古人常有是训矣。盖一家之事，无缓急巨细，皆所当知；有所不知，则有所不治也。况牧民之长，百责所丛，若庠序（学校）、若传置（驿站）、若仓库、若囹圄、若沟洫（水利渠道）、若桥障（桥梁、堤防），凡所司者甚众也。相时度力，敝者葺之，污者洁之，堙者疏之，缺者补之，旧所无有者经营之。若曰彼之不修，何预我事？瞬息代去，自苦奚为。此念一萌，则庶务皆隳（音辉，毁坏）矣。前辈谓公家之务，一毫不尽其心，即为苟禄，获罪于天。”②

清王永吉说：“秩无论崇卑，事无论大小，职无论轻重，惟克既（完全约束）厥（其）心，始为有利于国之臣子。不然，糜禄素餐，尸位溺职，犹欲长保身名不即罪戾，其可得哉！”③

清尹会一说：“古之居民上者，治一邑则任一邑之重，治一郡则任一郡之重，治天下则任天下之重，朝夕思虑其事，日夜经纪其务，一物失所，一事失理，不遑（没有空闲）安食。限于才者，求尽吾心；限于势者，求满吾分，不愧于君之付托与民之仰望。”又：“学者穷经博古，涉事筹今，只见日之不足，惟恐一登荐举，不能有所建树。仕者修政立事，淑世安民，只见日之不足，惟恐一旦升迁，不获竟其施为。此是确实心肠、真正学术，为学为政之得真味者。”④

清汪辉祖说：“称职在勤。吕氏当官三字：曰清、曰慎、曰勤，所谓三岁孩子道得，八十岁老翁做不尽者。尝与同官侍王蓬心先生，论三事次弟。先生以清为本，同官唯唯。余谨对曰：‘殆非勤不能。’先生曰：‘何故？’则又对曰：‘兢兢焉，守绝一尘矣，而宴（晚）起昼寝，以至示期常改，审案不结，判稿迟留，批词濡滞，前后左右之人，皆足招摇滋事，势必不清，何慎之有？’”⑤

14. 秉公守正

当官为政，须秉公守正。公、正，是一种立场、一种心态。公，行无私也；站在公道、公法、公利的立场应对人事、处置利害即为公。正，心无偏或虚心也；心态

① ［宋］陈襄：《州县提纲》卷一。

② ［元］张养浩：《牧民忠告》卷上。

③ ［清］王永吉：《御定人臣儆心录》。

④ ［清］尹会一：《吕语集萃》。

⑤ ［清］汪辉祖：《学治臆说》卷下。

平静、无成见、无愤怒、无恐惧、无喜好即为正。公与正相连,行公必须心正,心正才能行公。

《论语》云:"子曰:'直哉史鱼(卫国大夫)!邦有道,如矢(像箭一样直);邦无道,如矢。'"①

汉杨雄说:"或问:'何以治国?'曰:'立政。'曰:'何以立政?'曰:'政之本,身也。身立则政立矣。'"②

唐房玄龄说:"居上者,不以至公理物(处理政事);为下者,必以私路期荣。"③

唐武则天说:"忍所私而行大义,可谓公矣。智而用私,不若愚而用公。人臣之公者,理官事则不营私家,在公门则不言货利,当公法则不阿(偏袒)亲戚,奉公举贤,则不避仇。……理人之道万端,所以行之在一。一者何?公而已矣。唯公心可以奉国,唯公心可以理家。公道行,则神明不劳而邪自息;私道行,则刑罚繁而邪不禁。"④

宋司马光说:"政者,正也。为政之道,莫若至公。"⑤

明薛瑄说:"大丈夫以正大立心,以光明行事,终不为小人所惑而易其所守。"⑥

明徐榜说:"听信偏,则枉直而惠奸;喜怒偏,则赏僭(过分)而刑滥。惟公生明,偏则生暗。"⑦

明杨昱说:"朱子曰:'大率天下事,循理守法,平心处之,便是正当。'"又:"心虚(没有成见)则公平,公平则是非了然易见,当为不当为之事自知。"⑧

清申居郧说:"惟正可以化人,惟尽力可以服人。"⑨

---

① 《论语·卫灵公第十五》。

② [汉]杨雄:《法言》卷九《先知》。

③ [唐]房玄龄:《晋书·袁宏传》。

④ [唐]武则天:《臣轨·公正章》。

⑤ [宋]司马光:《温国文正司马公文集·上太皇太后疏》。

⑥ [明]薛瑄:《薛文清公从政录》。

⑦ [明]徐榜:《宦游日记》。

⑧ [明]杨昱:《牧鉴·治本》。

⑨ [清]申居郧:《西岩赘语》。

清徐栋、丁日昌说："欲变吏治，必自变牧令之心始。心者，政事之本也。牧令之心正而地方无有不治者矣。"①

15. 重教轻刑

在对民众进行统治管理的过程中，政府官吏常用的方法主要有两种，一是教化，二是刑罚。中国传统行政伦理规范要求政府官吏在使用这两种方法时，更重视教化一些，而尽可能少用、慎用刑罚，即重教而轻刑。

《礼记》云："玉不琢，不成器；人不学，不知道。是故古之王者建国君民，教学为先。"②

孟子曰："善政不如善教之得民也。善政，民畏之；善教，民爱之。善政，得民财；善教，得民心也。"③

汉司马迁说："教之化民也深于命，民之效上也捷于令。"④

唐魏征说："善为水者，引之使平，善化人者，抚之使静，水平则无损于堤防，人静则不犯于宪章。"⑤

元张养浩说："圣人谓：'听讼，吾犹人也，必也使无讼乎！'盖听讼者折衷于己，然苟公其心，人皆可能也。无讼者救过于未然，非心德化民，何由及此。呜呼！凡牧民者其勿恃能听讼为得也。"⑥

明薛瑄说："法者，辅治之具，当以教化为先。""民不习（熟悉）教化，但知有刑政，风俗难乎其淳矣。"⑦

明吕新吾说："刑者，圣人无可奈何之法，以济德之穷也，原从悲愍（怜悯）心流出。用之者当不以犯法为怒，不以得情为喜，怒则觉彼罪应受，绝无矜（怜悯）怜，喜则谓我见甚真，惟知痛快。古云：'刑官无后。'不可不慎也。"⑧

清徐栋、丁日昌说："治民最当养其廉耻，事至为之剖其曲直，谕以理法，则

① ［清］徐栋、丁日昌：《牧令书辑要·屏恶》引程含章《与山左属官书》。

② 《礼记·学记第十八》。

③ 《孟子·尽心》。

④ ［汉］司马迁：《史记·商君列传》。

⑤ ［唐］魏征：《隋书》卷七十二。

⑥ ［元］张养浩：《牧民忠告》卷上。

⑦ ［明］薛瑄：《薛文清公从政录》。

⑧ ［明］吕新吾：《刑戒·颜茂猷题》。

彼此之气易平。若不论事犯之轻重,平素之良顽,遽概予杖,有终身低头含羞、无能复振者,有不复顾惜、恣其所为者,有仇恨愈深、寻衅生端,子孙数代不能解释者,故刑非甚不得已,未可轻动。"①

16. 好学有术

当官为政必须有一定的才能(经世经国之才),必须懂得治理国家天下的方法(治术),不学无术者当不了官,当官必是昏官。因此,中国传统行政伦理特别强调出仕为官应该好学有术。好学,即重视学习,挤时间学习。一方面是向古人学,"师古""读史";另一方面则要求在实践中学习,每一次处理政务都认真琢磨其中的道理,久而久之便能化拙为巧。有术,即懂得做官的方法,不要以为当官简单,随随便便就可以。

《论语》云:"子曰:'学也,禄在其中矣。'"②又:"子夏为莒(音举)父宰,问政。子曰:'无欲速,无见小利。欲速则不达,见小利则大事不成。'"③

《礼记》云:"子曰:'好学近乎知,力行近乎仁,知耻近乎勇,知斯三者,则知所以修身。知所以修身,则知所以治人,知所以治人,则知所以治天下国家矣。'"④

《荀子》云:"学者非必为仕,而仕者必如学。"⑤

《韩非子》云:"官之失能者其国乱。"⑥

《老子》云:"治大国若烹小鲜。"⑦

《左传》云:"仲尼曰:'政宽则民慢,慢则纠之以猛;猛则民残,残则施之以宽。宽以济猛,猛以济宽,政是以和。'"⑧

唐吴兢说:"人臣若无学业,不能识前言往行,岂堪大任!"⑨

---

① [清]徐栋、丁日昌:《牧令书辑要·刑名》引叶镇《作吏要言》。
② 《论语·卫灵公》。
③ 《论语·子路》。
④ 《礼记·中庸第三十一》。
⑤ 《荀子·大略》。
⑥ 《韩非子·有度》。
⑦ 《老子》第六十章。
⑧ 《左传·昭公二十年》。
⑨ [唐]吴兢:《贞观政要·崇儒学》。

宋李元弼说:“为政之要,当须远嫌疑、罢张设、广见闻、杜谗佞、审情伪、察弊病、示信令、省追呼、戢(音急,管束)人吏、抑豪强、拯孤危、奖孝友。”①

明杨昱说:“河东薛氏曰:‘为政须通经有学术,不学无术,虽有小能,不达大体。’”②

清汪辉祖说:“暇宜读史。经言其理,史记其事。儒生之学,先在穷经,既入官则以制事为重。凡意计不到之处,剖大疑、决大狱,史无不备。不必凿舟求剑,自可触类引申。公事稍暇,当涉猎诸史,以广识议,慎勿谓一官一邑,不足见真实学问也。”③又:“宜习练公事。幕宾固不可不重,一切公事究宜身亲习练,不可专倚于人。盖己不解事,则宾之贤否,无由识别,付托断难尽效。且受理词讼、登答上司,仓猝自有机宜,非幕宾所能赞襄,不能了然于心,何能了然于口?耳食(未加思考)之言,终属葫芦依样,底蕴一露,势必为上所易,为下所玩,欲尽其职难矣。”④

清陈宏谋说:“昏官之害,甚于贪官,以其狼籍及人也。”⑤

第三节　当代中国行政伦理规范

我国当代公共行政应该遵循的伦理规范主要有哪些?这是我国“行政伦理学”(或“公共行政伦理学”“公共管理伦理学”)必须研究和回答的重要问题。但是,我们对这一问题还没有较为清晰和统一的认识,各种行政伦理学教科书对公共行政伦理规范的概括不尽相同。

如:中国人民大学张康之、李传军主编的《行政伦理学教程》⑥的概括为:(1)廉洁奉公方面,包括不贪、不占、不奢,忠于党、忠于国家、以人民利益为根本、服从全局、团结协作、公正严明、一心为公;(2)勤政为民方面,包括勤于学习

① [宋]李元弼:《作邑自箴·正己》。

② [明]杨昱:《牧鉴·治本》。

③ [清]汪辉祖:《学治臆说》卷下。

④ [清]汪辉祖:《学治臆说》卷上。

⑤ [清]陈宏谋:《从政遗规》卷下引《言行汇纂》。

⑥ 张康之、李传军主编:《行政伦理学教程(第二版)》,中国人民大学出版社2009年版,第86—95页。

和思考,勤于工作,了解民情,帮民致富,多办实事等;(3)求真务实方面,包括真心实意,真才实学,真抓实干等。由南开大学周红主编的《行政伦理学》[1]的概括为:忠诚、公正、廉明、勤政。广东外语外贸大学冯益谦主编的《公共伦理学》[2]的概括为:爱国至上、忠于人民、谦虚谨慎、艰苦奋斗、为政清廉。云南大学高力主编的《公共伦理学》[3]的概括为:忠于职守、遵纪守法、廉洁奉公、实事求是、团结协作、尊重人才。

我们试将我国当代公共行政的伦理规范概括为"忠、信、廉、正、实、勤、勇、民主"八个方面。

一、忠:忠于人民、忠于国家、忠于政府、忠于职守

所谓忠,即尽心尽力、一心一意、诚心诚意。未尽心尽力者,不忠;三心二意者,不忠;虚情假意者,不忠。欲尽心尽力,必一心一意,必诚心诚意;能诚心诚意,亦能一心一意,亦能尽心尽力;能一心一意,必能尽心尽力,必能诚心诚意。"尽""一""诚",三者有所区别,而又相互关联、相互完善。

《论语》记载:"曾子曰:'吾日三省吾身:为人谋而不忠乎?与朋友交而不信乎?传不习乎?'"[4]其曾子所谓"忠"即是尽心尽力的意思。《说文解字》曰:"忠,敬也。尽心曰忠。从心中声。"宋司马光说:"尽心于人曰忠。"[5]东汉马融撰《忠经》说:"忠也者,一其心之谓矣。"[6]

"忠"是我国传统道德中的首要规范和最高准则,被喻为天地间至理至德。马融说:"天之所覆,地之所载,人之所履,莫大乎忠。……为国之本,何莫由忠。"[7]我国传统道德的忠有忠于国、忠于君、忠于民以及忠于职守等内涵。"所

① 周红主编:《行政伦理学》,南开大学出版社2009年版,第106—122页。

② 冯益谦主编:《公共伦理学》,华南理工大学出版社2004年版,第126—139页。

③ 高力主编:《公共伦理学》,高等教育出版社2006年版,第36—39页。

④ 《论语·学而》。

⑤ 司马光:《四言铭系述》。

⑥ 马融:《忠经·天地神明章》。

⑦ 马融:《忠经·天地神明章》。

谓道，忠于民而信于神也。上思利民，忠也”；[①]“公家之利，知无不为，忠也”；[②]“临患不忘国，忠也”；[③]“臣事君以忠”；[④]“故君子之事上也，入则献其谋，出则行其政，居则思其道，动则有仪。秉职不回，言事不惮。苟利社稷，则不顾其身。上下用成，故昭君德。盖百工之忠也。”[⑤]

我国当代社会伦理尤其是公共行政伦理，仍然以“忠”为其重要规范或首要规范。今天的“忠”对传统道德的“忠”有所继承也有所更新，包括忠于人民、忠于国家、忠于政府和忠于职守等内涵。

忠于人民，即“全心全意为人民服务”。我国《宪法》第27条规定：“一切国家机关和国家工作人员必须依靠人民的支持，经常保持同人民的密切联系，倾听人民的意见和建议，接受人民的监督，努力为人民服务。”《公务员法》规定公务员的第三项义务为“全心全意为人民服务，接受人民监督”。

忠于国家，即“维护国家安全、荣誉和利益”“维护国家统一和民族团结，……严守国家秘密”，这是《公务员法》（2005年通过，2006年1月1日起施行）规定公务员应该履行的基本义务，也是《国家公务员行为规范》（人事部2002年印发）的重要内容。

忠于政府，即“服从和执行上级依法作出的决定和命令”，“维护政府形象和权威，保证政令畅通”。这也是《公务员法》规定公务员的基本义务，是《国家公务员行为规范》的重要内容。

忠于职守，即爱岗敬业，尽职尽责。《公务员法》规定公务员的第五项义务为：“忠于职守，勤勉尽责”。《国家公务员行为规范》第3条规范为“勤政为民”，包括“忠于职守，爱岗敬业，勤奋工作，钻研业务，甘于奉献”等内容。

忠于人民、忠于国家、忠于政府、忠于职守，它们在逻辑上是贯通的。忠于人民是根本的，我们的政府是“人民政府”，我们的国家是“人民民主专政的社会主义国家”，国家公务员无疑应该“全心全意为人民服务”；人民的利益必然通过国

---

① 《左传·桓公六年》。
② 《左传·僖公九年》。
③ 《左传·昭公元年》。
④ 《论语·八佾》。
⑤ 马融：《忠经·百工章》。

家来实现，因此，忠于人民必忠于国家；国家必有政府，政府是国家的代表，因此，忠于国家必忠于政府；所有“忠于”最终落实于行动，则为忠于职守。

二、信：言行一致、遵守承诺、相互信任

信，即言行一致，遵守承诺，相互信任。信与诚相通，诚则信，信必诚。内心有诚，才言而有信。《说文解字》以“信”释“诚”，又以“诚”释“信”：“信，诚也，从人从言，会意。”“诚，信也，从言，成声。”所以，又谓之“诚信”。诚信的含义可以概括为三个方面：第一，言行一致，即诚实、真诚，不欺诈蒙骗，不自欺，不弄虚作假，不伪装矫饰；第二，遵守承诺，即践诺履约，不违诺，不爽约；第三，相互信任，即不无端猜忌，不阳奉阴违。

诚信是我国传统道德的重要规范，被儒家视为“进德修业之本”、“立人之本”和“立政之本”。孔子说“人而无信，不知其可也。大车无輗，小车无軏，其何以行之哉？”①而从国家行政角度言，孔子认为“信”甚至比“食”和“兵”更重要，“民无信不立”。“子贡问政。子曰：‘足食，足兵，民信之矣。’子贡曰：‘必不得已而去，于斯三者何先？’曰：‘去兵。’子贡曰：‘必不得已而去，于斯二者何先？’曰：‘去食。自古皆有死，民无信不立’。”②司马光更是将诚信的重要性阐述得淋漓尽致：“夫信者，人君之大宝也。国保于民，民保于信；非信无以使民，非民无以守国。是故古之王者不欺四海，霸者不欺四邻，善为国者不欺其民，善为家者不欺其亲。不善者反之，欺其邻国，欺其百姓，甚者欺其兄弟，欺其父子。上不信下，下不信上，上下离心，以至于败。”③

诚信，可以说是一切时代、一切社会生活中，尤其是国家政治、行政生活中的具有普遍意义的伦理规范。我国当代公共行政伦理无疑应以“诚信”，即言行一致、遵守承诺、相互信任，为其重要内容。胡锦涛同志于2006年在第十届中国人民政治协商会议第四次会议上提出的“社会主义荣辱观”（“八荣八耻”）将“诚信”列为重要内容，强调“以诚实守信为荣，以见利忘义为耻”。

① 《论语·为政》。

② 《论语·颜渊》。

③ 司马光：《资治通鉴（一）》，黄山书社1997年版，第13—14页。

三、廉：廉洁从政

廉，又谓之廉洁，即不贪财货，立身清白。廉洁是我国传统道德的基本规范，被视为"国之四维"之一。"礼、义、廉、耻，国之四维"，"四维不张，国乃灭亡"。[①]廉洁主要是针对当官为政者而言的，普通老百姓无所谓廉洁与否。所以，廉洁又被喻为"士者之德"。"廉者，政之本也。"[②]东汉班固曾说："吏不廉平，则治道衰。"[③]

廉洁，作为我国当代公共行政的伦理规范谓之"廉洁从政"，它包括不贪污、挪用公共资财，不贪慕荣誉名利，不以权谋私（不假公济私、损公肥私、化公为私），不铺张浪费（艰苦奋斗，勤俭节约，反对拜金主义、享乐主义），不行贿受贿。

《公务员法》规定公务员的第八项义务为："清正廉洁，公道正派。"《国家公务员行为规范》第六条规范为"清正廉洁"，其内容包括"克己奉公，秉公办事，遵守纪律，不徇私情，不以权谋私，不贪赃枉法。淡泊名利，艰苦奋斗，勤俭节约，爱惜国家资财，反对拜金主义、享乐主义"。《中国共产党党员领导干部廉洁从政若干准则》规定："第一条、禁止利用职权和职务上的影响谋取不正当利益"；"第二条、禁止私自从事营利性活动"；"第三条、禁止违反公共财物管理和使用的规定，假公济私、化公为私"；"第四条、禁止违反规定选拔任用干部"；"第五条、禁止利用职权和职务上的影响为亲属及身边工作人员谋取利益"；"第六条、禁止讲排场、比阔气、挥霍公款、铺张浪费"；"第七条、禁止违反规定干预和插手市场经济活动，谋取私利"；"第八条、禁止脱离实际，弄虚作假，损害群众利益和党群干群关系"。

廉洁从政也是世界各国公共行政伦理规范的基本内容。如美国政府道德办公室颁布的《美国联邦政府行政部门工作人员道德行为准则》（1992 年公布，2002 年修订），其中大部分内容都涉及廉洁从政。

---

① 《管子·牧民》。

② 《晏子春秋》。

③ 《汉书·宣帝纪》。

四、勤：勤于政务

勤，即做事尽力，不偷懒，不怕苦和累。有“勤劳”“勤学”“勤政”之谓。勤劳是我国人民的传统美德，也是我国传统伦理中的重要规范。“民生在勤，勤则不匮”[①]，“赖其力者生，不赖其力者不生”[②]。这些思想都反映了我国传统道德对于勤劳的要求。勤学即勤于学习，勤政即勤于政务，也都是我国传统伦理中的重要规范。

我国当代行政无疑也应该以“勤政”为重要伦理规范。勤政作为我国当代公共行政伦理规范，包括勤奋工作，钻研业务，讲求工作方法，注重工作效率，提高工作质量等内涵。

《公务员法》规定，公务员有“努力提高工作效率”和“勤勉尽责”的义务。《国家公务员行为规范》第3条规范为“勤政为民”，其内容包括“忠于职守，爱岗敬业，勤奋工作，钻研业务，甘于奉献。……力戒形式主义、官僚主义，改进工作作风，讲求工作方法，注重工作效率，提高工作质量”。胡锦涛同志提出的“社会主义荣辱观”第四条为“以辛勤劳动为荣、以好逸恶劳为耻”。

五、实：求真务实

实，即务实，意为讲究实际、实事求是。这是我国农耕文化较早形成的一种民族精神。孔子不语“怪、力、乱、神”，总是把目光聚焦在实实在在的社会生活上。王符的《潜夫论》说：“大人不华，君子务实。”王守仁的《传习录》说：“名与实对，务实之心重一分，则务名之心轻一分。”这都表明中国文化注重现实、崇尚实干、排斥虚妄、拒绝空想、鄙视华而不实、追求充实而有活力的人生。

实与真相连，实实在在的东西才是真的，而真的东西必是实实在在的，所以有“真实”之说。而务实与求真也是连通的，讲究实际、脚踏实地必然求其真相、求其真理，所以说“求真务实”。

求真务实是对马克思主义认识论的精辟概括。它体现了马克思主义所要求

① 《左传·宣公十二年》。

② 《墨子·非乐上》。

的理论和实践、知和行的具体的历史的统一。求真务实也是中国共产党一以贯之的优良传统和作风，是党的各项事业不断取得新胜利的根本保证。毛泽东曾提出要坚持实事求是和“理论联系实际、密切联系群众、批评与自我批评”这三大法宝。邓小平指出：“中国搞四个现代化，要老老实实地艰苦创业。”江泽民指出：“全心全意为人民谋利益，不能挂在嘴上，不能搞‘虚功’，而是要实实在在地为群众办事。”2004 年，胡锦涛在中纪委第三次全体会议上指出：“我们党 80 多年的历程充分说明，求真务实是党的活力之所在，也是党和人民事业兴旺发达的关键之所在。”因此，“求真务实”无疑是我国公共行政伦理的重要规范。2014 年，习近平在参加第十二届全国人民代表大会第二次会议安徽代表团审议时讲话提出：“各级领导干部都要树立和发扬好的作风，既严以修身、严以用权、严以律己，又谋事要实、创业要实、做人要实。”“谋事要实，就是要从实际出发谋划事业和工作，使点子、政策、方案符合实际情况、符合客观规律、符合科学精神，不好高骛远，不脱离实际。创业要实，就是要脚踏实地、真抓实干，敢于担当责任，勇于直面矛盾，善于解决问题，努力创造经得起实践、人民、历史检验的实绩。做人要实，就是要对党、对组织、对人民、对同志忠诚老实，做老实人、说老实话、干老实事，襟怀坦白，公道正派。”①

求真务实作为我国当代公共行政伦理规范，包括说实话、报实情、干实事、求实效，解放思想，实事求是，理论联系实际，一切从实际出发等内涵。

六、正：品行端正、处事公正、作风正派、形象周正

正，首先是一个形容词，形容人的行为不偏不斜、合乎法律、合乎道义、恰如其分。有正义、正人、正士、正大光明、忠正、廉正、正当、正确、正直、正派之谓。其次则是一个动词，意为使其正，有纠正、改正、匡正之谓。如《论语》记载，孔子说：“政者，正也。子帅以正，孰敢不正？”②又：“苟正其身矣，于从政乎何有？不能正其身，如正人何？”③又：“子路曰：‘卫君待子而为政，子将奚先？’子曰：‘必

① 《习近平谈治国理政》，外文出版社 2014 年版，第 381—382 页。

② 《论语·颜渊》。

③ 《论语·子路》。

也先正名乎！’……‘名不正，则言不顺；言不顺，则事不成；事不成，则礼乐不兴；礼乐不兴，则刑罚不中；刑罚不中，则民无所措手足。故君子名之必可言也，言之必可行也。君子于其言，无所苟而已矣’。”[①]孔子所用“正”，除“名不正”之“正”为形容词，其余皆为动词。“正”，是我国传统伦理尤其是传统行政伦理的重要规范。

我国当代公共行政伦理仍然以“正”为其重要规范，它主要包括以下内涵：

第一，品行端正，要求公务员恪守职业道德，模范遵守社会公德；

第二，处事公正，要求公务员依法行政，以理服人，一视同仁，不阿权贵，不徇私情；

第三，作风正派，要求公务员遵纪守法，坚持真理，修正错误，严以律己，宽以待人，光明磊落，胸怀坦荡，不搞阴谋诡计；

第四，形象周正，要求公务员举止端庄，仪表整洁，语言文明，讲普通话。

《公务员法》规定公务员的第一项义务为“模范遵守宪法和法律”；第七项义务为“遵守纪律，恪守职业道德，模范遵守社会公德”；第八项义务为“清正廉洁，公道正派”。

《国家公务员行为规范》第四条规范为“依法行政”，内容包括“遵守国家法律、法规和规章，按照规定的职责权限和工作程序履行职责、执行公务，依法办事，严格执法，公正执法，文明执法，不滥用权力，不以权代法，做学法、守法、用法和维护法律、法规尊严的模范”。第八条规范为“品行端正”，内容包括“坚持真理，修正错误，崇尚科学，破除迷信。学习先进，助人为乐，谦虚谨慎，言行一致，忠诚守信，健康向上。模范遵守社会公德，举止端庄，仪表整洁，语言文明，讲普通话”。

七、勇：勇于牺牲、勇于创新、勇于斗争、勇于改错

勇，敢也。敢作敢为，谓之勇。勇在我国古代被视为“三达德”（智、仁、勇）之一。古希腊将其视为“四主德”（智慧、勇敢、节制、正义）之一。我国古代儒家

① 《论语·子路》。

和兵家一贯推崇勇德。孔子说:“智者不惑,仁者不忧,勇者不惧。”[①]又:“见义不为,无勇也。”[②]传统勇德强调勇必须符合礼义,必须与大节相合。“死而不义,非勇也。共用之谓勇。”[③]共用即公用。为国家、为公利而死才叫作勇。“子路曰:‘君子尚勇乎?’子曰:‘君子义以为上,君子有勇而无义为乱,小人有勇而无义为盗。’”[④]“有行之谓有义,有义之谓勇敢。故所贵于勇敢者,贵其能以立义也;所贵于立义者,贵其有行也;所贵于有行者,贵其行礼也。故所贵于勇敢者,贵其敢行礼义也。故勇敢强有力者,天下无事,则用之于礼义;天下有事,则用之于战胜。用之于战胜则无敌,用之于礼义则顺治。外无敌,内顺治,此之谓盛德。故圣王之贵勇敢强有力如此也。勇敢强有力而不用之于礼义战胜,而用之于争斗,则谓之乱人。”[⑤]“勇一也,而用不同,有勇于气者,有勇于义者。君子勇于义,小人勇于气。”[⑥]

勇或勇敢作为我国当代公共行政伦理规范,包括勇于牺牲自己的利益乃至于生命,勇于创新、与时俱进、锐意进取、大胆开拓、创造性地开展工作,勇于“同一切危害国家利益的言行作斗争”,勇于批评和自我批评、勇于改正错误等内涵。

《公务员法》规定,公务员的第四项义务为“维护国家的安全、荣誉和利益”(这也是宪法规定的每个公民所应尽的义务),第八项义务为“清正廉洁,公道正派”。《国家公务员行为规范》第二项规范“忠于国家”要求公务员“维护国家安全、荣誉和利益,维护国家统一和民族的团结,维护政府形象和权威,保证政令畅通。遵守外事纪律,维护国格、人格尊严,严守国家秘密,同一切危害国家利益的言行作斗争”;第五项规范“务实创新”要求公务员“勇于创新,与时俱进,锐意进取,大胆开拓,创造性地开展工作”;第七项规范“团结协作”要求公务员“勇于批评与自我批评,齐心协力做好工作”。上述公务员义务的履行无疑都离不开公务员的勇德,如果没有勇于牺牲个人利益乃至于生命的勇毅精神,是不可能确保

① 《论语·子罕》。
② 《论语·为政》。
③ 《左传·文公二年》。
④ 《论语·阳货》。
⑤ 《礼记·聘义》。
⑥ 《二程集·河南程氏外书》卷七。

公务员在任何情况下都能做到“维护国家的安全、荣誉和利益”,都能做到“清正廉洁,公道正派”的。与危害国家利益的言行作斗争,在工作上开拓创新、与时俱进,以及批评与自我批评、知错即改都离不开勇德。因此,勇(勇于牺牲、勇于创新、勇于斗争、勇于改错)是我国当代公共行政伦理的重要规范。

八、民主:平等相待、广纳群言、团结协作、集体决策

民主,即“人民当家做主”,它意味着“承认公民一律平等,承认大家有决定国家制度和管理国家的平等权利”①。“民主”是一个外来词,它产生于公元前6世纪的古希腊城邦,后经资产阶级发扬光大而成为西方文化的传统。我国传统文化中没有“民主”概念。但是,近代社会以来,特别是“五四运动”以来,我们在与西方文化的交往过程中,在学习和传播马克思主义的过程中,逐渐接受了“民主”理念。中华人民共和国成立以后,《中华人民共和国宪法》明确规定,“中华人民共和国是工人阶级领导的、以工农联盟为基础的人民民主专政的社会主义国家”;“中华人民共和国的一切权力属于人民”;“人民行使国家权力的机关是全国人民代表大会和地方各级人民代表大会”;“人民依照法律规定,通过各种途径和形式,管理经济和文化事业,管理社会事务”。这使得“民主”成为我国政治生活中一条重要的法律规范。而法律规范也必定是道德规范,作为政治生活法律规范的“民主”也是我国当代公共行政的重要伦理规范。

作为我国当代公共行政伦理规范的“民主”,包括平等相待、广纳群言、团结协作、集体决策等内涵。民主可以有许多不同的具体形式,如所谓直接民主与间接民主、代议民主与参与民主、审议民主与协商民主等,但它的实质都是反对专制,反对少数人的统治、压迫和剥削,争取每个人所应该拥有的自由平等权利。这样一种民主理念体现在人们的行为中,特别是体现在公务员的行为中,成为公务员行为的伦理规范时,必然要求公务员在人际交往(包括公务员之间的交往以及公务员与相对人之间的交往)以及行政决策过程中,能够平等相待、广纳群言、团结协作、集体决策,因为只有这样才有可能确保每个人自由平等权利的实现。

---

① 列宁:《国家与革命》,载《列宁选集》第3卷,人民出版社1995年版,第201页。

《国家公务员行为规范》第七条规范为“团结协作”，规定公务员应“坚持民主集中制，不独断专行，不搞自由主义。……服从大局，相互配合，相互支持，团结一致，……齐心协力做好工作”。中纪委2004年第三次全会提出领导干部要严格执行“四大纪律八项要求”，其第二项要求为：“要遵守民主集中制，不独断专行、软弱放任。”这些都说明，“民主”确实已成为我国极重要的行政伦理规范。

第六章　行政制度伦理

罗尔斯说："正义是社会制度的第一美德，如同真理之为思想的第一美德。一种理论，无论多么雄辩和精致，若不真实，就必须加以拒绝或修正；同样，某些法律和制度，无论多么行之有效和治之有序，只要它们不正义，就必须加以改革或废除。"[①]这也就是说，伦理理念不仅体现在人的行为中，能成为人的美德；也体现在社会制度中，能成为社会制度的美德。或者说，伦理理念不仅可以评判或指导人的行为，也可以对社会制度进行批判和引导。因此，在行政伦理研究中，也不能遗漏或忽视行政制度的伦理拷问。这一方面意味着我们应该从伦理的角度，或者说，从善和正义的角度对行政制度进行审问和评判；另一方面也意味着，我们应该用伦理信念即用善和正义的信念来指引行政制度的创制和改革。

第一节　制度与制度伦理

一、制度

所谓制度是指在社会实践中形成的因为完成一定事务而要求相关人员共同

① 约翰·罗尔斯：《正义论》，何怀宏等译，中国社会科学出版社1988年版，第3页。

遵守的程序和规则的体系。“制”,作为动词有控制、统率、规定、纠正的意思;作为名词则有法式、样式的意思。“度”,即限度、尺度。合而言之,即控制、统率、规定、纠正(行为)的限度或尺度;或有一定限度或尺度的(行为)法式、样式。

制度不是凭空产生的,一定与人们的生产、生活有关,是在实践中形成的。实践中形成的制度,有些是约定俗成的、非组织制定的、未成文的,如一些社会风俗、道德习惯、民间礼仪等。这些制度被称为非正式制度。有些则是组织制定的、明文公告的,如各种法律、法规、章程、纪律等。这些制度则被称为正式制度。有人也因此将制度区分为广义制度与狭义制度,广义制度包括正式制度与非正式制度,而狭义制度仅指正式制度。本书也主要从狭义上理解制度,即主要针对正式制度而展开讨论。另外,制度还可以依据其存在的领域、方式、对象,乃至于观照视野或抽象性程度,而区分为不同的制度类型。如可以区分为政治制度、经济制度、文化制度,强制性制度与非强制性制度,组织制度、管理制度、安全制度、分配制度、福利制度、司法制度,以及基本制度、体制制度、具体制度等。①

制度以事务为中心,是围绕一定事务而展开的规定。所以,它只是要求与之有关的人员共同遵守。如果你与这件事情无关,那么这一制度也将与你无关,你也不必遵守、不必受其约束。但如果你关注、参与、与这一事务有利害关系(在这一事务的影响范围之内),你就必须尊重和遵守这一制度。制度所规定的事务一般来说都具有一定的公共性和普遍性,私人事务一般不会纳入制度规定的范围。但不同的制度其“公共”与“普遍”的逻辑范围是不同的,有的较为宽泛、宏大,有的则较为狭窄、细小。

制度归根结底还是针对人的行为的规定,因为事务终归要人来完成它。制度对人的行为的规定一般表现为一定的程序和规则。程序是有关行为的先后次序而言的,规则是就行为的方法、方式而言的。

制度对人的行为的规定必然遵循一定的逻辑或理性,制度不可能也不应该是非理性的。其所遵循的逻辑或理性主要有两个方面,一方面是自然逻辑或工具理性,另一方面是主观逻辑或价值理性。所谓自然逻辑即客观规律,是说制度

① 参阅李仁武:《制度伦理研究——探寻公共道德理性的生成路径》,人民出版社2009年版,第269页。

对人的行为进行约束和引导必须遵循客观规律，只有遵循客观规律或对客观规律巧加利用，才可能最有效地实现制度的目标。这与德国社会学家马克斯·韦伯的“工具理性”概念的内涵大概是一致的。韦伯的工具理性是指人们为实现一定的目标而追求效果和功利最大化的理性。工具理性不考虑人的情感或价值，不考虑动机和手段的正当性问题，只考虑客观可能性，只关心效率。所谓主观逻辑则是指处在社会关系中的人的规律（尺度），主要是指人的心理尺度即人的情感或价值。制度对人的行为进行约束和引导同样必须顺应人的心理尺度，才可能最有效地实现制度的目标。而这与韦伯的“价值理性”概念的内涵大概一致。韦伯的价值理性是指人们思考行为动机和手段的正当性或正义性的理性。价值理性不考虑效果或效率，只关心人的情感好恶，只关心人的价值。

二、制度伦理与伦理制度

“制度伦理”是近十多年来我国伦理学研究提出的一个新概念。它主要有三种理解，一种是以“制度”为中心的理解，将制度伦理理解为“制度中的伦理”，认为应该研究蕴含在制度安排中的伦理价值、道德理念等问题，研究制度是否具有伦理上的正当性或者如何从伦理角度指引制度安排和制度建设；一种是以“伦理”为中心的理解，将制度伦理理解为伦理的制度化（伦理制度），主张道德建设以制度化为目标，强调将伦理原则、道德要求提升为具有法律效力的制度；第三种理解主张制度伦理是制度伦理化和伦理制度化的辩证统一，因为制度与伦理具有内在同一性，制度安排必须体现社会进步的道德要求，必须符合人类文明的伦理精神，而一些基本的伦理原则和道德要求也必须制度化。[①]

我们倾向于第三种理解，我们认为制度与伦理的确具有同一性，制度伦理化与伦理制度化是同样必要的和必然的，二者是辩证统一的关系。前文已经提到，一方面，制度要遵循客观规律、秉承工具理性，制度必须考虑客观可能性，以最有效的（是有效率的）安排实现目标、完成任务。另一方面，制度又必须遵循人的主观逻辑、秉承价值理性，制度必须考虑行为的正当性或正义性。客观规律、工

① 参阅李仁武：《制度伦理研究——探寻公共道德理性的生成路径》，人民出版社2009年版，第2页。

具理性固然重要，但主观逻辑、价值理性也是不可或缺的。二者有区别和对立，但又互为前提、彼此依存、不可割裂。这也就是说，任何制度都必然涉及价值问题，涉及人的行为应当如何的问题，涉及人与人之间权利与义务的划分问题，即涉及伦理问题。反而言之，伦理制度化也是必要的、可能的，事实上也存在着。西方有些国家制定的“伦理法”，我国的“行政纪律”和“党的纪律”都可以说是伦理制度化的典型。而且，也可以说，任何制度所包含的伦理性内容实际上也是伦理的制度化。伦理制度化是伦理实现的重要途径。

那么，制度伦理化与伦理制度化有区别吗？当然还是有区别的，它们的区别在于其侧重点有所不同。人们所谓的制度伦理化，侧重点在制度而且是正式制度。大量的正式制度更多关注的是技术（手段）、是效率，即如何更有效地完成任务、实现目标（侧重于工具理性），而对于手段以及目标（任务本身）的伦理价值或正义性考虑较少。因此，必须提出和强调制度的伦理考量。所谓伦理制度化，侧重点在伦理。伦理更多强调的是自律，是非强制（或弱强制）约束，是软约束，而这明显是不够的。为了充分落实伦理要求，必须借重正式制度，通过制度化而明确伦理要求，而加强伦理监督和伦理约束的力度。当然，伦理制度化不可能将所有的伦理要求都形成正式制度，而只能是将最主要的伦理要求制度化，并通过正式制度的强制手段加以落实。

本章所谓制度伦理乃“制度中的伦理”，主要讨论制度中的伦理价值、伦理理念问题。

三、制度伦理与个体伦理

制度伦理一方面是相对于制度中的伦理缺位或伦理错误而言的，另一方面也是相对于个体伦理而言的。

所谓个体伦理，即伦理理念（或原则、规范）在个体行为中的体现或落实，或个体行为中蕴含、呈现出的伦理精神。（也有人不称个体伦理，而称个体道德或个体德性。我们认为，既然称制度中的伦理为制度伦理，也可以相应地称个体行为中的伦理为个体伦理。反言之，既称个体德性，那也可以称制度德性。）

伦理是相对于人的行为而言的，是有关人的行为的正当性、正义性（或善恶）的理念。伦理本身是统一的，是没有区分的，或不作区分的。但人的行为可以区分为个体行为与组织(或群体)行为。个体行为是由个体意志决定的行为,而组织行为是由组织的共同意志或公共意志决定的行为。组织意志是建立在个体意志基础上的,来源于个体意志,但又不完全等同于任一个体意志。因此,体现在个体行为中的伦理与体现在组织行为中的伦理就可能有所不同,即个体伦理与组织伦理可能有所不同。而组织行为总是以制度的形式出现,组织伦理实际上也就是制度伦理,因此,个体伦理与组织伦理的不同实际上也就是个体伦理与制度伦理的不同。

个体伦理与制度伦理有所不同,但二者也是统一的。制度伦理终归是由个体伦理而来的,是由个体伦理决定的。因为制度归根到底是人制定的,而个体是人存在的基本形式。制度不一定是由某个人制定的,但每一个制度制定的参与者一定会基于自身的认识、体验、修养的境界来影响和推动制度的制定过程。因此,制度的伦理内涵即制度伦理(或制度德性),也一定是参与制度制定的每一个人的德性(个体伦理)的综合体现。制度的伦理水平一定不会比制度制定的所有参与者(或组织成员)的伦理水平更高,也一定不比制度制定的所有参与者的伦理水平更低。制度的伦理水平极有可能是制度制定参与者的伦理水平的平均值。(当然这个平均值不是简单地以“人头”论,还应将每个人在制度制定过程中的影响力的不同考虑进去。)

另一方面,制度伦理必将影响和决定个体伦理。因为人既是一种个体性存在,同时也是一种社会性存在。作为一种社会存在实质上也是一种制度化存在,人总是生活在一定的制度环境中。制度环境的好坏,或者说制度德性的好坏,必将在很大程度上影响和决定个体德性的好坏。正如邓小平所说:“制度好可以使坏人无法任意横行,制度不好可以使好人无法充分做好事,甚至会走向反面。”①

第二节　行政制度及其伦理理念

一、行政制度

行政制度是在行政实践中形成的,要求行政组织与行政人员以及行政相对

① 《邓小平文选》第二卷,人民出版社1994年版,第333页。

人共同遵守的行政程序和行政规则。

行政实践,主要是指有关公共事务的管理活动。因此,行政制度主要是围绕公共事务的管理活动而展开的,是管理公共事务的程序和规则。管理公共事务的主体主要是行政组织(政府等)与行政人员。所以,行政制度首先要求行政组织和行政人员予以遵守。但是公共事务的完成事实上也要求与之相对的组织和公民(行政相对人)的参与,因此行政相对人对于行政制度也要予以尊重和遵守。

我们主要关注和研究的是自觉制定的、公开的、正式的行政制度。但行政制度也有一些是约定俗成的、非正式的,比如一些惯例甚或所谓"潜规则"。"潜规则"主要是一个贬义词,指一些不合理的、消极腐败的、不能公开的规则。但既然承认它是一种行政"规则",那就应当承认它也属于行政制度,也应当予以研究。

正式的行政制度,主要包括行政法、行政立法和公共政策。行政法是指调整行政关系、规范和控制行政权的法律规范系统。① 行政立法是指政府机关为执行宪法和法律,依据宪法和法律规定的权限和程序,制定的有关行政事务(公共事务)的有法律效力的规范性文件,包括国务院制定和颁布的行政法规、国务院各部门制定和颁布的部门规章、地方人民政府制定和颁布的地方政府规章。② 公共政策是指政府(广义)或公共权力主体,针对国家或社会的公共问题而制定的行动方案和行为准则。它本质上是对全社会的利益所作的权威性分配。③

二、行政制度伦理

行政制度伦理即行政制度中蕴含的伦理理念,亦即伦理理念在行政制度中的体现。这也意味着我们要对行政制度进行伦理评价,或对行政制度的产生或改革进行伦理指引。

行政制度是围绕公共事务而展开的,而公共事务一方面有关公众利益,另一

① 参阅姜明安主编:《行政法与行政诉讼法》,北京大学出版社、高等教育出版社 2007 年版,第 18 页。

② 参阅夏书章主编:《行政管理学(第四版)》,高等教育出版社、中山大学出版社 2008 年版,第 327 页。

③ 参阅刘熙瑞主编:《中国公共管理》,中共中央党校出版社 2004 年版,第 134—135 页。

方面又要求行政组织与行政人员以及相对人来完成它。因此行政制度也必然涉及伦理问题,必然蕴含某些伦理理念或受伦理理念的影响。所谓伦理问题,即人的行为应当如何的问题,即行为的正当性问题。当人与人发生关系、产生利害冲突,或当我们试图化解人们之间的利害冲突、对权利与义务进行分配和安排的时候,我们所面临的实际上就是伦理问题。解决伦理问题的思想、观念,即伦理理念或道德理念。

三、行政制度伦理的主要理念

行政制度中的伦理理念,即行政伦理理念。它以行政伦理关系为线索,是围绕行政伦理关系的思考而产生的。行政伦理关系主要区分为行政主体与行政相对人之间的关系、行政系统内部的人际关系、行政系统与自然的关系等。围绕行政伦理关系的思考因时代不同而有所不同,因此不同的时代有不同的行政伦理理念。当代行政制度中的行政伦理理念主要有:人本理念、效率理念、公平理念、民主理念等。

1. 人本理念

所谓“人本”,即以人为本,以人为目的(而不是以人为手段),以人的需要和利益为原则、尺度,尊重人、善待人、成就人。这样一种理念,我们称之为人本理念。“人本”是相对于“神本”(宗教以及一切教条主义)和“物本”(拜物教、拜金主义)而言的。人的一切活动,生产的、生活的,都是人的活动,是围绕人而展开的,人只能依靠人自身,也从根本上是且应该是为自身而努力的。

人本理念的思想渊源是古老的。我国春秋战国时期的管子就曾明确提出“以人为本”:“夫霸王之所始也,以人为本,本理则国固,本乱则国危。”①而儒家的仁爱思想更是人本理念的深刻表达。孔子强调,“仁者,爱人”。“出门如见大宾,使民如承大祭。己所不欲,勿施于人。”②“己欲立而立人,己欲达而达人。”③

① 《管子·霸言》。

② 《论语·颜渊》。

③ 《论语·雍也》。

"厩焚。子退朝，曰：'伤人乎？'不问马。"①古希腊时代的智者普罗太戈拉斯也曾说过："人是万物的尺度，是所是的东西是什么的尺度，是不是的东西不是什么的尺度。"②

但在传统社会、在专制时代，人本理念主要还停留在思想上，而并未真正体现在行政制度中。在传统社会的专制政体中，所贯穿的核心理念是阶级统治，是人对人的剥削和压迫，因而不可能将每一个人都当人看，其行政制度也不可能真正落实人本理念。

人本理念在行政制度中得以明确体现大概是从宪法产生和宪政时代开始的。宪法和宪政首先是资本主义社会的产物，是资产阶级民主政治的要求。随着人类经济的发展，资本主义生产方式出现了，资产阶级产生了。资产阶级为了争取自身的权利，为了巩固自己的地位，必然要反对封建专制制度，要求"民主、自由、平等"。当资产阶级革命取得胜利后，便将自身的要求和理想以宪法和宪政的形式予以落实。资本主义宪法以及宪政的核心内容，便是对公民民主、自由、平等权利的肯定，以及对政府权力（公共权力）的限制和规范。而这也正是"人本理念"的实质所在。资本主义宪法和宪政时代从16世纪开始，至今已经历三百多年的发展演变，其保障公民权利、限制政府权力的基本思路始终未变，其"人本理念"也始终贯穿其中。

我国的立宪行为是从清朝末年开始的。最早的立宪运动分成两派，其一是康有为、梁启超领导的君主立宪运动。1898年的戊戌变法中，以康、梁为代表的维新派提出了"伸民权、争民主、开议院、立宪法"的政治纲领，试图在不根本改变封建制度和取消专制皇帝的条件下，通过建立君主立宪制度以实现资产阶级的民主政治，为资本主义的发展开辟道路。其二是孙中山先生所领导的民主立宪运动。孙中山先生推崇西方法治、宪政，并且认识到"不革命决不能立宪"，必须推翻封建统治，建立资产阶级民主共和国才可能有真正的宪政和法治。1905年9月，孙中山联合各反清团体组成"中国同盟会"，提出了"驱除鞑虏，恢复中华，建立民国，平均地权"的革命纲领，为民主立宪提供了思想基础。在西方政

① 《论语·乡党》。

② 转引自赵敦华：《西方人本主义的传统与马克思的"人本主义"思想》，《北京大学学报（哲学社会科学版）》2004年第6期。

治文化的冲击以及国内革命形势的压力下，清政府于1908年9月颁布了《钦定宪法大纲》，于1911年11月又抛出了《宪法重大信条十九条》。这两个宪法性文件尽管依然承认君主政体，规定“皇帝神圣不可侵犯”“大清帝国之皇统万世不易”，但毕竟对皇权已有所限制，同时明确规定臣民有言论、著作、集会、结社等自由。人本理念隐约其中。

辛亥革命胜利后，于1912年3月出台了《中华民国临时约法》，规定主权属于全体国民，“中华民国人民一律平等，无种族阶级宗教之区别”，人民享有人身、住宅、财产及营业权，有言论、著作、游行、集会、结社、书信、居住、迁徙、信教之自由，有请愿、陈诉、任官考试、选举与被选举权等。1947年1月国民党政府在重庆正式公布了《中华民国宪法》，这一宪法效仿欧美对人民权利和自由作了更为详尽的规定，并且明确不得任意剥夺，“除为防止妨碍他人自由，避免紧急危难，维持社会秩序，或增进公共利益外，不得以法律限制之”。同时规定公民权利，“不分男女、宗教、种族、阶级、党派”在法律上一律平等。人本理念明显其中。

中华人民共和国成立后，在中国共产党的领导下，立宪工作获得了充分的重视。1949年9月，中国人民政治协商会议第一届全体会议在选举中央人民政府委员会、宣告中华人民共和国成立的同时，即通过了起临时宪法作用的《中国人民政治协商会议共同纲领》。1954年我国第一部社会主义类型的宪法《中华人民共和国宪法》出台，1975年第二部《中华人民共和国宪法》出台，1978年第三部《中华人民共和国宪法》出台，1982年第四部《中华人民共和国宪法》出台，1982年宪法至今又进行了多次修正。中华人民共和国成立后的社会主义宪法对公民的自由和权利极为重视，尤其是1982年宪法，将“公民的基本权利和义务”一章置于“总纲”之后，“国家机构”之前，并且将“基本权利”增设为18条（1954年宪法为14条、1975年宪法为2条、1978年宪法为12条），其内容包括政治、人身、宗教信仰、社会经济、教育和文化等各个方面。对公民基本权利的重视，也就是对人权的重视，这无疑是人本理念的彰显。

宪法是一个国家的根本大法，是最重要的行政制度。人本理念在宪法中得以体现，也必然映射、贯穿在其他的法律法规中，映射、贯穿在其他的行政制度中。

2. 效率理念

效率即投入与产出的比值，与投入成反比，与产出成正比。因为资源是有限的，所以我们做什么事情都要讲究效率，也就是说，要尽可能以最少的投入获得最大的产出。这就是所谓效率理念。

在行政管理过程中，效率理念也很自然地贯穿其中。行政学的创始人伍德罗·威尔逊曾强调行政效率是行政学研究的根本任务之一。威尔逊之后，西方行政学家在研究行政管理的过程中，尽管各自的理论思路大相径庭，但都始终以如何提高行政效率为基本宗旨。我国改革开放以来的行政管理实践以及行政管理的理论研究，也将行政效率奉为最重要的目标和尺度。20 世纪 80 年代初，深圳特区在建设中喊出了“时间就是金钱，效率就是生命”的口号，这一口号获得了广泛的认同。1993 年中共十四届三中全会提出了“效率优先、兼顾公平”的口号，说明中国共产党充分认识到了效率的重要性。中华人民共和国成立以来的历次行政改革所强调的“精简机构”“转变职能”，包括党和政府反腐倡廉的种种举措，也都体现了对于行政效率的追求。

效率理念一方面体现在行政管理的具体行为中，另一方面则体现在行政管理的制度建设中。在行政制度建设中，效率理念又主要体现在两个方面，一是目标、方向的选择，二是工作流程的设计。所谓目标方向的选择，即行政管理的职能定位。行政制度是围绕行政事务而展开的，哪些事务是行政事务？应该是那些具有公共性的事务，有关公共利益的事务，即公共事务。只有当行政制度的目标和方向选择正确，职能定位合理，行政管理才是有效率的。否则，将行政资源消耗在错误的目标上，消耗在不必要的事务上，那还有何效率可言呢？我国行政管理改革中的“转变职能”实质上就是行政制度的目标、方向的重新选择，就是要改变政府管得过宽、职能定位不当，以至于机构庞大、效率低下的问题。近年来我国政府关于取消和调整大批行政审批项目的工作，也是基于目标、方向和职能定位的考虑，也正是为了提高政府工作效率。

行政工作流程设计也是提高行政效率的关键。行政工作流程设计中的效率理念，实质上是如何将确定要做的工作用最短的时间、最少的资源投入做好的问题。这又主要涉及两个方面的考虑，一方面是行政系统内部分工合理、协调配合得当的问题；另一方面则是行政相对人的方便问题，即如何使行政相对人履行手续、遵循制度的成本最低。比如近年来我国政府在取消和调整行政审批项目的过程中,各地方政府同时也在考虑行政审批流程的再设计问题。其设计方案大都表现为:“扁平化”“集中化”“一站式”。扁平化,是将行政审批的层次和环节尽可能减少;集中化,是将分散办公改为集中办公;一站式,是让行政相对人只需前往一个地点、一个窗口就可以履行全部审批手续。贯穿其中的最重要的理念便是效率理念。

3. 公平理念

所谓公平或公平理念,即平等地、合理地对待人与人之间的关系。主要体现在两个方面,一方面是在利益交换中以等量的价值相交换,以等量的损失或伤害相偿还;另一方面是在社会分配中一视同仁,给每个人以同等的权利与义务或同等比例的权利与义务。公平与公正、公道、正义等理念具有基本相同的含义。

公平理念也可以说是古已有之。古希腊时代的思想家柏拉图曾经讨论过正义问题,他说:“正义就是给人以恰如其分的报答。”“就是‘把善给予友人,把恶给予敌人’。”①我国古代有“天下为公”的大同理想,有“不患寡而患不均”“等贵贱、均贫富”的平等追求。

行政制度一方面要为社会公共秩序提供尺度、准则,要维护公共秩序;另一方面则要对全社会的公共价值进行权威性分配,即对全社会的每个人进行权利与义务的安排。总之,行政制度的目标无非保证社会的和谐有序,同时激发每个人的创造能力,以推动整个社会的发展进步。因此,行政制度必然要考虑公平问题,它必须是公平的。因为不公平势必引发抗争乃至于战争(所谓“不平则鸣”),则会消耗社会正能量,阻碍社会的发展与进步。

公平理念在行政制度中的体现主要有两种形式,一种是实质的,一种则是程序的,即所谓实质公平与程序公平。实质公平是结果的公平,即人们在事实上获得了利害的等价交换,或权利义务分配的平等与比例平等。程序公平是过程的公平,是一种时空顺序的公平,即利害交换的过程或对权利与义务进行分配的过程的公平。因为任何结果总是通过一定的过程而获得的,而且一般来说,公平的结果大都是通过公平的过程而获得的,而不公平的结果也大都与不公平的过程

① 柏拉图:《理想国》,郭斌和、张竹明译,商务印书馆1996年版,第7、8页。

有关，所以，我们不仅要求实质的、结果的公平，而且要求程序的、过程的公平。当然，我们对程序公平的重视不仅仅是因为程序公平能够导致实质公平，也因为程序公平本身就是我们所需要的。

程序公平在行政制度中又主要体现为两种形式，一种是裁判程序的公平，一种是取得机会的公平。公平主要存在于交换和分配之中，而交换与分配到底是否公平，关键在于裁判。裁判的公平与否一方面取决于客观条件或环境，另一方面也取决于裁判员的主观能力与利益立场。因此，要确保交换与分配的公平，就必须选择适当的时空环境，更重要的是选择适当的裁判人员，并制定合理的裁判规则。根据不同的交换与分配的情况选择适当的（合理的）时空环境、裁判人员以及裁判规则，这便是我们所谓的裁判程序公平。比如我们要将一块蛋糕公平地分给在场的每一个人，就必须选择在明亮的空间，将蛋糕置放在平稳的台面，准备够长够锋利的刀具等，然后选择一个善于使用刀具而且品行高尚的人来切分蛋糕，并且事先明确这个切分蛋糕的人将最后领取自己的那份。这个分配蛋糕的程序，一般被认为是一种公平的程序，这种公平程序也就是我们所谓的公平的裁判程序，或裁判程序的公平。

机会的公平是说一定范围内的每个人获得某种权益的可能性或者主体资格上的平等。机会并非最终的结果，其本身并非某种权利，只是一种可能性或主体资格。而最终的结果往往是不平等的，是无法平等的，也是不必平等的。如果一定要求平等，则滑向了“平均主义”的泥沼，被认为是不合理的，甚至走向了公平的反面。但如果我们直接端出这不平等的结果，又不能服众，不能被未获得同等权益的主体所接受。这种情况下的公平就只能是一种机会的公平。比如某种奖励或荣誉，显然不能平均分配给每个人，最终只能是少数人或个别人获得，如果直接给少数人或个别人是不能服众的，必须将最终的奖励或荣誉设计成“机会”呈现给每个人，让每个人自愿选择、平等竞争、优胜劣汰，才是合理的、公平的。机会的公平并非最终结果的公平，而只是一种过程的公平，所以也可以称为程序的公平。但它与裁判程序的公平又有所区别。

4. 民主理念

所谓民主，即“人民当家做主”。它是指一种统治或管理的方式，指人民或公民或群众实际掌握着对自己的事务以及公共事务的抉择权或决定权。民主的意义在于保护公民的基本权利、保护公民的自由、保护公民的根本利益，反对专制和独裁。

民主理念在行政制度中的体现大概可以从四个方面来理解：

第一，行政制度本身是通过民主的方式产生的。行政制度要真正体现和落实民主，必须从行政制度的产生、制作开始。这就是说，行政制度从一开始就应该是人民群众意志的反映，是应人民群众的要求、反复征求人民群众的意见、经人民群众投票而产生的。一项行政制度如果不是因为人民群众的要求、不在人民群众中征求意见、不通过人民群众投票，就很可能背离人民群众的意志，就不可能是真正的民主。当然，不同的行政制度其征求意见或投票的范围可能是不同的。

第二，行政制度明确规定必须通过民主方式进行抉择或做决定。对政府及其行政人员的抉择行为（做出判断形成决定的过程）进行规范是行政制度中的重要内容。这类规范中往往明确规定必须坚持民主原则。比如我国《公务员法》第 44 条明确规定，公务员晋升领导职务必须“民主推荐”；我国《党政领导干部选拔任用工作条例》（中发〔2014〕3 号）第二条明确规定，“选拔任用党政领导干部”，必须坚持“民主、公开、竞争、择优原则”和“民主集中制原则”；等等。

第三，行政制度明确要求行政过程或制度执行、实施过程必须公开透明接受人民监督。我国《宪法》第 27 条规定：“一切国家机关和国家工作人员必须依靠人民的支持，经常保持同人民的密切联系，倾听人民的意见和建议，接受人民的监督，努力为人民服务。”《中华人民共和国行政监察法》第 27 条规定：“监察机关应当依法公开监察工作信息。”我国《公务员法》第 21 条规定：“录用担任主任科员以下及其他相当职务层次的非领导职务公务员，采取公开考试……的办法。”《公务员法》第 46 条规定：“公务员晋升领导职务的，应当按照有关规定实行任职前公示制度……。”公开透明是为了方便人民监督，方便人民监督是为了保证人民意志的实现。行政制度中类似的规定正是民主理念的体现。

第四，行政制度真正维护人民（群众）的权利和利益。民主的根本目的和意义在于维护人民的权利和利益，所以任何一项行政制度是不是体现民主理念，除了看其是否通过一定的民主程序（上述三点所强调的即民主程序）产生之外，更重要的是要看它的条款规定是否真正维护人民群众的权利和利益。民主程序固然重要，但如果“民主程序”所实现的并非人民群众的权利和利益，或所谓“民主程序”并不能有效实现人民群众的权利和利益，那么这种民主程序就不是真正的民主，而只是一种虚伪的、纯粹形式主义的“民主”。

第三节　行政制度的伦理评价

评价行为主要涉及三要素：评价主体、评价客体、评价标准，即谁评价、评价什么、如何评价。行政制度的伦理评价也主要涉及三个方面：行政制度伦理评价的主体、行政制度伦理评价的客体，以及行政制度伦理评价的标准。

一、行政制度伦理评价的主体

行政制度伦理评价主体即谁对行政制度进行伦理评价。谁会对行政制度进行伦理评价？主要有三个方面的人员可能对行政制度进行伦理评价：(1)行政组织与行政人员（行政官员）；(2)人民代表大会及人大代表；(3)行政相对人（公民）。

行政组织与行政人员一方面是行政制度的执行者，另一方面也是行政制度的主要制定者，它们首先有可能对行政制度进行伦理评价，或者说，它们首先负有对行政制度进行伦理评价的责任。执行行政制度是行政组织与行政人员的职责，行政组织与行政人员在执行行政制度的过程中必须熟悉行政制度的内容，为求得执行过程的顺利，必然也必须对行政制度的合理性（主要是合乎伦理价值与否）进行评判。如果行政制度违反公认的伦理价值，行政组织与行政人员可能会因为遭遇执行难而犹豫、懈怠，也可能因行政制度与自身的伦理信念（良心）相违背而产生抵触。行政制度的制定过程，行政组织与行政人员往往是最主要的参与者，因为它们最了解情况，最熟悉个中曲折与细致。在制定行政制度的过程中，行政组织和行政人员必然对形成中的行政制度进行伦理评判，同时也必须进行伦理评判，必须防止违反伦理价值的行政制度出台，避免行政制度与伦理价值体系的冲突。

当代社会，任何正式的行政制度的出台一般都会经过一定的民主程序。中国特色的社会主义民主的显著特征是人民代表大会制度，人民代表大会是当代中国社会的权力机构,一切涉及公民权利与义务划分的正式制度安排都必须经过人民代表大会审查、通过。因此,我国的任何正式的行政制度出台,也必须经过人民代表大会审查通过。人民代表大会审查通过的目的,是为了确保人民(公民)的正当权利不至于受到侵害,有关权利与义务的划分具有合理性,合乎人民的正义信念,合乎人民共同的(公共的)伦理价值信念。所以,人民代表大会在审查通过某项行政制度时,必然对该行政制度进行伦理评价,人民代表大会、人大代表必定是行政制度伦理评价的主体。

此外,受行政制度影响的行政相对人(普通公民)也将是行政制度伦理评价的主体之一。一项行政制度真正得以落实,还必须获得人民群众(公民)的广泛认可。人民群众认可一项行政制度,与该项行政制度给人民群众带来的实惠有关,同时也与该项制度的合理性(合乎正义、合乎伦理信念)有关。也就是说,人民群众必然对与之有关的行政制度进行评价,一方面会从功利价值角度进行评价,另一方面也会从伦理价值角度进行评价。

二、行政制度伦理评价的客体

行政制度伦理评价的客体即以什么为行政制度伦理评价对象的问题。行政制度伦理评价的对象一般来说当然是"行政制度"。但实际上,真正作为评价对象的只是行政制度中的伦理内容,即涉及社会基本伦理信念以及有关人员的权利、义务分配的内容。而其他内容,比如行文规范、技术手段等与伦理无关的内容,不属于行政制度伦理评价的对象。

作为评价对象(客体)的行政制度可以从三个方面来理解:

(1) 行政制度的目的(动机),即该项行政制度是因为何种原因而制定的。任何一项行政制度的制定都不可能是盲目的,一定有其目的。其目的一般都是为了解决实际存在的社会问题,为了平衡某些利益关系或利害关系,明显涉及伦理意义。比如,我国《公务员法》第一章第一条即明确该法的立法目的是"为了规范公务员的管理,保障公务员的合法权益,加强对公务员的监督,建设高素质的公务员队伍,促进廉政建设,提高工作效率"。那么,这个"立法目的"就会首先成为伦理评价的对象。而且,对作为伦理评价对象的"立法目的"不会仅限于制度的文本表述,人们还可能对其作延伸考察,力求挖掘文本中未曾说出来的真实目的。

(2) 行政制度文本中涉及伦理意义的内容。行政制度文本是我们所谓正式行政制度存在的极重要的形式,因此,其中涉及伦理意义的内容也自然成为行政制度伦理评价的主要对象。

(3) 行政制度的执行效果。对行政制度的伦理评价,不仅要看目的(动机),要看文本,还要看行政制度执行后产生的效果,看效果的伦理意义。目的、文本、效果三者可能一致,也有可能不一致,目的、文本的伦理意义好,不一定保证效果的伦理意义好。对行政制度进行伦理评价当然应该将三者结合起来,这样才能保证伦理评价的全面性和准确性。

三、行政制度伦理评价的标准

行政制度伦理评价的标准,当然就是"伦理",即用伦理标准来评价行政制度。这所谓的伦理标准,即行政制度所处社会、时代公认的伦理理念以及伦理原则、伦理规范。那么,是不是一定社会、时代的所有的伦理理念、原则、规范都将成为行政制度伦理评价的标准?大概可以说所有的伦理理念、原则、规范都可以或可能成为行政制度伦理评价的标准。但针对每一项行政制度的伦理评价,人们所使用的标准一般都会限制在行政制度所涉及的伦理问题的范围之内。也就是说,人们只会用与行政制度有关的伦理理念、原则、规范来进行行政制度的伦理评价。

一般来说,人们用于评价行政制度的伦理标准主要是我们前文(第二节)所讨论的"行政制度的主要伦理理念",即人本理念、公平理念、效率理念、民主理念等。因为现代行政制度所可能涉及的主要伦理问题无非人权问题、公平问题、效率问题、民主问题等。

四、行政制度伦理评价的意义

一般而言,在任何社会环境中,对行政制度进行伦理评价都可能是必然的,自然而然的,不可避免的。那么,这种自然不可避免的伦理评价有什么积极意义吗?主要有以下两个方面的积极意义:

（1）行政制度的伦理评价可以促进行政制度的完善。行政制度当然应该是完善的。如何才能完善呢？当然与人们的主观认识有关，与人们对行政问题及其解决途径的认识有关。评价本质上是一种认识活动，人们往往是通过评价而使认识更为全面而深刻。任何一项行政制度在制定过程中，以及出台后的执行过程中，都将面对和经历人们不同角度的评价。正是这种评价活动使人们对行政制度有更为全面、深刻的认识，使人们得以发现行政制度的缺陷、瑕疵，从而尽可能地弥补、修正而使之完善。重视行政制度的伦理评价，使行政制度伦理评价由自然行为而成为自觉行为，可以尽可能地避免行政制度的伦理缺陷，以使善政成为可能。

（2）行政制度伦理评价可以促进行政伦理建设。对行政制度进行伦理评价以行政伦理建设为前提，没有行政伦理建设，也就是说没有系统、完整、优良的行政伦理理念、原则、规范，评价就没有明确的标准或尺度，评价也就不可能有积极意义。而行政伦理建设以实践和认识为基础，只有通过实践、通过认识，才有可能进行行政伦理建设。评价是一种认识活动，同时也是一种实践活动。正是在对行政制度进行伦理评价的活动中，人们对行政伦理本身的认识理解加深了，从而使行政伦理本身更加完善，行政伦理的建设得以进步。

第七章　行政伦理制度

行政伦理制度,是指行政伦理的制度化,亦即行政伦理的制度形式。在行政组织中,共同的行政伦理信念是行政组织维持有序与活力的保证。而共同的行政伦理信念必须一定程度上借助于正式的制度予以明确,并通过组织权力乃至于国家权力加以强化,才可能更有效地发挥保证作用。在第六章讨论行政制度伦理时已经提到,行政制度伦理与行政伦理制度两者是相通的。不过两者的侧重有所不同,行政制度伦理强调的是行政制度的伦理指引和伦理评判,而行政伦理制度所强调的是行政伦理信念的制度化,强调通过正式制度来明确、强化行政伦理信念。一些学者将两者一起讨论,统称为"行政制度伦理",我们将其分开来讨论,因为在实践中它们确实有所不同。

第一节　行政伦理制度形式:行政纪律与行政伦理法

在当代社会,我们所谓的行政伦理制度主要有两种形式,在我国主要表现为"行政纪律",而在一些西方(资本主义)国家则主要表现为"行政伦理法"。

一、行政纪律

1. 什么是纪律

什么是纪律?《现代汉语词典》对"纪律"一词的解释为:"政党、机关、部队、团体、企业等为了维护集体利益并保证工作的正常进行而制定的要求每个成员遵守的规章、条文。"①张康之、李传军主编的《行政伦理学教程》将纪律定义为："纪律是存在于一定组织中并要求其成员共同遵守的行为规范，是保证组织具有整体性、凝聚力的要素。"②《中国共产党章程》第三十九条对"党的纪律"的定义为："党的纪律是党的各级组织和全体党员必须遵守的行为规则，是维护党的团结统一、完成党的任务的保证。"

以上三种纪律定义表述虽略有不同，但意思是基本相同的。从中我们大概可以归纳出纪律的三个特征：

第一，纪律是存在于一定的组织之中的，是组织制定的；

第二，纪律是组织要求全体成员必须遵守的行为规则，全体成员既包括每一个体也包括组织内部的各级组织；

第三，组织制定纪律的目的是要维护组织的利益和秩序，维护组织的团结统一。

但当我们进一步研究一些纪律"文本"（文件）后，我们发现纪律还有一个明显特征，即所有纪律规范都是义务性的，往往要求其成员"必须（要）做什么、怎么做"或"不能（不准、禁止）做什么、怎么做"，不涉及权利或权力（"可以做什么、可以怎么做"）。

另外，须要说明的是，"纪律"往往与针对违纪行为的处分（惩罚）措施联系在一起，有时候人们所谓的纪律也将处分措施包括在内。但我们认为，纪律与违纪处分措施是有区别的，纪律是针对组织成员的行为而制定的规范，处分措施则是针对组织权力而制定的规范。所以，一般来说，纪律不包括处分措施。

因此，我们将纪律定义为：纪律是组织制定的，为了维护组织秩序和组织的整体利益，保证组织的团结统一，而要求其内部成员必须遵守的义务性规则。

2. 什么是行政纪律

什么是行政纪律？行政纪律是行政组织制定的，为了维持行政组织的运转

---

① 中国社会科学院语言研究所词典编辑室编：《现代汉语词典（第五版）》，商务印书馆 2005 年版，第 645 页。

② 张康之、李传军主编：《行政伦理学教程（第三版）》，中国人民大学出版社 2015 年版，第 56 页。

秩序、保持行政组织应有的活力、实现行政组织既定的目标,而要求其成员在行政过程中乃至于个人生活中必须遵守的义务性规定。

对于这一定义,我们主要可以从以下几个方面来理解:

(1)行政纪律存在于行政组织之中,是由行政组织制定的、针对行政人员的规定。纪律存在于组织之中,纪律是一种组织自律行为,行政纪律当然也就是存在于行政组织之中的,非行政组织无所谓行政纪律。我们所谓的行政组织主要是指各级政府组织、政党组织,以及依法授予行政权力的非政府组织和社会团体。行政纪律一般来说是由行政组织制定的,是行政组织的自律行为。但因为行政权力属于公共权力,行政组织属于公共组织,所以有些重要的行政纪律也被上升为法律要求,一些相关的法律对一些重要行政纪律也予以明确和强调。比如我国的《公务员法》《行政监察法》等都对行政纪律有明确和强调。行政组织制定的行政纪律一般是针对个体行政人员而言的,但也有可能是针对行政组织内部的组织机构而言的,比如《中国共产党党章》中明确"党的纪律"既是针对全体党员的要求,也是针对党的各级组织的要求。

(2)制定行政纪律的目的是要确保行政组织有序运转,使行政组织保持活力,最终是为了实现行政组织的既定目标。行政组织制定行政纪律是有目的的,其目的可以区分为两个层面,一是现象层面的,一是本质层面的。现象层面的目的是具体、可感的,这主要表现为组织的有序运转和活力。所谓活力即行政组织在有序运转过程中表现出来的效能与效率。本质层面的目的,是深刻的根本性的目的,是抽象的、理性的。这一般被理解为公共利益,或我们所说的"为人民服务",以及行政组织自身的整体利益。

(3)行政纪律主要是针对行政人员的行政行为的规定,但也在一定程度上延伸到行政人员的私人生活领域,针对其私人生活行为进行规定。行政行为即提供公共服务和进行社会管理的行为,这是行政纪律所要规范的主要对象,因为这是确保行政水平与质量的最重要的条件。但因为行政人员的社会地位特殊而且重要,其行为和形象极易对整个社会风气产生示范效应,所以行政纪律往往要求行政人员在私人生活领域严格遵守社会公德,要求行政人员不仅具有良好的职业形象,而且具有良好的社会(公民)形象。

(4)行政纪律对行政人员行为的规定是义务性的,即要求行政人员"必须做什么、怎么做"或"不准做什么、怎么做",行政纪律不涉及行政人员的权利或权力问题。行政纪律并非与行政人员的权利或权力无关,权利或权力不同,行政纪律的内容(要求)也会有所不同。所以,不同岗位上的行政人员的行政纪律可能有所不同,但纪律条文中不会提及行政人员的权利或权力内容。

3. 行政纪律与行政伦理的关系

"行政纪律是行政伦理的制度形式",这一判断实际上隐含着两个判断,一是行政纪律是一种制度,二是行政纪律属于行政伦理。那么,我们可能要问,为什么说行政纪律既是一种制度,同时又隶属于行政伦理?亦即为什么说行政纪律是行政伦理的制度形式?

"制度是指在社会实践中形成的因为完成一定事务而要求相关人员共同遵守的程序和规则的体系。""行政制度是在行政实践中形成的,要求行政组织与行政人员以及行政相对人共同遵守的行政程序和行政规则。"根据我们对行政纪律的定义、理解,可以肯定行政纪律与制度乃至于行政制度的内涵是基本一致的,只是外延不同。制度以及行政制度不等于行政纪律,但行政纪律是一种制度、是一种行政制度,这大概是不难理解的。

同样的道理,行政纪律与行政伦理在内涵上也是基本一致的,只是外延不同,行政伦理不等于行政纪律,但行政纪律属于行政伦理。"伦理,是指人们在应对人际关系的过程中所表现出来的行为规律,或人们行为所应当遵循的规范。""行政伦理,是指行政场域人际关系事实如何的规律以及应该如何的规则。"行政纪律隶属于行政伦理可以从以下几个方面来理解:

(1)行政伦理是行政人员的行为规则,行政纪律也是行政人员的行为规则。所有的行政纪律都是针对行政人员的行为而言的,主要针对行政行为,也涉及私人生活行为。

(2)行政伦理是行政场域应对人际关系的行为规则,行政纪律实际上也是行政场域应对人际关系的行为规则。行政人员的行政行为肯定是行政场域中的行为,私人生活行为似乎脱离行政场域,但因为行政人员的身份还在,而且其私人生活形象势必影响其回到行政场域后的工作形象、影响其行政权威,所以,其私人生活行为可以理解为行政场域行为的延伸。同时,行政纪律的所有行为规则也无非要解决人际关系问题,即人与人之间的利害冲突问题。行政纪律的根本目的是要维护社会公共利益和行政组织的整体利益，实质上也就是要防止行政人员因为个人利益而妨碍、伤害公共利益和整体利益。

(3) 伦理以及行政伦理强调行为规则是“应该如何的”，即强调规则的合理性，实际上，纪律以及行政纪律也强调规则的合理性。纪律以及行政纪律不是盲目的、随意制定的，它是在实践中产生的，它以问题为导向。来自实践而又以解决问题为目的，证明纪律以及行政纪律是强调合理性的。不合理的纪律以及行政纪律在实践中是行不通的，是不可能解决问题的，必然被淘汰。

二、行政伦理法

1. 什么是行政伦理法

所谓行政伦理法，是指行政伦理的法律形式或法律化。法律是由国家制定和认可的、由国家权力进行强制的行为规范。所以，行政伦理法亦即由国家制定和认可的、由国家权力进行强制的行政伦理规范。

“法律”一词有广义和狭义两种用法。广义的“法律”指所有法律，比如我国现行的广义法律包括宪法、全国人民代表大会及其常委会制定的法律、国务院制定的行政法规、地方人大制定的地方性法规等。狭义的法律则仅指全国人大及其常委会制定的法律。我们所谓的行政伦理法在广义上使用“法律”概念。这也就是说，我们所谓的行政伦理法不仅指国家层面的权力机构制定的行政伦理性法律，也指地方权力机构以及政府机构（包括中央政府和地方政府）依法制定的行政伦理性法律（法规）。

“行政伦理法”这一说法在我国的行政实践中并不存在（我们称“行政纪律”），这一说法来自于美国。美国的行政伦理法制建设在20世纪20年代即已起步。1924年，美国国际城市管理协会（ICMA）通过了美国第一部有关行政人员的伦理法规。ICMA创立于1914年，由市、县、镇以及其他地方政府的被任命的（非民选）首席行政官组成。1958年，美国国会颁布了关于联邦政府行政人员的伦理法案：《联邦政府雇员伦理准则》。20世纪70年代的“水门事件”引发了美国人对于行政伦理的广泛关注和深入思考，这一关注和思考使“行政伦理学”成为一门独立的学科，同时在法制建设上也有显著体现：1978年10月，美国国会参议院和众议院通过了《美国政府伦理法》。1989 年 1 月布什总统上台后组织专家对《美国政府伦理法》进行修订，向国会提交了《美国政府伦理改革法》，于 1989 年 4 月 2 日获得通过。美国国会通过的《美国政府伦理法》和《美国政府伦理改革法案》是行政、立法、司法三大国家机构工作人员的伦理标准。相应的，美国政府（行政机构）还制定了自己专属的“行政伦理法规”:《美国政府官员及雇员的行政伦理行为准则》（1989 年颁布）、《美国行政部门工作人员伦理行为准则》（1992 年颁布）。

另外，有些国家受美国的影响也相继出台了行政伦理法。如：日本 1999 年出台了《日本国家公务员伦理法》；加拿大 2003 年开始施行《加拿大公共服务的价值与伦理规范》；韩国 1981 年以总统令形式颁布了《韩国公职人员伦理法》，2001 年出台了国会通过的《韩国防止腐败法》等。

2. 行政伦理法的主要特征

行政伦理法主要有以下几个特征：

（1）权力强制性。行政伦理法作为一种伦理规范，与一般性的行政伦理规范（未法律化的行政伦理规范）的主要区别在于其权力强制性，即以公共权力为其外在强制力。有人也许认为这种区别就在于强制性与非强制性，即认为行政伦理法是具有强制性的，而一般性行政伦理规范是非强制性的。但我们认为，伦理规范以及行政伦理规范也是具有一定的强制性的，也是存在外在强制力的，这种外在强制力主要是社会舆论，是他人的评点、褒贬。只是这种强制与行政伦理法的强制比较而言是一种非权力的强制，是一种力量较弱的强制。

另外，行政伦理法的权力强制与行政纪律的“权力强制”也是有区别的。行政纪律也可以说具有权力强制性，但行政纪律的权力强制是组织内部的自身的权力强制，是组织的自律性权力强制。而行政伦理法的权力强制是组织外部的公共权力的强制，是国家权力的强制。

（2）明确统一性。行政伦理法与一般性行政伦理规范的另一个重要区别在于其明确统一性。一般性行政伦理规范主要存在于行政人员的作风习惯之中，存在于社会舆论之中，存在于人们的观念之中。它有一定的模糊性和差异性，不同的行政人员或行政部门乃至于社会公众，对于行政伦理规范的理解是不同的、是模糊的。而行政伦理法通过立法程序，以法典的形式予以明确，并在一定范围内(国家)是统一的、一视同仁的。

(3) 以行政人员的伦理行为为核心。行政伦理法以规范行政人员的伦理行为为核心,这是其与其他行政法相区别的重要特征。什么是伦理行为?王海明说:"伦理行为或道德行为是受具有道德价值、可以进行道德评价的意识支配的行为,说到底,也就是受利害己他意识支配的行为。"①行政人员的伦理行为,即行政人员的受利害己他意识支配的行为。这是行政伦理法所针对的行为,行政伦理法是围绕行政人员的伦理行为而展开的规定。而其他行政法往往是围绕权力、职能的划分,组织、机构的设定,利益、资源的分配,办事的程序等而展开的规定。其中虽然也有涉及行政人员的伦理行为的规定,但不以其为核心。或许也可以说,行政伦理法以规范和约束行政人员的伦理行为为核心和重点,而其他行政法则以规范和约束行政权力或公共权力为核心和重点。

(4) 责任追究的操作性。行政伦理法不仅明确规定行政人员在各种伦理关系中"应该怎么做"或"不准怎么做",同时还对行政人员违规(违法)行为的处罚方式、程序、力度等予以明确规定(对行政权力进行规范,)使责任追究具有统一、严谨的操作性。这是与我们所谓"行政纪律"相区别的一个重要特征。行政纪律往往只强调行政人员应该或必须怎么做、不准怎么做,而对于违纪行为如何处罚往往不予明确或不太明确。当然我们现在的行政纪律也常常以"违纪处分条例"的形式出现,与"行政伦理法"相近,也不仅申明行政人员必须遵守的行政纪律,同时还对违纪行为的处罚方式、程序、力度等予以明确规定。

第二节 我国行政纪律的主要内容

行政纪律的内容,是指行政纪律对行政人员的哪些行为进行了怎样的规范。在讨论行政纪律的定义时,已经明确,行政纪律规范的行为包括行政人员的行政行为和私人生活行为,包括"必须做"的行为和"不准做"的行为。但这还只是一种抽象的描述,我们还试图作进一步的、深入的了解和讨论。

那么,当前我国行政纪律的主要内容有哪些?当前我国明确行政纪律的文

① 王海明:《新伦理学(修订版)》,商务印书馆2008年版,第546页。

件主要有：全国人大常委会通过的《中华人民共和国公务员法》（2006年1月1日起施行）、国务院发布的《行政机关公务员处分条例》（2007年6月1日起施行），以及中共中央发布的《中国共产党纪律处分条例》（2016年7月8日起施行）。

《中华人民共和国公务员法》（简称《公务员法》）第53条规定："公务员必须遵守纪律，不得有下列行为：（一）散布有损国家声誉的言论，组织或参加旨在反对国家的集会、游行、示威等活动；（二）组织或参加非法组织，组织或参加罢工；（三）玩忽职守，贻误工作；（四）拒绝执行上级作出的决定或命令；（五）压制批评，打击报复；（六）弄虚作假，误导、欺骗领导和公众；（七）贪污、行贿、受贿，利用职务之便为自己或者他人谋取私利；（八）违反财经纪律，浪费国家资财；（九）滥用职权，侵害公民、法人或者其他组织的合法权益；（十）泄露国家秘密或工作秘密；（十一）在对外交往中损害国家荣誉和利益；（十二）参与或支持色情、吸毒、赌博、迷信等活动；（十三）违反职业道德、社会公德；（十四）从事或者参与营利性活动，在企业或者其他营利性组织中兼任职务；（十五）旷工或者因公外出、请假期满无正当理由逾期不归；（十六）违反纪律的其他行为。"

《行政机关公务员处分条例》是根据《公务员法》以及《中华人民共和国行政监察法》而制定的。《行政机关公务员处分条例》第三章"违法违纪行为及其适用的处分"所列举的违纪行为与《公务员法》第53条的规定原则上是一致的，只是有所扩充、延伸和细化。《中国共产党纪律处分条例》所明确的党纪与行政纪律具有一定程度的一致性，这是因为中国共产党是中华人民共和国的执政党。根据上述三个文件，可以将当前我国的行政纪律的主要内容概括为政治纪律、组织纪律、廉洁纪律、群众纪律、工作纪律、生活纪律等六个方面。

一、政治纪律

政治纪律是对行政人员的具有政治性质的行为的要求。所谓具有政治性质的行为，是指那些与国家、阶级、政党等的根本利益或基本理念（原则）有关的行为。政治总是与国家、阶级、政党等联系在一起，总是与全局性利益或公共利益联系在一起，与国家或社会生活中带有根本性的利益问题有关。

《行政机关公务员处分条例》所明确的政治纪律的内容主要为要求行政人员不得有以下行为：（1）散布有损国家声誉的言论，组织或者参加旨在反对国家的集会、游行、示威等活动;(2)组织或者参加非法组织,组织或者参加罢工;(3)违反国家的民族宗教政策;(4)以暴力、威胁、贿赂、欺骗等手段,破坏选举;(5)在对外交往中损害国家荣誉和利益;(6)非法出境,或者违反规定滞留境外不归;(7)未经批准获取境外永久居留资格,或者取得外国国籍等。

二、组织纪律

组织纪律是对行政人员的影响组织运行秩序的行为的要求。行政人员是行政组织中的一员,行政组织是由行政人员组成的一个分工合作、配合协调的系统,行政组织的正常(有序)运行必然要求每一个行政人员都遵守统一的组织秩序。这种组织秩序即组织内部的一些程序性规则,如议事规则、上下级之间的关系等。

《行政机关公务员处分条例》所明确的组织纪律的内容主要要求行政人员不得有以下行为:

(1)负有领导责任的公务员违反议事规则,个人或者少数人决定重大事项,或者改变集体作出的重大决定;(2)拒绝执行上级依法作出的决定、命令;(3)拒不执行机关的交流决定;(4)拒不执行人民法院对行政案件的判决、裁定或者监察机关、审计机关、行政复议机关作出的决定;(5)违反规定应当回避而不回避,影响公正执行公务,造成不良后果;(6)离任、辞职或者被辞退时,拒不办理公务交接手续或者拒不接受审计;(7)旷工或者因公外出、请假期满无正当理由逾期不归,造成不良影响等。

三、廉洁纪律

廉洁纪律是对行政人员的涉及以权谋私行为的要求。行政人员手中掌握的行政权力是公共权力,只能用于谋取公共利益,即公权公用。但是当行政人员个人掌握公共权力后,有可能用来为自己或他人谋取私利,即以权谋私。以权谋私势必损害公共利益以及行政组织的整体利益,因此为纪律所不容。

关于廉洁纪律,《行政机关公务员处分条例》明确的主要内容为:(1)行政人员不得有贪污、索贿、受贿、行贿、介绍贿赂、挪用公款、利用职务之便为自己或他人谋取私利、巨额财产来源不明等行为;(2)不得挥霍浪费国家资财;(3)不得从事或参与营利性活动,不得在企业或者其他营利性组织中兼任职务等。

《中国共产党纪律处分条例》更为细致。如:

(1)在"以权谋私"问题上要求:不得利用职权以及职务上的影响为他人谋取利益;不得相互利用职权或者职务上的影响为对方及其配偶、子女及其配偶等亲属、身边工作人员和其他特定关系人谋取利益;不得纵容、默许配偶、子女及其配偶等亲属和身边工作人员利用党员干部本人职权或职务上的影响谋取私利;不得违反规定从事营利活动等。

(2)在"收受礼品、贿赂"问题上要求:不得利用职权或者职务上的影响为他人谋取利益,本人及本人的配偶、子女及其配偶等亲属和其他特定关系人不得收受对方财物;不得收受可能影响公正执行公务的礼品、礼金、消费卡等;不得利用职权或职务上的影响操办婚丧喜庆事宜,并借机敛财或侵犯国家、集体和人民的利益;不得接受可能影响公正执行公务的宴请或者旅游、健身、娱乐等活动安排等。

(3)在"行贿"问题上要求:不得向从事公务的人员及其配偶、子女及其配偶等亲属和其他特定关系人赠送明显超出正常礼尚往来的礼品、礼金、消费卡等。

(4)在对待公款公物问题上要求:党员领导干部不得违反工作、生活保障制度在交通、医疗、警卫等方面为本人、配偶、子女及其配偶等亲属和其他特定关系人谋求特殊待遇;不得在分配、购买住房中侵犯国家集体利益;不得利用职权或者职务上的影响,侵占公私财物,或者以象征性地支付钱款等方式侵占公私财物,或者无偿、象征性地支付报酬接受服务、使用劳务;不得利用职权或职务上的影响,将本人、配偶、子女及其配偶等亲属应当支付的费用,由下属单位、其他单位或者他人支付、报销;不得利用职权或职务上的影响,违反有关规定占用公物归个人使用;不得违反有关规定组织、参加用公款宴请、高消费娱乐、健身活动,或者用公款购买赠送、发放礼品;不得违反规定自定薪酬或者滥发津贴、补贴、奖金等;不得用公款旅游、借公务差旅之机旅游或者以公务差旅为名变相旅游;不得以考察、学习、培训、研讨、招商、参展等名义变相用公款出国(境)旅游;不得违反公务接待管理规定,超标准、超范围接待或者借机大吃大喝等。

四、群众纪律

群众纪律是对行政人员作为领导、管理者、干部的涉及群众(公民、行政相对人)利益、权利、诉求、困难的行为的要求。

"群众"一般来说是与"干部"相对应的一个概念。"干部"一词来自于日语,本是日语中的一个汉字词,意思是"骨干部分"。日语的"干部"一词是日本人根据法语"cadre"一词意译成的。法语"cadre"一词的本义是"骨骼",引申指在军队、国家机关和公共团体中起骨干作用的人员。① 相应的,群众就是指组织或团体中的非骨干的、大多数的成员。"群众"与"干部"这对概念在党的文件(如《中国共产党章程》等)中有较多的使用,在政府文件以及其他的法律文件中一般使用"公民"或"相对人"这两个概念。

关于群众纪律,《行政机关公务员处分条例》明确规定,行政人员(行政机关公务员)(1)不得以殴打、体罚、非法拘禁等方式侵犯公民人身权利;(2)不得压制批评,打击报复,扣压、销毁举报信件,或向被举报人透露举报情况;(3)不得违反规定向公民、法人或其他组织摊派或者收取财物;(4)不得滥用职权,分割公民、法人或其他组织的合法权益等。

《中国共产党纪律处分条例》关于群众纪律的规定更为细致,包括:(1)不得超标准、超范围向群众筹资筹劳、摊派费用;(2)不得违反规定扣留、收缴群众款物或者处罚群众;(3)不得克扣群众财物,或者违反规定拖欠群众钱款;不得在管理、服务活动中违反有关规定收取费用;(4)不得在办理涉及群众事务时刁难群众、吃拿卡要;不得干涉群众生产经营自主权;(5)不得在社会保障、政策扶持、救灾救济款物分配等事项中优亲厚友、明显有失公平;(6)不得在涉及群众生产、生活等切身利益的问题时依照政策或有关规定能解决而不及时解决;

① "干部"一词已经被许多国家所采用,用来指在国家机关和公共团体中起骨干作用的人员。20世纪初,"干部"一词被引进中国以后,孙中山、蒋介石、毛泽东等频繁使用。1922年7月,中国共产党第二次全国代表大会制定的党章首次使用了"干部"一词。从此以后,在中国共产党和国家机关、军队、人民团体、科学文化等部门和企事业单位中担任一定公职的人员都称为"干部"。中国共产党的十二大党章明确指出:"干部是党的事业的骨干,是人民的公仆。"这是对我国干部本质特征所作出的科学概括,也是区别于任何剥削阶段官吏的根本标志。

(7)不得在对待符合政策的群众诉求时消极应付、推诿扯皮，损害党群、干群关系；(8)不得对待群众态度恶劣、简单粗暴；(9)不得弄虚作假，欺上瞒下，损害群众利益；(10)不得在遇到国家财产和群众生命财产受到严重威胁时能救而不救；(11)不得不按规定公开党务、财务、厂务、村(居)务，侵犯群众知情权等。

五、工作纪律

工作纪律是对行政人员履行工作职责行为的要求。《行政机关公务员处分条例》所明确的工作纪律主要有以下内容：

(1)必须依法履行职责，避免爆炸、火灾、传染病、严重环境污染、严重人员伤亡等重大事故或者群体性事件；(2)必须按规定报告、处理已发生的重大事故、灾害、事件或者重大刑事案件、治安案件；(3)必须对救灾、抢险、防汛、防疫、优抚、扶贫、移民、救济、社会保险、征地补偿等专项款物严格管理，不得使款物被贪污、挪用，或者毁损、灭失；(4)不得在行政许可工作中违反法定权限、条件和程序设定或者实施行政许可；(5)不得违法设定或者实施行政强制措施；(6)不得违法设定或者实施行政处罚；(7)不得违反法律、法规规定进行行政委托；(8)不得违规办理需要政府、政府部门决定的招标投标、征收征用、城市房屋拆迁、拍卖等事项；(9)不得泄露国家秘密、工作秘密，或者因履行职责掌握的商业秘密、个人隐私等。

六、生活纪律

生活纪律是对行政人员在社会生活中的行为的要求。《行政机关公务员处分条例》所明确的生活纪律主要有以下内容：

(1)必须承担赡养、抚养、扶养义务；(2)不得虐待、遗弃家庭成员；(3)不得包养情人；(4)不得有违反社会公德的行为；(5)不得参与迷信活动；(6)不得吸食、注射毒品，不得组织、支持、参与卖淫、嫖娼、色情淫乱活动；(7)不得参与赌博，不得在工作时间赌博，不得挪用公款赌博，不得利用赌博索贿、受贿或行贿，不得为赌博活动提供场所或其他便利条件；(8)不得违反规定超计划生育等。

《中国共产党纪律处分条例》所明确的生活纪律主要有以下内容：

（1）不得生活奢靡、贪图享乐、追求低级趣味；（2）不得与他人发生不正当性关系，不得利用职权、教养关系、从属关系或者其他类似关系与他人发生性关系；（3）不得违背社会公序良俗；（4）不得违反社会公德、家庭美德等。

第三节　美国等国家行政伦理法的主要内容

一般来说，行政伦理法的内容主要有两个方面，一方面是针对行政人员的行政伦理行为而确立的要求行政人员必须遵守的行政伦理规范；另一方面则是针对行政人员违规行为而确立的“罚则”，即针对行政权力（公共权力）、司法部门的矫正行为而确立的规范。但我们关注和进行比较的主要还是第一个方面的内容，即针对行政人员的行政伦理行为的行政伦理规范。本节我们主要介绍美国、韩国、日本等三个国家行政伦理法的主要内容。

一、美国行政伦理法的主要内容

美国行政伦理法的法典主要有美国国会颁布的《美国政府伦理法》、美国政府颁布的《美国政府官员及雇员的行政伦理行为准则》和《美国行政部门工作人员伦理行为准则》、美国行政学会（美国行政人员联合组织）制定的《美国行政学会伦理准则》等。根据以上法典，特别是《美国行政部门工作人员伦理行为准则》，我们可将美国行政伦理法的主要内容概括如下①：

1. 基本的义务性要求（总的原则）

美国行政伦理法认为，政府工作人员执行公务是受公众委托的行为，为了保证每个公民对政府拥有信心，政府工作人员应该尊重和遵循以下准则：

（1）政府工作人员应忠于宪法、法律和道德原则，并将其置于个人利益之上；（2）政府工作人员不得持有与执行公务相冲突的经济利益；（3）政府工作人员不得利用不公开的政府信息来进行金融交易以牟取私利；（4）政府工作人员不得向正在寻求政府部门的官方行动、与政府部门有业务往来，或其活动受政府

① 参阅马国泉：《行政伦理：美国的理论与实践》，复旦大学出版社2006年版，第312—329页。

部门管理,或其利益可能受到政府工作人员执行公务的影响的人士或机构索取或接受礼物;(5)政府工作人员应该认真执行公务;(6)政府工作人员不得有意作出会束缚政府手脚的任何承诺;(7)政府工作人员不得假公职而谋私利;(8)政府工作人员应秉公办事,不得偏袒任何私人团体或个人;(9)政府工作人员应保护政府财产,不得将其用于未经授权的任何活动;(10)政府工作人员不得从事任何与政府公职有冲突的兼职或活动;(11)政府工作人员应向有关方面揭发浪费、欺诈、滥用职权和贪污腐化的行为;(12)政府工作人员应认真履行各项公民义务,包括法律规定的向联邦、州或地方政府纳税的义务;(13)政府工作人员应遵循为全体美国人民,不论其种族、肤色、宗教、性别、出生国、年龄、身体障碍,提供平等机会的所有法律法规;(14)政府工作人员应努力避免任何造成违法或违背道德准则的印象的行为。

以上准则是对美国政府工作人员最基本的义务性要求,也可以说是美国行政伦理法的总原则。在这些总原则之后,则是一些较为具体的、细致的规定。

2. 关于收受外界礼物的规定

这是针对政府工作人员可能收受外界礼物行为而设置的规定,主要如下:(1)政府工作人员不得因执行公务时改变行为而收取作为报答的礼物;(2)政府工作人员不得索取或强行索取礼物;(3)政府工作人员不得从同一或不同的来源频繁地收取礼物而使人有理由相信该工作人员在利用公职谋取私利;(4)政府工作人员不得违反任何条例而接受礼物,这些条例包括禁止政府官员去寻求、接受或同意接受任何有一定价值的物品以换取在执行公务时改变行为,禁止政府官员从美国政府以外的任何来源领取薪水或报酬;(5)政府工作人员不得违反政府采购和服务的规定、政策或者指导原则而接受经销商提供的促销训练。

3. 关于工作人员之间互赠礼物的规定

这是针对政府内部工作人员之间互赠礼物行为而作的规定,主要如下:(1)政府工作人员不得直接或间接地向上级赠送礼物或者捐款以便为其上级购买礼物;(2)政府工作人员不得从其他政府工作人员那里募捐以便为其本人或其他人的上级购买礼物;(3)政府工作人员不得接受工资比其低的另一政府工作人员的礼物,除非他们之间不存在上下级的关系并且他们之间的私人友谊使这种礼尚往来显得合情合理;(4)任何上级官员不得从下属那里强行索取礼物。

4. 关于经济利益冲突方面的规定

这方面的规定又主要区分为两个方面的内容,一方面是因经济利益而被取消某方面工作(事务)资格的规定,另一方面是禁止取得或继续拥有某些经济利益的规定。

取消资格的规定:(1)政府工作人员不得以官方身份参与任何与其有利益关系的并对该利益有直接的、可预测到的影响力的事务;(2)除非得到批准,政府工作人员不得参与任何与其有利益关系并对该利益有直接的、可预见的影响力的事务;(3)在出售会使之失去参与某一事务的资格的财产或其他经济利益后,政府工作人员可以参与该事务;(4)如果政府工作人员的官方职责使他有可能参与他不应该参与的某一事务,他应该向其上级或具体负责安排其工作的官员汇报这种可能,以避免导致经济利益冲突的工作安排。

禁止取得或继续拥有某些利益的规定:(1)政府部门可以通过本部门的补充规定,禁止或者限制本部门的工作人员、配偶,以及未成年的子女取得或者拥有某种或某类经济利益,只要该部门认为取得或拥有这样的经济利益将会使人有理由质疑该部门实施某些项目时是否公正客观;(2)政府部门可以禁止或者限制部门内某一工作人员取得或拥有某种或某类经济利益,如果部门负责人认为拥有这样的经济利益将导致该工作人员失去执行其本职工作中的关键部分的资格,或者工作人员的失去资格并且别人又一时无法替代他从而对整个部门的工作效率产生不良的影响;(3)如果政府部门领导指示某工作人员要放弃某一经济利益,则应给该人一定时间去考虑和处理其经济利益问题,通常这段时间自不超过90天;但只要该人继续拥有这种经济利益,他就应接受有关条款的限制;(4)如果政府工作人员要求出售或者放弃某一经济利益,他可以按有关规定将这部分利益的付税额扣除。

5. 关于公正执行公务方面的规定

这方面规定的目的在于保证政府工作人员能采取适当的步骤以避免执行公务时出现有失公正的情况。主要有以下规定:

(1)如果政府工作人员知悉某项具体事务很可能会对其家庭成员产生直接

的、可预见的影响,或者知悉与其有某种隐蔽关系的某人和这一具体事务有关,而这种情况又会令人质疑他在处理这项事务时是否公正,他非经部门领导批准不应参与这项事务;(2)如果政府工作人员知悉其家庭成员在其处理的某一具体事务中拥有经济利益,或者处理该项事务时会牵涉到与其有隐蔽关系的个人,部门领导可以自行决定是否有人会质疑该工作人员在处理这一事务时是否公正;(3)如果政府工作人员参与某一具体事务并不违反有关规定但可能会引起某些人对他是否公正的疑问,但部门经过全盘考虑后认为该工作人员的参与对美国政府的重要性大于对该部门是否公正的担忧后,可以批准他参与该项事务;(4)如果政府工作人员的部门领导已经确定因其家庭成员的经济利益或与其有隐蔽关系的某人的作用很可能会使人有理由质疑其处理该项事务是否公正,该政府工作人员非经批准不得参与处理该项事务;(5)一位政府工作人员是否办事诚实、品行公正的信誉不应是作出上述任何决定的一个恰当的考虑因素;(6)如果政府工作人员在进入政府工作前曾经接受过当时的雇主给的特别报酬(1万美元以上),该工作人员在为期两年的时间内(自接受特别报酬日起算)不得参与任何牵涉到前雇主的事务。

6. 关于另谋他职的规定

这方面的规定主要针对那些打算"跳槽"到私人企业的政府工作人员而设置的。主要有以下具体规定:

(1)政府工作人员不得参与对其试图"跳槽"的未来雇主的经济利益有直接的、可预见的影响的具体事务;(2)政府工作人员一旦发现他必须回避参与某项具体事务时,应向负责其工作安排的上级报告;如果一政府工作人员负责安排自己的工作,他应采取一切必要的步骤避免参与他应该回避的具体事务;(3)如果政府工作人员正计划"跳槽"到某私人企业,而政府部门认为这样的行动会使其失去参与某些事务的资格,该部门可以让该人在另谋他职期间作年度休假或停薪休假;(4)如果政府工作人员曾经有过试图"跳槽"的尝试,在试图"跳槽"的谈判中止后,政府部门的领导仍可决定在一段时间内免除该人参与某些事务的资格,作出这一决定的原因在于该人的参与会引起人们对该部门是否秉公办事的担忧,而这种担忧与该人的参与对美国政府的重要性相比又显得更为突出。

7. 关于滥用职权方面的规定

这方面的规定是针对政府工作人员应该如何正当使用办公时间和官方权威，以及如何正当使用由于他在联邦政府工作才可以得到的信息和资源而设置的。主要有以下具体规定：

关于假公济私行为的规定：(1)政府工作人员不得利用或让别人利用他在政府内的职位、官衔或权威来试图胁迫或诱使包括下级在内的任何人向他自己、他的朋友或亲戚提供任何好处方便；(2)政府工作人员不得利用或让别人利用他在政府内的职位、官衔或权威，以使别人有理由认为他的部门或者政府认可或赞同他的行动；如果有人请他写求职推荐信并在信中注明自己的官衔时，他只有在下列情况下才可以这样做——或者他是在政府工作期间对对方的能力和品行有所了解，或者他是为对方想申请到联邦政府就职作推荐；(3)除某些例外，政府工作人员不得利用或让别人利用他在政府内的职位、官衔或权威来推荐任何产品、服务或企业；(4)为了保证政府工作人员执行公务时不会给人以假公济私或者办事不公的印象，当他的职责会影响到某个朋友或亲戚的经济利益时，他应当按规定回避参与相关事务。

关于利用保密信息的规定：政府工作人员不得利用不公开的(保密的)信息进行金融交易，也不得滥用不公开的信息，通过劝导、建议，或打听非法透露的内情等方式，来谋取个人利益。

关于利用政府资产的规定：政府工作人员有责任保护和保管政府的资产，并且不得将政府资产，或者允许别人将政府资产，用于未经授权的目的。

关于利用办公时间的规定：(1)除经上级按有关法律或规章予以批准的特殊情况外，政府工作人员在办公时间应认真执行公务；(2)政府工作人员不是鼓励、指使、强迫，或者要求下属利用办公时间从事与执行公务无关的或者未经有关法律或规章批准的任何活动。

8. 关于政府外活动的规定

这方面的规定是针对政府工作人员试图在政府外兼职或在政府外从事其他活动而设置的。主要有以下规定：

(1)政府工作人员不得介入政府外的就业或任何与其官方职责冲突的政府

外活动;(2)政府工作人员除了代表美国政府外不是在任何涉及美国利益或本部门利益的诉讼中作为一个收费的或免费的专家证人;(3)政府工作人员非经允许不得因和本身的官方职责有关的教学、演讲和写作而从政府外的其他来源接受报酬。

二、韩国行政伦理法的主要内容

韩国行政伦理法的内容主要体现在《大韩民国宪法》《公务员法》《韩国公务员服务规定》《韩国公职人员伦理法》《韩国防止腐败法》等法典之中。①

《大韩民国宪法》明确规定,公职人员应该为全体国民服务;国民利益,而不是特定集团的局部利益,是公职人员的最基本的伦理价值基础。

《韩国国家公务员法》规定,公务员就职前必须宣誓;公务员不得作出任何有损于政府地位或违背《公务员法》的事情;公务员在执行公务时必须忠实地遵守规章制度,遵守法律法规;必须服从上级下达的与工作有关的命令,除非这些命令不合法、非法或明显不恰当;必须全力以赴做好本职工作,限制辞职,限制兼职,限制接受外国政府给予的荣誉,禁止从事政治活动,限制参加劳工运动;应该和蔼而公正无私地履行职责;保守机密等。

《韩国公务员服务规定》是1970年6月以总统令形式颁布的行政伦理法,后来陆续进行了12次修订。该法主要包含有以下内容:

(1) 明确公务员就任时,须在所属机关的首长面前宣誓,誓词如下:我保证以一名公职人员应有的荣誉和良心,为国家和国民奉献一切;我决心遵守法令,服从上级的指挥和命令;我决心站在国民一边,以正直和诚实的品质投身于公务;我决心以创新和主动精神去履行应尽的职责;我无论在担任公职之时,还是在不担任公职之时,绝不泄露在履行公务过程中所掌握的机密;我作为一名正义事业的实践者,决心在根除腐败的斗争中起表率作用。

(2) 规定公务员作为全体国民奉养的公仆,应遵守国家法令和公务方面的命令,确立公务规范,遵守纪律;应公私分明,尊重人权,亲切、公正、高效、准确地处理业务。

① 参阅王伟、鄯爱红:《行政伦理学》,人民出版社2005年版,第466—473页。

（3）禁止公务员从事营利业务与兼职，包括从事商业、工业、金融业以及其他有明显营利目的的业务；在商业、工业、金融业以及其他营利性私人企业担任执行理事，或审计师业务的无限责任社员，或总经理、发起人等；向与其职责有关的企业投资等。

（4）规定公务员不得参与或支持任何反对政府的政治活动。

《韩国公职人员伦理法》是1981年12月以总统令形式颁布的，后来多次修订。该法主要涉及公职人员的"财产申报与公开""礼品的申报""限制退职公职人员的就业"等问题。该法在总则中明确，制定"本法的目的是把公职人员、公职候选人员的财产登记和财产登记公开予以制度化；是对利用公职取得财产、公职人员申报礼品、退职公职人员的就业制定限制性规章，防止公职人员不当的财产增值，确保公务的公正性，确立为国民的服务者即公职人员的伦理准则"。

《韩国防止腐败法》是韩国国会于2001年6月28日正式通过的一部旨在预防和遏制腐败行为的法律。该法所谓的腐败行为是指，公务人员滥用其地位或权限，违反法令，为自己或第三者谋取利益的行为；在使用公共机关的预算，接收、管理及处理公共机关的财产或签署并履行以公共机关为当事人的合同时，违反法令，使公共机关遭受财产损失的行为。该法主要包含以下内容：

（1）规定了各社会主体在预防和遏制腐败行为上的职责和义务。公共机关须及时发现行政方面存在的问题，修订有关法令、制度，搞好宣传教育，积极参与有关的国际合作与交流；各个政党及其党员应致力于创建廉洁、透明的政治文化，普及健康的选举文化，并使政党运行及政治资金的筹集和使用日趋透明化；企业应确立健全的交易秩序和企业伦理，为反腐败采取必要措施；所有国民应积极配合公共机关的反腐败措施；公职人员应遵守有关法令和行动纲领，切实、公正地履行职责，不得有任何腐败行为和有损于公职人员形象的行为。

（2）设立总统直属的防止腐败委员会，其主要职能有：制定行政机关与反腐败有关的政策，提出改善有关制度的劝告；调查和评价行政机关反腐败措施的执行情况；制订并实施有关防止腐败的教育和宣传计划；支援非营利民间团体的反腐败活动；开展与反腐败有关的国际合作；受理关于腐败行为的举报；保护举报人并给予补偿等。

（3）规定了公民的监察申请权。凡公共机关的事务处理因违法或腐败行为,对公共利益的实现产生不利影响时,20 岁以上的国民可以联名向监察院申请监察。

(4) 规定公职人员因在职期间与职务有关的腐败行为而被辞退、罢免或解任,5 年内不得被与辞退前 3 年的业务有密切关系的营利企业或有关法、团体录用。

三、日本行政伦理法的主要内容

日本的行政伦理法主要体现为《日本国家公务员伦理法》(以下简称《伦理法》),该法于 1999 年在众议院和参议院全体会议上获得通过。该法由"总则""国家公务员伦理规程""赠与等的报告与披露""国家公务员伦理审查委员会""伦理监督官""杂则"等六章四十六条构成,主要内容可以概括如下:

1. 基本伦理原则

《伦理法》第一章"总则"明确公务员必须遵守的与其职务有关的基本伦理原则有三条:(1)公务员是全体国民的服务者,而不是部分国民的服务者,因此,不能只为部分国民服务,必须平等公正地履行职责,为全体国民服务;(2)不能利用其职务和地位为自己或自己所属的组织谋取私利;(3)不得因行使法律所赋予的权力而收受相对人的赠予等。

2. 关于国家公务员伦理规程

《伦理法》规定,内阁须根据"总则"所明确的基本伦理原则,制定出确保公务员切实履行职务的、必要的"国家公务员伦理规程"(细则)。

3. 关于赠与等的报告与披露

《伦理法》规定,(1)中央省厅辅佐级以上的公务员,收受事业者(相对人)价值 5000 日元以上赠与等(金钱、物品及其他财产上的利益、招待),须向各省厅长官提交报告书,各省厅长官须将报告书副本送交国家公务员伦理审查会;(2)中央省厅的局长级以上公务员须向各省厅长官提交资产报告书和所得报告书,各省厅长官须将报告书副本送交国家公务员伦理审查会;(3)对于赠与等的报告书,原则上任何公民均可查阅。

4. 关于国家公务员伦理审查委员会

《伦理法》规定,(1)在人事院设"国家公务员伦理审查委员会";(2)伦理审查委员会有向内阁或会计检察院呈报关于修改或废除伦理规程的权限,以及制定、修改有关违反伦理规程事件的处分标准的权限;(3)伦理审查委员会对于违反伦理规程的人员,可要求其上司进行调查、报告、处分及公开事实,也可以亲自履行惩戒行为;(4)伦理审查委员会的会长及委员独立行使职权,身份受到充分保障。

5. 关于伦理监督官

《伦理法》规定,在中央省厅的行政机关各设一名伦理监督官,负责对所属职员进行必要的伦理指导和帮助,并负责伦理体制的建设工作。

第八章　行政伦理评价：行政良心与行政荣誉

伦理评价是“伦理”或“道德”的必经之途，只有通过伦理评价才能判断人的行为是否符合伦理（或道德）的规范，才能实现扬善去恶的目标。行政伦理评价是行政伦理的必经之途，只有通过行政伦理评价才能判断行政行为的善恶，才能扬善去恶实现善政。伦理评价主要区分为两种形式，一种是自我评价的形式即所谓“良心”，一种是相互评价形式即所谓“名誉”或“荣誉”。相应的，行政伦理评价也主要有两种类型：行政良心与行政荣誉。

第一节　行政伦理评价的本质及意义

一、评价的本质：反映与反应

所谓评价，即价值评价、评定价值。评价是与价值有关的一种精神活动，是主体对客体价值的判断。评价作为这样一种精神活动包含有四大要素：评价主体、评价客体、评价标准、评价结论。

1. 评价主体：与价值主体同一还是分离

评价是评价主体对评价客体价值的评定。而价值是一个关系范畴，价值是价值客体满足价值主体需要的效用性。那么，作为评价的主客体关系与作为价值的主客体关系是同一的吗？评价主体与价值主体、评价客体与价值客体是同一的吗？人们对这两个问题有不同的看法。

李德顺认为，评价主体与价值主体是同一的，而且只有当二者同一时，才有所谓评价，否则只有认知。“只有当评价者与被评价的对象形成价值关系时，或评价者就是被评价的价值关系的主体时，他的认识才是评价。换句话说，只有当一定的价值关系的主体自己来认识这种价值关系的结果时，他的认识才是评价。”①李德顺之所以强调评价主体与价值主体同一，是因为他认为，评价与认识是有本质区别的。认识是主体对客体属性的反映，而“评价是一种主体性的精神活动”，“在这种活动中，总有价值主体的‘我’在内，因此它总是必然地包含着并表达着主体的‘态度’、选择、情感、意志等。而主体是具体的、历史的、不断变化着的，评价则是把一定的或变化着的事实，同不断发展着的主体和主体尺度联系起来的意识。因此，评价总是随着价值关系主体的变化和发展而变化和发展的。”②

我们认为，评价主体与价值主体可能是同一的，也可能是分离的。在实践中，我们不是常常要求人们对某人、某事的评价要“客观”“公正”吗？这所谓客观、公正实际上就是要求将评价主体与价值主体区分开来，只有当评价主体与价值主体分离、当评价主体摆脱价值主体的纠缠时，评价才有可能客观、公正。比如各种比赛中的“评委”，或各种考试的“评阅人”，他们无疑是“评价主体”，但他们就不一定是“价值主体”。他们所进行的“评价”，不是或不一定是（或者说“不应该是”）评价对象（客体）对于他们自身（评价主体）而言的价值的表达。他们只是用某种统一的、公认的标准，即客观、公正的标准，去衡量、评定对象（客体）的价值。当然，评价主体与价值主体也可能是同一的，事实上人们经常要评定、判断对象对于自己的价值（意义），自己既是评价主体又是价值主体。但我们又应注意到这样一种事实，我们也可能以超越自我的身份（他人或社会）来评价某客体（对象）对于自己的价值（意义）。比如我们可能一方面认为“读书”对于我

① 李德顺：《价值论（第二版）》，中国人民大学出版2007年版，第230页。

② 同上书，第232页。

们自己并没有什么好处,我们可能并不喜欢"读书"。也就是说,我们既是"读书"与我们自己的价值关系中的价值主体,同时又是评价"读书"对于我们自己的价值的评价主体;另一方面,我们也可能站在父母或社会的角度来评价"读书"对于我们的价值,认为"读书"对于我们有好处、有价值。而这时作为评价主体的"我"显然已超越了作为价值主体的"我",都是"我"却又不是同一个"我"。这也说明,评价主体与价值主体是可能分离的,有时甚至是应该分离的。

2. 评价客体:价值客体还是主客体关系(价值关系)

那么,评价的客体与价值客体是否同一?有人认为是,也有人否认。这两种截然不同的意见与人们对于价值本质的理解有关。在价值论或价值哲学研究中,关于价值的本质有三种不同的理解,一种是价值主观论,一种是"客体属性"论,一种是主客体"关系"论。

价值主观论认为,客体(对象)的价值是从主体的需要、欲望、兴趣中来的,与客体没有什么关系。美国哲学家培里(R. B. Perry)曾说:"寂静的沙漠没有价值,直到某些跋涉者发现了它的孤寂与可怕;大瀑布,直到某些爱好者发现了它的伟大,或者它被用来满足人们的需要时,才具有价值。自然界的事物……直到人们发现了它的用途时才有价值;而且,它们的价值,根据人对它们需要的程度,可以提到相应的高度……任何客体,无论它是什么,只有当它满足了人们的某种兴趣(不管这种兴趣是什么),才获得了价值。"[①]按照这一观点的思路,大概可以说,评价客体与价值客体是同一的,因为它们认为,(价值)客体之所以有价值,正是因为其成了评价客体(对象)。

"客体属性"论认为,价值是客体的固有属性。这与价值主观论正好相反。比如花的美(价值):"没有人看它的时候,花本身也是美的!"但按照这一观点的看法,评价客体与价值客体也是同一的,因为评价是对客体价值属性的反映。

主客体"关系"论认为,价值存在于价值关系(主客体关系)之中,价值不是客体的固有属性,而是客体满足主体需要的效用性,即客体与主体发生关系而产生的属性。因此,评价客体与价值客体不是同一的,评价的客体(对象)是价值

---

① 培里:《一般价值论》(麻省剑桥,1954),第125、115—116页。转引自罗尔斯顿:《环境伦理学》,杨通进译,许广明校,中国社会科学出版社2000年版,第150—151页。

关系，即价值主体与价值客体的关系。评价是价值关系在意识中的反映。

我们认为，价值确实是存在于主客体关系之中的，是客体满足主体需要的效用性。价值既不完全是从主体需要、欲望、兴趣中来的，也不纯粹是客体的固有属性。但我们也不因此而认为，评价客体就是价值关系，即价值主体与价值客体的关系。因为这与我们的经验、常识不符，使问题复杂化了。我们的经验和常识告诉我们，评价就是对（价值）客体的价值进行衡量与判断，就像我们衡量和判断物体的重量或长短大小一样，其评价的客体就是价值的客体。但我们强调，评价是有标准的，评价主体并不是直接面对评价客体或价值客体，而是以评价标准为中介，通过评价标准而完成对评价客体或价值客体的评价。这样，一方面与我们的经验、常识完全一致了，使我们对评价的理解更为明确通俗；另一方面，我们又可以通过对评价标准的说明而克服价值主观论和"客体属性"论在价值理解上的片面性。

3. 评价标准：个人标准与共同标准

评价标准是评价行为中主体用来衡量客体价值的尺度。评价标准必然存在于评价行为中，是评价行为不可或缺的要素。

评价标准一方面是从主体的需要和利益中来的，是对主体内在尺度的认识。客体是否有价值，当然首先要看它是否满足以及在何种程度上满足主体的需要和利益，主体的需要和利益即主体衡量客体价值的内在尺度。但主体的内在尺度并不直接就是评价标准，它必须被主体意识到，必须浮现在意识层面，才可能成为评价标准。因为，评价作为一种精神活动，是自觉的、主动的、有意识的。主体也可能在无意识状态下，因为自身的内在尺度，而对客体存在的作用或刺激作出反应（趋避选择）。这似乎也是"评价"，但因其缺乏自觉性，与动植物对刺激的反应没有根本区别，所以还不能算真正的评价。

另一方面，评价标准也来自于主体对客体本性和规律的认识。评价标准必须适合评价客体，必须与评价客体相连相通，因为评价终归是对客体价值的评价。正如我们用尺量长度，用秤称重量，用斗量体积等。如果用尺量重量、用秤量体积、用斗量长度就不可能，就没有效果。而客体的价值归根到底是由客体的本性和规律决定的，所以，确立评价标准必须认识、理解客体的本性和规律，主体对客体本性和规律的认识是评价标准的来源。

评价标准既具有客观性,也具有主观性。因为主体的需要和利益(或所谓内在尺度)是客观的、必然的,客体的本性和规律也是客观的和必然的,所以评价标准具有客观性。但是,评价标准又绝不就是主体尺度和客体本性、规律,而是主体的一种意识形态,是主体认识(包括自我认识和对客观世界的认识)的结果。因为人的认识不可避免地具有主观性,所以,评价标准同时也不可避免地具有主观性。

因为评价标准既具有客观性又具有主观性,因此,评价标准也既具有统一性又具有差异性。在实践中主要表现为,既存在个人标准(个别标准或差别标准),也存在共同标准。

个人标准(个别标准,即存在差别的标准)的存在主要有两个方面的原因:第一是每个人的主观认识存在差异。每个人的主观认识都与其先天生理素质以及后天的实践经验有关,不同的人在这两个方面都可能存在差异,因而导致认识上的差异。认识上的差异包括对主体自身需要和利益认识的差异,以及对客体本性和规律认识的差异。第二是个体需要和利益存在现实差异。人的需要在一些根本的方面是相同的,但因其生存环境、社会实践等因素的影响,使得不同的人在需要和利益上也产生了一些现实性的差别。因为人们在主观认识上存在差异,也因为人的需要和利益确实存在差异,所以在评价标准上存在差别,有所谓个人标准。

共同标准之所以存在,一方面取决于其必要性,另一方面则取决于其可能性。共同标准的可能性来自三个方面:(1)主体尺度和客体本性的客观性;(2)主体尺度和客体本性的普遍性;(3)主体的认识能力,即主观反映客观的能力。因为主体具有认识能力,而决定评价标准的主体尺度和客体本性既具有客观性又具有普遍性,所以共同标准是可能的。共同标准的必要性来自于主体的社会性。因为主体必须在社会中存在,必须相互交往,所以必须有共同标准。

4. 评价结论:反映还是反应

评价必然有个结论或结果。评价结论即评价主体对于评价客体(价值客体)是否满足价值主体(不一定同时是评价主体)的需要(是否符合评价标准)的肯定或否定,或满足需要(符合标准)的程度(等级)的判断。

这里,我们或许需要补充说明一下:评价往往不仅仅是评价主体对单一评价客体(价值客体)的评价,而往往是对多个评价客体(相对于同一价值主体而言的多客体)的评价。这也就是说,评价不仅仅是单一客体与评价标准的比较,同时也是多个评价客体之间的比较。有时,多个评价客体也许并不实际地同时存在,但它们一定存在,可能在评价主体的经验中,也可能在评价主体的猜测与推断中。正因为有多个评价客体的存在,所以评价结论也常常不仅仅是简单的肯定或否定,而且有更为细致的程度、等级的区分。

那么,这样一种评价结论到底是"反映"还是"反应"?有人认为是反应,比如王海明认为,人类评价活动可以区分为认知评价、情感评价、意志评价与行为评价四种类型。只有认知评价有所谓真假,是对价值的反映;而其他评价无所谓真假,只有所谓对错,是对价值的反应。而反映也只是一种特殊的反应。所以,"评价是对价值的反应,而不仅仅是对价值的反映"①。

我们认为,评价只是人类才有的一种自觉的、有理性参与的活动(其他生物或许也有与人类评价活动相似的活动,我们且不讨论),评价关系与价值关系并不是同一的,评价从根本上说是一种认知活动,与其他认知活动并无本质区别。因此,评价活动的结论依然是反映,而不是反应。王海明所说的"情感评价""意志评价""行为评价",确实是与"评价"有关的"反应",但它们本身不是评价,而只是评价后的反应,或者只是评价结论(反映)的一种表达形式而已。

二、伦理评价与行政伦理评价

1. 伦理评价的特征

伦理评价亦即道德评价,是人们依据一定的伦理标准(道德标准),对人的行为(他人的与自己的)进行善恶判断的行为。伦理评价的特征主要体现在以下三个方面:

(1) 伦理评价所依据的标准是伦理的或道德的,即伦理的或道德的原则、规范。

(2) 伦理评价的对象是人的行为(包括自己的与他人的),准确地说,是人

① 王海明:《新伦理学(修订版)》,商务印书馆2008年版,第1436—1437页。

的伦理行为。所谓伦理行为,即人的受利害人己意识支配的行为,即可以言善恶的行为。并不是人的所有行为都是伦理评价的对象。

(3) 伦理评价的结论是善恶判断,即作为评价对象的伦理行为是否与伦理规范相符,是相符的善还是相违背的恶。与善恶判断联系在一起的常常是人们(伦理评价主体)的褒贬态度,即赞扬与谴责。这种褒贬态度虽然与善恶判断紧密相连,但它已不属于伦理评价行为,而是伦理评价后的反应。

2. 伦理评价的依据:动机与效果

作为伦理评价对象的伦理行为,是由动机和效果两个要素构成的。动机是行为者对所从事的行为的预想,包括对行为的目的与手段、过程与结果的预想。效果则是动机所引发的实际行为,包括实际出现的行为目的与行为手段、行为过程与行为结果。动机与效果有时候并不一致。那么,伦理评价到底是应该以动机为依据还是以效果为依据,或者将两者结合起来?关于这一问题,古今中外的伦理学家有不同的看法,可以概括为四种理论:动机论、效果论、动机效果统一论、动机效果分别论。

(1) 动机论

动机论,是一种强调伦理评价只能以行为动机为依据的理论。动机论认为,任何人的行为,都是出于一定的动机而发生的,并且是受这一动机支配的,因此,判断行为的善恶,只能以行为的动机为依据,至于行为的效果如何,那是无关紧要的。德国古典哲学家康德是这种动机论的著名代表。他认为,世间除了"善良意志"外,没有什么是道德的。而善良意志之所以是善良的,只因为它本身的意向是善良的。至于行为后果的好坏,并不反过来影响它的好坏,或说明它的好坏,更不能说明整个行为的好坏。他举例说,一个人看到有人失足落水,如果有救人的善良动机,并尽力去营救,那么,即使他没有救出那个人,从伦理评价来说,谁不承认他的行为仍然是绝对善良的呢?他因此断言,只有行为的动机,才是评价行为善恶的依据。

(2) 效果论

所谓效果论,即认为伦理评价或道德评价只应该以行为效果为依据的理论。19 世纪英国的功利主义论者约翰·穆勒是效果论的著名代表。他认为,凡是能将效用最大化的事,就是正确的、公正的;动机在行为中的作用虽然是不可否认的，但这与评价行为善恶没有什么关系。“大多数的好行为不是要利益世界，不过要利益个人”，而“世界的利益就是个人的利益合成的”。[1] 因此，一个人即使为了追求个人利益，只要对别人能带来好处，他的行为就应该说是道德的。功利主义论者有一个著名的论点：对于一个援救溺水者的人来说，不论他心中有何等卑鄙的动机和意图，他的行为都是道德的，不应该因为他动机的卑鄙，而使他应受到赞许的程度减低丝毫。

（3）动机效果统一论

动机效果统一论认为，动机论和效果论都是片面的，动机与效果是辩证统一的关系，因此，伦理评价应该以动机和效果的统一为依据。“必须既看动机，又看效果，联系动机看效果，透过效果查动机。”[2]这是我国理论界近几十年来占统治地位的论点。

（4）动机效果分别论

动机效果分别论认为，伦理评价到底是以动机为依据还是以效果为依据，要看我们是对行为本身进行评价还是对行为者的品德进行评价，对行为本身进行评价应该以效果为依据，对行为者的品德进行评价则应该以行为动机为依据。因为，行为虽然受意识（动机）支配，但它本身是实际的、客观的、物质的活动，行为本身的道德价值是实际的、客观的、物质活动的道德价值，所以，对行为本身的评价只能依据行为的实际效果。但是，行为者的品德是行为者的稳定的、恒久的、整体的心理状态，是行为者稳定的、恒久的、整体的心理状态的道德价值，所以，对行为者的品德进行评价只能以行为动机为依据。

动机效果分别论是王海明在他的《新伦理学（修订版）》中提出的一种说法，但他认为最早提出这一理论的大概是英国功利主义论者穆勒。穆勒认为，动机虽与行为者的品德关系很大，但与行为本身的道德价值无关。救人的行为不论救人者的动机如何都是道德的、正当的，而害人的行为也不论害人者的动机如何都是不道德的、不正当的。[3]

---

① 约翰·穆勒：《功利主义》，徐大建译，商务印书馆 1959 年版，第 19—20 页。转引自罗国杰等编著：《伦理学教程》，中国人民大学出版社 1986 年版，第 388 页。

② 罗国杰等编著：《伦理学教程》，中国人民大学出版社 1986 年版，第 392 页。

③ 参阅王海明：《新伦理学（修订版）》，商务印书馆 2008 年版，第 1489—1492 页。

综合上述四种理论,我们倾向于认同动机效果分别论。伦理评价到底是以动机为依据,还是以效果为依据,必须看伦理评价的目的,目的不同,其评价的依据也将不同。如果我们是要评价某一行为的道德价值,只能以行为的实际效果为依据,行为的动机无关紧要;但如果我们要评价一个人的道德价值即一个人的品德,则只能以他选择行为的动机为依据,而他行为的实际效果并不影响我们对他品德的判断。当然,动机本身不能直观,我们往往需要通过效果来考察动机,但这也不意味着我们评价人的品德须同时以效果为依据。依据终归是动机,效果只不过是考察动机的媒介而已。考察动机并不是仅仅以效果为媒介,还可能有其他的媒介,比如行为者的自我表达等,不管以什么为媒介都不因此而否定动机终归是评价的依据。

3. 行政伦理评价

行政伦理评价,是人们用行政伦理标准对行政组织(或行政机关)或行政人员的行为以及品德进行的评价,是人们对行政组织或行政人员的行为以及品德的伦理价值的反应。行政伦理评价的特征主要体现在以下两点:(1)行政伦理评价的标准是行政伦理的理念和原则;(2)行政伦理评价的对象是行政组织和行政人员的行为以及品德。

作为行政伦理评价对象的行政组织和行政人员的行为,需要特别予以分析说明。

一般来说,行为是行为主体自由、自主的思想与行动。但在行政过程中,行政组织和行政人员的行为在很大程度上是执行性、服从性的行为,是执行和落实法律、法规等制度规范的行为,是服从组织或上级领导的行为,也就是说,并非完全是自由、自主的思想与行动。因此,在行政伦理评价过程中,在确定行政伦理评价的对象时,就应该将这种非自由、自主的(执行性、服从性的)思想和行动排除在行政伦理评价的对象之外。因为这些行为并不能证明行为者本身的善或者恶,也不能作为奖赏或惩罚行为者的依据。

但我们要注意的是,执行性、服从性的行为又并非完全是不自由、不自主的,因为从根本上说,你是有选择执行或不执行、服从或不服从的自由的。在行政管理过程中,行政组织以及行政人员是否执行或服从法律法规或上级指令,是行政行为伦理品性或行政组织和行政人员伦理品性的重要体现。比如,我国《公务员法》第12条规定公务员应该履行的义务包括："模范遵守宪法和法律"和"服从和执行上级依法作出的决定和命令"。这就是说，执行、服从宪法和法律（包括法规）以及上级的指令的行为是合法的，也是符合伦理、道德的行为，相反，不执行、不服从的行为则是不合法的，也是不符合伦理、道德的行为。

而且，我们还要注意，《公务员法》第54条规定："公务员执行公务时，认为上级的决定或命令有错误的，可以向上级提出改正或者撤销该决定或者命令的意见；上级不改变该决定或者命令，或者要求立即执行的，公务员应该执行该决定或者命令，执行的后果由上级负责，公务员不承担责任；但是，公务员执行明显违法的决定或者命令的，应当依法承担相应的责任。"这也意味着，公务员执行与服从的行为，不是完全被动的、非自由自主的行为，在一定程度上也是自由自主的主动行为，执行与服从是在理解与认同前提下的执行与服从。因此，执行与服从的行为也是行政伦理评价的对象。

那么，执行与服从的行为中到底有没有非自由自主的行为？有没有应该排除在行政伦理评价对象之外的行为？当然还是有的。主要包括执行与服从行为中的符合宪法和法律法规的行为、符合上级的合法的决定或命令的行为。这些行为（或者说，行为中的这些部分），应该排除在相对于行为者而言的行政伦理评价的对象之外。也就是说，这些行为不论其善恶，都与行为者无关。除此之外，行政组织和行政人员的一切的思想、行动都是行政伦理评价的对象。

三、行政伦理评价的意义

行政伦理评价的意义与一般性伦理评价的意义没有根本性区别，主要可以从以下两个方面来理解：

1. 行政伦理评价是形成行政伦理共识的必要途径

社会共同体中的协调与配合，或者说，社会共同体的形成及其存在与发展，与人们认识上的一致，即一定的共识，是联系在一起的。没有共识，人们各行其是，就不可能有和谐稳定，社会共同体就不可能形成，或者已经形成的社会共同体也会分崩离析。

人们的共识是多方面的，伦理共识是其中最重要的共识之一。伦理共识即人们对于相同行为的伦理价值的共识,亦即人们对于相同行为的伦理评价的一致性。伦理评价一开始无疑是个别的,是存在差异的,不同的人所选择的伦理标准可能是不同的,其对伦理行为的观察、理解也可能是有差别的。但因为人们有交往、沟通,个别的、有差异的伦理评价便会在讨论、商谈中逐渐趋向于一致。人们首先会因为交往、沟通而在伦理标准选择上趋向于一致,与此同时,人们也会通过交往、沟通而弥合其对于伦理行为观察、理解上的差异。而这一切,都建立在伦理评价的基础上,以伦理评价为途径。这也就是说,伦理评价是建立伦理共识的必要途径,没有伦理评价,伦理共识则无从谈起。

同理,行政伦理共识对于行政系统乃至于整个社会共同体的存在和发展无疑是至关重要的。没有行政伦理共识,就不可能有协调的、统一的行动,就不可能有高效率的令人满意的行政(所谓善政或善治),从而也不可能有整个社会的和谐稳定。而行政伦理共识必定基于行政伦理评价,没有行政伦理评价,行政伦理共识也就无从谈起。所以说,行政伦理评价是形成行政伦理共识的必要途径。

2. 行政伦理评价是行政领域惩恶扬善的重要手段

伦理评价不仅具有凝聚共识的意义,更重要的意义在于它可以明辨善恶并且惩恶扬善。人的行为有善有恶,毫无疑问,善行有利于社会共同体的存在和发展,而恶行则会阻碍、破坏社会共同体的存在和发展。因此,社会共同体必然要求对人的恶行进行制止和惩罚,同时也必然要求将善行发扬光大。而要惩恶扬善,首先必须知善知恶,必须辨善辨恶。如何才能知善恶、辨善恶?唯伦理评价而已。只有通过伦理评价,我们才能真正地明辨善恶,进而惩恶扬善。伦理评价即明辨善恶,一方面可能为惩恶扬善指引方向,成为惩恶扬善的前提;另一方面其本身也具有惩恶扬善的力量,因为伦理评价中所包含的褒贬,即表扬与谴责,对人的行为具有激励效应,人们的荣耻心会因他人或自己的褒贬而产生抑恶扬善的动力。

行政领域同样需要惩恶扬善,或者说,尤其需要惩恶扬善,因为行政领域是社会共同体中最为重要的领域。行政领域的惩恶扬善同样也以明辨善恶为前提,也同样以行政伦理评价为前提。只有通过行政伦理评价,才可能使行政组织以及行政人员,以至于社会公众,真正明辨行政之善恶,才可能惩罚和制止恶政,才可能将善政发扬光大。行政伦理评价一方面可以为行政领域的惩恶扬善指引方向，另一方面其本身也具有惩恶扬善的力量，其本身所包含的表扬与谴责对行政组织和行政人员具有激励效应。因而，行政伦理评价可以说是行政领域惩恶扬善的重要手段。

第二节　行政伦理的自我评价：行政良心

伦理评价主要有两种形式，其中一种是自我评价的形式，即自己对自己的行为所具有的道德价值的评价，这样一种评价形式我们称之为“良心”。相应地，行政伦理评价也主要有两种形式，其中之一即行政良心。

一、良心

1. 传统儒家的良心观

“良心”概念（范畴），在我国最早是由战国时期的思想家、教育家、传统儒家学派的代表人物之一孟子提出来的。孟子之后，儒家思想家大都对良心问题有所讨论，“良心”逐渐成为一个具有广泛影响的道德概念，及至今天仍然为人们所重视。传统儒家的“良心”观主要可以概括为以下几点：

（1）良心是人人本来具有的道德善心

孟子曾说：“牛山之木尝美矣……人见其濯濯也，以为未尝有材焉，此岂山之性也哉？虽存乎人者，岂无仁义之心哉？其所以放其良心者，亦犹斧斤之于木也，旦旦而伐之，可以为美乎？”①孟子这段话的意思是说，牛山树木曾经茂盛……人们所见到的光秃秃的样子，并非它本来的面目。人身上也是有“仁义之心”的，之所以有人丧失了这种“良心”，也好像山上的树木被斧子砍伐了一样，天天被砍伐，树木还能像原来一样茂盛吗？

这也就是说，孟子所谓“良心”即“仁义之心”，亦即道德上的善心，是人人本来就有的，是人的本性。所以，孟子亦称之为“本心”。

孟子多次强调这一观点。如孟子亦曾说：“恻隐之心，人皆有之；羞恶之心，人皆有之；恭敬之心，人皆有之；是非之心，人皆有之。恻隐之心，仁也；羞恶之

① 《孟子·告子》。

心，义也；恭敬之心，礼也；是非之心，智也。仁义礼智，非外铄我也，我固有之也，勿思耳矣。”[①]又：“鱼，我所欲也，熊掌，亦我所欲也；二者不可得兼，舍鱼而取熊掌者也。生，亦我所欲也，义，亦我所欲也；二者不可得兼，舍生而取义者也。……非独贤者有是心也，人皆有之，贤者能勿丧耳。”[②]

孟子的“良心”后来也被称为“天理”，所以有“天理良心”的说法。北宋著名理学家、教育家程颐说：“自家元是天然完全自足之物，若无污坏，即当直而行之；若小有污坏，即敬以治之，使复如旧。所以能使如旧者，盖为自家本质元是完足之物。吾学虽有所受，‘天理’二字却是自家体贴出来。”[③]南宋著名的理学家、教育家朱熹说：“天理只是仁义礼智之总名，仁义礼智便是天理之件数。”[④]

（2）良心与“思”联系在一起

良心既然是人人固有的，为什么有的人却又好像没有呢？或者说，为什么有的人却丧失了呢？这是因为，良心的呈现还必须借助于人的积极主动的“思”，即反观自我，向内寻求。如果人们不去反思寻求，良心就将亡失。

孟子说：“耳目之官不思，而蔽于物。……心之官则思，思则得之，不思则不能得也，此天之所与我者。”[⑤]关于“心”，孟子以及中国古人，是将其理解为人的思维器官的。但“良心”不是说“心”之作为人的身体器官的健康优良，而是指“心”的思维功能所表现出来的善良品性。也正因为此，我们今天仍然沿用“良心”概念，尽管我们已经知道思维器官并非“心”而是大脑。孟子所谓“思则得之，不思则不能得也”，意思就是说良心的呈现与“思”联系在一起，只要你主动思索，就会得到，就会使良心得以呈现。孟子所谓“仁义礼智，非外铄我也，我固有之也，勿思耳矣”，也是这个意思。

孟子的“思”也有另一个说法“求”。曰：“求则得之，舍则失之。”[⑥]又：“仁，人心也；义，人路也。舍其路而勿由，放其心而不知求，哀哉！人有鸡犬放，则知

① 《孟子·告子》。
② 同上。
③ 《河南程氏遗书》卷第一。
④ 《朱文公文集》卷四十《答何叔京第三十七》。
⑤ 《孟子·告子》。
⑥ 同上。

求之，有放心而不知求。学问之道无他，求其放心而已矣。”[①]“求”也无非是“思”，因为所求乃丢失的良心而已，“求其放心”当然只能是“思”。用“求”喻“思”，更形象而已。

因为“良心”是人所固有的，“非外铄我也”，所以，有关良心的思与求，必然是向内寻求，反观自省。对于这一思想孔子曾有表达。子曰：“仁远乎哉？我欲仁，斯仁至矣。”[②]孔子用的是个“欲”字。后来，明代的王阳明又用了一个“致”字：“心之良知是谓圣。圣人之学，惟是致其良知而已”。[③] “欲”与“致”也还是向内寻求、反观自省。

（3）良心外化即为善行

良心之“思”并不仅仅停留在空洞的思想上，而是与人的行为联系在一起的。

一方面，其“思”以人的行为为内容。所谓“向内寻求”，实际上是对人自身的行为进行反思。孟子所谓“恻隐之心”“羞恶之心”“恭敬之心”“是非之心”，都离不开人的行为，离开人的实际行为，就不可能区分“心”的不同类型。

另一方面，“思”必有所“得”（思则得之），“得”也就是“知”，即孟子所谓“良知”；“知”即“能”，即孟子所谓“良能”。[④] 而“良知”“良能”必然外化为善行。见小孩掉井里内心“怵惕恻隐”势必援手施救，“先王有不忍人之心，斯有不忍人之政”[⑤]。也就是说，有“良心”或者说有“良知”“良能”，必有善行，二者紧密联系，浑然一体。所以，明代王阳明主张知行合一，“知者行之始，行者知之成，圣说只有一个功夫，知行不可分作两事”[⑥]。

---

① 《孟子·告子》。

② 《论语·述而》。

③ 《王阳明全集》（壹），陈恕编校，中国书店出版社 2014 年版，第 231 页。

④ 孟子所指的“良知”“良能”实际上是他的“良心”的另一个说法，是对良心的进一步说明。孟子说：“人之所不学而能者，其良能也；所不虑而知者，其良知也。孩提之童，无不知爱其亲者，及其长也，无不知敬其兄也。亲亲，仁也；敬长，义也”（《孟子·尽心上》）。“不学而能”“不虑而知”，就是强调其为人所固有，是人的本性，亦即本心或良心。但其所谓“不学”“不虑”与“思则得之、不思则不能得也”，似乎有矛盾？而其实是不矛盾的。本来固有的东西，当然不需要刻意的学习和思虑。但是，如果这本来固有东西因为外物的诱惑、感官的误导而被遮蔽或丢失了，则需要通过“心”之“思”将其找回来。

⑤ 《孟子·公孙丑》。

⑥ 《王阳明全集》（壹），陈恕编校，中国书店出版社 2014 年版，第 4 页。

2. 马克思主义的良心观

传统儒家的良心观无疑是深刻的，但因其“先验论”思维方式而存在明显的局限性和片面性。比如，因其强调“良心”乃“天之所与我者”，“良心”与生俱来，实际上混淆了“良心”与人的本能的区别，势必忽视或否定“良心”内涵和标准因社会发展而变化，使“良心”研究趋向于空洞。因此，我们必须用马克思主义的方法论对“良心”问题重新审视，对传统观点去粗取精、去伪存真。马克思主义的良心观主要可以概括为以下几点：

（1）良心是人们在社会实践中形成的自我道德评价能力的体现

马克思主义认为，人是具有主观能动性的、自由自觉的主体，人不仅能认识外在的客观世界，也能反观自身，对自身的行为以及主观世界进行认识。良心，如传统儒家所谓“仁义之心”，或“恻隐之心”“羞恶之心”“辞让之心”“是非之心”，无非表明人对自身具有反思能力，即自我认识的能力。而且，这种认识具有明显的道德（伦理）评价的特征，也就是说，它是在用一定的道德标准对自己的行为进行评价。所以，我们认为，良心本质上是指人的自我道德评价能力及其能力展现的过程。在这一点上，传统儒家的认识与马克思主义关于人的认识能力以及道德评价能力的认识，并没有太大的区别。

所不同的是，传统儒家认为良心，即人对自身行为的道德评价能力，是与生俱来的，是人本来就有的（本心）。而按照马克思主义辩证唯物主义来理解，良心并不是人先天具有的本能，而是在社会实践中形成的。离开社会实践，比如将婴儿从小与人类分离，让他完全脱离人的生活，那他就不可能有“爱其亲”“敬其长”的能力或表现，就不可能有所谓“恻隐之心”“羞恶之心”。正是因为在社会实践中，在与人交往的过程中，在道德礼仪的情境氛围中，他才获得了这种能力，才具有了“良心”，懂得对自身行为进行道德反思，才有了“亲亲”“敬长”的行为表现，以及“恻隐”“羞恶”等情感体验。

（2）良心是外在道德要求的内化

良心作为一种自我道德（伦理）评价，是人们以一定的道德标准对自己的行为进行衡量，并作出道德价值判断的过程。在这一过程中，道德标准（良心标准）是最重要的因素，或者说是其核心要素。那么，这个道德标准在哪里？从哪里来？按照传统儒家思想家们的观点，它是人先天固有的，“是尔自家的准则”

(王阳明语),不假外求。孔子说"己欲立而立人,己欲达而达人","己所不欲勿施于人";孟子说"老吾老以及人之老,幼吾幼以及人之幼"。这推己及人的逻辑,强调的都是道德标准存在于每个人自己的内心,是与生俱来的。

但马克思主义的辩证唯物主义认为,人的思想意识并不是与生俱来的,而是人脑对客观存在的反映。道德标准作为人的一种思想意识,是人们在交往的过程中,对于人际关系应该如何的客观要求的反映。人际关系应该如何,当然与人际关系中每个人的需要和欲望有关。人的需要和欲望是相似的、相通的,因此,人们在应对人际关系时,是可以在一定程度上通过换位思考、通过"推己及人"的逻辑来决定应该如何的,即确定道德标准。但是,人的需要和欲望又只是相似而已,孔子也只是说"性相近",而不是完全相同、相等的。每个人因为其生活环境不同、其参与的生产和生活的实践不同,其需要和欲望也会有所不同。马克思说:"人的本性,在其现实性上是一切社会关系的总和。"因此,确定人际关系应该如何不可能只考虑自身的需要和欲望,或者只是简单地"推己及人",还必须听听他人的意见,与他人商量着来。这也就是说,人际关系应该如何对于每个人来说,终究是一种客观要求,而且这种客观要求还是不断发展变化的。人们内心形成的评判自身行为道德价值的标准,也只能是这一客观要求的反映,即这一客观要求的内化。

人们对"应该如何"的客观要求的反映,即道德的原则规范,也是人们在人际交往的实践中,在相互讨论的过程中形成的一种共识。相对于每一个人而言,这种共识是外在的。而每个人用以评判自身行为的道德价值的标准,即良心标准,也正是这种外在共识的内化。而且,"良心"之所以称为良心,从根本上说,是因为良心标准是外在道德共识的内化。良,即好、善,道德上的好或善如果不是共识,不是大家都同意的,那它就值得怀疑。相反,如果是真正的善,是一定可能成为共识的。也许正因为如此,在西方语言中,良心是"conscience"(英语)、"conscience morale"(法语)、"Geaissen"(德语)、"conscientia"(拉丁语)。它们的前缀"con-""Ge-"都是"共同""一起"的意思;而后半部分的词干"-science""-wissen""-scientia"都是"知""知识"的意思;合起来即"共识""共知"的意思。①

① 参阅王海明:《新伦理学(修订版)》,商务印书馆2008年版,第1442页。

（3）良心引导道德行为

马克思主义认为，物质决定意识，但意识并非完全被动，意识也会反作用于物质。意识对物质的反作用是通过人的行为来实现的，人的行为（人对外在世界的改造）是由意识决定的。

良心作为人对自身行为所具有的道德价值的评价（判断），其结果（结论）无非两种：一种是肯定，即确认自己的行为在道德上具有正价值；一种是否定，即确认自己的行为在道德上具有负价值。至此，作为道德评价的良心已经完成，因为“良心”对自己的行为已经有了判断、有了确认。我们也可以将这一过程的完结理解为良心的形成。“良心形成”与传统儒家所谓“良心呈现”或找到了“良心”颇为相似，但实际上有本质的区别。“良心形成”不承认良心先天固有，强调良心是在人际交往的实践中通过学习、思考而逐步形成的。但已经形成的良心绝不会随着道德评价过程的完结而止步，它具有能动性，必然要进一步证明自己的存在。

事实也正是这样，良心一经形成，即带来了一系列的反应。第一是情感反应。一般有两种情况，当良心判断为肯定时，情感反应多为满足、喜悦、心安等；当良心判断为否定时，情感反应则往往为自我谴责、惭愧、内疚、悔恨等。第二是意志反应，即确定自己今后的行动方向，亦所谓“下决心”或“立志”。与情感反应联系在一起，当人们对自己的行为感到满足、喜悦时，会下决心将类似的行为发扬光大，进行到底；当人们对自己的行为感到惭愧、悔恨时，会下决心改正或杜绝不道德行为。第三是行为反应，即将意志付诸行动，亦即“凭良心”作为（事）。这说明，良心作为一种意识形态、一种信念，必然引导人们作出合符道德规范的行为。

因为良心必然引导道德行为的产生，也因为良心要证明给他人看只有通过行为，所以，人们也常常将良心所引导的道德行为包括在“良心”概念之内。比如王海明所定义的“良心”就将行为包括在内，他说：“良心是自己对自己行为的一切道德评价，是自己对自己行为道德价值的一切反应，说到底，也就是自己对自己行为道德价值的知、情、意、行四大反应。因此，……良心并不仅仅是‘心’，并不仅仅是心理意识，并不仅仅是知、情、意；良心还包括行、行为。”①汪凤炎也认为：“广义的‘良心’，……指一个人分辨是非善恶的智能，连同一种有爱心并最好能公正地行动或做一个善良并最好能公正的人的义务感或责任感以及相应的行为方式。”②对于上述良心定义我们表示理解和认可，但在严格意义上不予认同和采信。我们认为，良心从根本上说，是人的道德信念（对外在道德要求的认知或内化）以及依据道德信念对自身行为进行反省和引导的能力。良心即良知和良能。

3. 良心的功用

良心的功用，即良心对于我们每个人乃至于社会所具有的意义或价值。显然，良心的功用就在于其引导道德行为，这对于我们每个人以及社会都是有意义的。具体来说，良心的功用又主要表现在三个方面：

（1）良心在行为前的动机选择作用

动机是行为的前导，任何自由、自主的行为都是有动机的，即行为前有行为目的和行为预案。而这时，良心即会介入。良心会依据其道德信念（一定的道德标准）对动机进行评判，如果动机符合道德信念，良心会给予肯定，会允许并鼓励其启动行为；如果动机不符合道德信念，良心会给予否定，会反对并制止其发动行为。良心在行为前对动机有选择作用。

（2）良心在行为中的监督作用

在行为过程中，良心对行为具有监督作用。人们在行为过程中，往往会遇到许多意料之外的情况，可能是各种困难，也可能是各种诱惑，这都会使行为发生动摇，偏离既定的动机。这时良心会对行为过程中的动摇和偏离进行审视、评判，如果这种动摇和偏离是违背道德信念的，良心将会及时制止、纠正；如果符合道德信念，良心则会予以允许或鼓励。

（3）良心在行为后的评判作用

在一个行为结束后，良心将对行为的实际效果进行评判。这是良心的经典表现。良心或者对行为予以肯定或者予以否定，并伴随有情感的满足、欣慰或愧

① 王海明：《新伦理学（修订版）》，商务印书馆2008年版，第1447页。

② 汪凤炎、郑红：《良心新论》，山东教育出版社2011年版，第103页。

疚、悔恨，以及扬善去恶的意志和决心，从而对下一次行动进行引导，使之符合道德信念。

良心发挥功用的过程，实际上也是良心成长的过程。在实践中，每一次"良心发现"都会使我们的良心更为强大，其对下一次行为的引导力量更增一成。

二、行政良心

良心人人都可能有（"人皆可以为尧舜"），也应该有。但不同的人，从事不同职业的人，其"良心"的内涵是会有所不同的。因此有"职业良心""共产党人的良心""知识分子的良心"等说法。行政良心是一种职业良心，指行政组织和行政人员在行政活动中形成并表现出来的良心。行政良心所具有的特征，主要可以从以下几个方面来理解：

1. 行政良心主体：行政组织与行政人员

(1) 行政人员的良心

行政良心作为一种职业良心，其主体首先是其从业人员，即行政人员。行政人员意识到自身的责任和义务，形成一定的具有行政特征的道德信念，并对自己的行政行为进行反省（自我评判）和引导，即表现为行政人员的良心。

焦裕禄的故事

1962 年 12 月，焦裕禄调到河南兰考县，先后任县委第二书记、书记。1962 年 12 月至 1964 年间，时值该县遭受严重的内涝、风沙、盐碱三害，他同全县干部和群众一起，与深重的自然灾害进行顽强斗争，努力改变兰考面貌。他身患肝癌，依旧忍着剧痛坚持工作。1964 年 5 月 14 日，因肝癌病逝于郑州。他临终前对组织上唯一的要求，就是他死后"把我运回兰考，埋在沙堆上。活着我没有治好沙丘，死了也要看着你们把沙丘治好"。

焦裕禄不仅在工作上勤奋忘我，生活上也是艰苦朴素，对自己家人的要求也非常严格。

有一次，焦裕禄发现大儿子去看戏，问道："戏票哪来的？"孩子说："收票叔叔向我要票，我说没有。叔叔问我是谁？我说焦书记是我爸爸，收票叔叔没有收票就让我进去了。"焦裕禄听了非常生气，当即把一家人叫来"训"

了一顿，命令孩子立即把票钱如数送给戏院。

焦裕禄长期有病，家里人口又多，生活比较困难，可是他坚决拒绝给他救济。他说："兰考，是个重灾县，人民的生产、生活都很困难，我们应该首先想到他们。要把这些钱用到改变兰考面貌的伟大事业上去，用到改善兰考人民的生活上去。"

焦裕禄的办公桌、文件柜都是原兰封县委初建时买的，有不少地方破损。当时有人劝焦裕禄换个新的，他没有采纳这个建议，而是修了修，照样使用。他用过的一条被子上有42个补丁，褥子上有36个补丁，同志们劝他换床新的。他说："我的被子破了，是需更换新的，但应该看到，灾区的群众比我更需要。其实，我这就很好，比我要饭时披着麻包片，住在房檐底下避雪强多啦。"（百度百科）

孔繁森的故事

1979年，孔繁森第一次赴西藏工作，担任日喀则地区岗巴县委副书记。在岗巴工作3年，孔繁森跑遍了全县的乡村、牧区，与藏族群众结下了深厚的友谊。1988年，山东省再次选派进藏干部，组织上认为孔繁森在政治上成熟又有在藏工作经验，便决定让他带队第二次赴藏工作。进藏后，孔繁森担任拉萨市副市长，分管文教、卫生和民政工作。到任仅4个月的时间，他就跑遍了全市8个县区所有的公办学校和一半以上的村办小学，为发展少数民族的教育事业奔波操劳；为了结束尼木县续迈等3个乡群众易患大骨节病的历史，他几次爬到海拔近5000米的山顶水源处采集水样，帮助群众解决饮水问题；了解到农牧区缺医少药的情况后，他每次下乡时都特地带一个医疗箱，买上数百元的常用药，工作之余就给农牧民群众认真地听诊、把脉、发药、打针，直到小药箱空了为止。

1992年年底，孔繁森第二次调藏工作期满，西藏自治区党委决定任命他为阿里地委书记，这一任命意味着孔繁森将继续留在西藏工作。面对人生之路又一次重大选择，他毫不犹豫地服从了党的决定、人民的需要。阿里地处西藏西北部，平均海拔4500米，被称为"世界屋脊的屋脊"。这里地广人稀，常年气温在零摄氏度以下，最低温度达零下40多摄氏度，每年7级至8级大风占140天以上，恶劣的自然环境、艰苦的生活条件使许多人望而却步。可是,1993年春天,年近50岁的孔繁森赴任阿里地委书记后,在不到两年的时间里,全地区106个乡他跑遍了98个,行程达8万多公里,茫茫雪域高原到处都留下了他深深的足迹。

在孔繁森的勤奋工作下,阿里经济有了较快的发展。1994年,全地区国民生产总值超过1.8亿元,比上年增长37.5%;国民收入超过1.1亿元,比上年增长6.7%。他为了制定把阿里地区的经济带上新台阶的规划,准备在最有潜力的边贸、旅游等方面下功夫。为此,他曾率领相关单位,亲自去新疆西南部的塔城进行边境贸易考察。1994年11月29日,他完成任务返回阿里途中,不幸发生车祸,以身殉职,时年50岁。

孔繁森曾在日记中写道:阿里的贫穷是我们的耻辱,带领群众致富是我们的天职。(百度百科)

从焦裕禄和孔繁森的故事中,我们可以清晰地看到以行政人员为主体的行政良心。他们的行政良心体现在他们深刻认识到自己作为一任行政官员必须勤奋工作,为人民服务;必须艰苦朴素,不能只求自己的享受而忘记了群众的困难;必须严格律己,无论自己还是家人都不能享受任何特权、不能占公家便宜……他们树立了崇高的道德信念,并能时时以这种信念反省自己的行为、引导自己的行为。

(2) 行政组织的良心

行政行为在很大程度上是行政组织(或行政机关)的行为。行政组织是由行政人员组成的一个有机整体,行政人员的行政行为往往是作为行政组织的一员,在行政组织的安排、命令下,代表行政组织而作出的行为。行政组织作为一个整体,它对行政行为具有选择性和反思性。它在决定做什么、不做什么以及怎么做的时候,有自身的道德信念,并能依据道德信念对行政行为进行反思。正是在这一过程中,行政组织的良心也就体现出来了。

比如,"服务行政"或"服务型政府"理念的提出及其落实,可以说正是行政组织的良心的一种体现。

所谓服务行政或服务型政府,即政府行政的全部行为是围绕公共服务而展开的,以为公民提供良好服务为根本目标和衡量尺度。服务行政并不是从来就有的,它是从"统治行政"和"管理行政"发展而来的,准确地说,它是建立在政府对“统治行政”和“管理行政”的自我批判、自我反省的基础之上的。服务行政强调从管理主导向服务主导转变，从“官本位”向“民本位”转变，从“全能政府”向“有限政府”转变，从“暗箱行政”到“透明行政”。我国从本世纪初开始，党和政府逐步展开了“服务行政”或“服务型政府”的建设工作。2004 年 2 月 1 日，温家宝总理在中央党校的一个讲话中第一次明确提出“要建设服务型政府”；2004 年 2 月 21 日，温家宝总理在中央党校省部级主要领导干部“树立和落实科学发展观”专题研究班结业式的讲话中，再次明确提出要“努力建设服务型政府”；2005 年的《政府工作报告》中，温家宝总理又明确提出中国行政体制改革的目标就是努力建设服务型政府。2007 年 10 月，党的十七大报告明确提出要“加快行政管理体制改革，建设服务型政府”；2008 年 2 月 23 日，中共中央总书记胡锦涛主持中共中央政治局第四次集体学习时强调，建设服务型政府，是坚持党的全心全意为人民服务宗旨的根本要求，是深入贯彻落实科学发展观、构建社会主义和谐社会的必然要求，也是加快行政管理体制改革、加强政府自身建设的重要任务。与此同时，各地方政府也相继出台了建设服务型政府的具体措施。

显然，在“服务行政”或“服务型政府”的建设过程中，政府（行政组织）确立起了一种名叫“服务行政”或“服务型政府”的道德信念，并能以其为标准对自身的行政行为（“统治行政”和“管理行政”）进行反省和批判，从而引导行政行为向“服务主导”转变、向“民本位”转变、向“有限政府”转变、向“透明行政”转变。这其中体现出来的无疑是行政组织的良心，或政府的良心。

相反，如果行政组织（政府）不能确立崇高的道德信念，不能在行政过程以崇高的道德信念反省和指导自己的行政行为，则被斥之为行政组织良心（政府良心）的丧失。

2. 行政良心的形成：行政实践

行政良心亦即行政良知、行政良能，它不是天生的、不是与生俱来的，而是在行政实践中形成的。离开行政实践，行政组织以及行政人员不可能真正确立行政伦理信念，也不可能反省自己的“行政行为”。

所谓行政实践即掌握行政权力（公共权力）管理行政事务（公共事务）的实际过程，这也是一个解决公共问题、实现公共利益的实际过程。正是在这样一个实际过程中，行政组织和行政人员将会遇到种种矛盾冲突，即如我们在“行政伦理关系”一章所讨论过的有政府(及行政人员个体)与公众、与企业、与市场、与社会等主体的矛盾冲突,也有政府系统内部的矛盾冲突。这些矛盾冲突从根本上说,都是因为利益而产生的。正因为有矛盾冲突,正因为人们处在矛盾冲突之中,人们才会(必然会)不断地运用自己的理性能力思考和讨论解决矛盾、化解冲突的途径和方法。这个途径和方法也就包括我们所谓的“行政伦理”,即行政场域人际关系应该如何的规律或道理,亦即我们所谓的“行政正义”。而当人们通过思考和讨论而找到“行政正义”,并以之为信念、为准绳而引导行政行为,而反省、评判行政行为的时候,我们所谓的行政良心也就悄然形成了。如果没有这样的行政实践,行政组织和行政人员就不会面临因为行政实践而产生的种种矛盾和冲突,就不会感到压力,也就不可能有寻求行政正义的动力,行政良心也就不可能产生了。

行政良心的形成可以从两个角度来理解,一方面可以从人类历史的角度来理解,另一方面则可以从每一个行政组织或行政人员的角度来理解。

从人类历史的角度来看,行政良心只有当人类社会出现了国家、政府,有了行政活动(行政实践)之后,才会出现。事实上,人类的良心和美德都不是从来就有的。正如卢梭所说:“最初,在自然状态中的人类,彼此间没有任何道德上的关系,也没有人所公认的义务,所以他们既不可能是善的也不可能是恶的,既无所谓邪恶也无所谓美德。”[①]“由自然状态进入社会状态,人类便产生了一场最堪注目的变化:在他们的行为中正义代替了本能,而他们的行动也就被赋予了前所未有的道德性。”[②]人类社会的道德(正义与美德)是在人类社会的生活实践中才产生的,当人类没有进入到社会生活的实践中去的时候,不会有道德的需要也就不会有道德的产生。同样,当人类还没有所谓国家和政府的时候,没有所谓行政管理的实践,也就不会有行政正义、行政美德以及行政良心的产生。

而当人类进入到国家时代,有政府、有行政管理实践,即有了行政正义和行政美德的需要,行政良心也就自然而然地产生了。人类行政良心的产生是一个从无到有的过程,同时也是一个传承、积累,不断成长、发展的过程。从“统治行

① 卢梭:《论人类不平等的起源和基础》,李常山译,红旗出版社 1997 年版,第 84 页。

② 卢梭:《社会契约论》,何兆武译,商务印书馆 2003 年版,第 25 页。

政"到"管理行政"到"服务行政"、从专制到民主、从剥削到公平，行政中的"善"的理念在不断地增长，政府逐渐学会了对自己的行为进行反省、批判，行政行为一步步向"善政"的目标前行，向公众满意、向人民满意进发。

从每一行政组织或行政人员的角度来看，行政良心的形成同样也是离不开行政实践的。不过我们要注意的是，每一行政组织或行政人员的"行政良心"形成对于行政实践的依赖可区分为两种情况：一种是对于直接实践的依赖，即对于直接经验的依赖，另一种是对于间接实践即间接经验的依赖。直接经验无疑是至关重要的，它是一切认识的绝对来源。只有当行政组织或行政人员实际地展开或参与行政活动，才可能真正面对种种矛盾冲突，才可能激活其寻求"应该如何"亦即寻求"行政正义"的思维能力，才可能有对于自身行为的反省以及主动朝向"善政"行政行为。但对于每一个别的组织或人员来说，完全依靠直接经验是不够的，还必须有间接经验作为铺垫和补充。这也就是说，行政组织或行政人员行政良心的形成，与其对于他者既有经验的学习有关系。事实上，当人类社会发展到今天，每一生存、活跃在社会生活中的成员，他所具有种种能力、秉性，在很大程度上都依赖于间接经验的获得，都依赖于学习。行政组织和行政人员的行政良心的形成当然也不能例外。

3. 行政良心缺失或丧失：教育培养不到位、贪婪、权力失控

为什么有行政组织或行政人员会做出违背行政良心的事情？或者说，为什么会缺失或丧失应该有的或既有的行政良心？这主要有三个方面的原因：一是教育培养不到位，二是贪婪或欲望无度，三是权力失控。

（1）教育培养不到位

良心以及行政良心的形成主要表现在两个方面：一方面是道德信念的确立，另一方面是反省和自控技能的掌握。这两个方面的成就固然离不开自身主动的学习和思考，但无疑在更大程度上是离不开教育与培养的。因为，教与学是联系在一起的，教先于学，没有教哪来学。因此，我们有理由怀疑，行政良心缺失或丧失的原因，首先可能是教育培养不到位。

教育培养不到位主要可以区分为三种情况：

第一是就业前的基础性教育培养不到位。这主要指中小学教育因为种种原因而对道德内容有所忽略，比如因片面追求升学率而忽视道德教育。中小学的

道德教育是基本道德能力的教育,即日常社会生活中最基本的道德规范的教育,以及最基本的道德反省和自控技能的教育,也可以说是最基本的良心培养。这对日后的职业道德教育是个铺垫,如果这一铺垫不到位,职业道德教育和职业良心的培养就可能很困难。

第二是上岗前的职业性教育培养不到位。这主要指大学的专业教育以及进入公务员队伍后的职业培训对职业道德教育有所忽略。职业道德是带有职业特征的道德,如果缺失职业道德教育,从职人员可能无法确立职业道德信念,无法获得在职业生活中进行道德反省和自控的技能,从而无法建设或唤醒职业良心。

三是工作过程中的岗位性教育培养不到位。这主要是指上级组织或领导对在岗人员的道德教育有所忽略。在行政管理过程中,如何让行政良心深入渗透到每一个行政行为之中,发挥反省和引导功能,这仅凭职业道德教育还不够,还必须有组织和领导即时的、针对具体情境的道德教育。如果组织或领导疏忽、放松对在岗人员的道德教育,则可能导致行政良心的缺失或丧失。

(2) 贪婪或欲望无度

良心以及行政良心的缺失或丧失,除了因教育培养不到位外,良心主体的贪婪或欲望无度是其重要原因。

人的行为从根本上讲是由人的需要(利益)决定的,但人的需要并不直接决定行为,而是表现为欲望,通过欲望来推动行为。人有欲望是正常的,而且是有积极意义的。人类正因为有欲望而努力奋斗,而成就一番事业;人类社会也正因为有欲望而充满竞争的活力,而不断地向前发展。但欲望也是一把双刃剑,它是人的正确行为的动力,也可能成为人的错误行为的动力;它不仅有积极意义,也可能产生消极意义。

那么,如何确保欲望有积极意义而又避免消极意义?唯有对欲望进行约束,将其控制在适度的范围之内。这个"度"即需要的限度。人的需要应该满足,但也止于满足。超越满足需要的欲望,即为过度的欲望,即为贪婪。但人的欲望又常常倾向于贪婪无度,因为满足人的需要的资源具有稀缺性,因为在社会生活中人与人之间在资源占有上具有竞争性,人们害怕因资源短缺、需要得不到满足而带来的痛苦。

一般来说,适度的欲望是不会有消极意义的,它所推动的行为往往为社会所允许、所容忍、所承认。人类社会的一切制度设计，一切行动和努力，在很大程度上都是为了满足人的适度的欲望。但过度的欲望或贪婪就不一定了，它所推动的行为就往往是社会所不能允许、不能容忍、不能承认的。因为：第一，过度的欲望，超过需要的限度对人不利；第二，过度的欲望势必浪费资源、浪费人的劳动；第三，过度的欲望必将带来过度的竞争，过度的竞争则会造成人与人之间的相互伤害。

那么，如何将人的欲望控制在适度的范围内？只有通过人的理性亦即人的良心才有可能。欲望一旦出现，一旦有行动企图，良心即会根据道德信念对其进行评估，如果欲望或行动企图与道德信念不矛盾，良心即会对其放行；如果相违背，良心即会予以制止。但是，良心能否将欲望约束在适度的范围之内，往往又取决于良心与欲望的力量对比。如果良心足够强大，道德信念坚定、反省意识充分，欲望就可能被约束；如果欲望太过强烈，良心也就会被突破、被淹没、被遮蔽。能够突破、淹没、遮蔽良心的欲望往往就是贪婪，适度的欲望一般是不会突破、淹没或遮蔽良心的，甚至可能彰显良心的存在。

事实也正是这样，在行政管理过程中，行政良心的缺失或丧失，往往是因为行政组织或行政人员的贪婪。比如近些年我国反腐斗争中查处的一些官员，他们为什么在工作中滥用职权、玩忽职守、贪污公款、侵占公共财产、侵害群众利益，完全丧失了行政良心，就是因为他们贪婪。他们中有人有几十处房产、有几十只价值昂贵的名表、有几个甚或十几个情妇、贪污或受贿几百几千万甚至数亿元巨款等。他们如果能够将欲望控制在适度范围之内，也就不至于丧失行政良心，干出伤天害理的事情来。

行政组织或行政人员贪婪的对象主要有权力、财富和美色。权力、财富、美色作为欲望的对象，它是对人的需要的反映，它在适度的范围内是没有问题的，它不至于突破、淹没或遮蔽行政良心，不至于给国家、人民带来危害。国家和社会的相关制度也会允许甚至确保行政组织或行政人员种种适度欲望的满足。问题在于其过度、无度，在于其贪婪。贪婪，行政良心便不见了，缺失或者丧失了。

（3）权力失控

行政良心本质上是行政权力的良心，即行政组织和行政人员行使行政权力过程中所表现出来的良心。行政良心的缺失或丧失，主要表现为滥用权力、以权谋私、玩忽职守等。为什么会出现这种情况？权力失控，即行政权力失去了外在力量的监督制约，无疑是一个很重要的原因。

权力失控为什么会成为行政良心缺失或丧失的一个重要原因，可从以下几个方面来理解：

第一，权力失控意味着教育提醒机制的缺失。行政良心作为一种自律机制是一个逐渐形成、不断生长的过程。在这一过程中，对行政良心主体的教育提醒具有重要作用。如果行政良心能够不断地、适时地获得教育和提醒，它就能形成和保持足够的自律能力。对行政权力进行监督制约的外在力量的存在，对于行政良心而言，无疑具有教育和提醒作用。因为它的存在，行政良心主体才不至于忘却行政权力的真正来源与用途。权力失控，则意味着这一教育提醒机制的缺失，行政良心势必因此而缺乏滋养、而萎靡不振，继而丧失自律能力。

第二，权力失控意味着贪欲抑制机制的丧失。行政良心的缺失或丧失与贪婪有关，而行政组织和行政人员之所以贪婪，在很大程度上与贪欲抑制机制的丧失、与贪婪可能性条件的存在有关。如果贪欲没有实现的可能（"不能贪"，）贪欲就可能逐渐消退。所以，权力监督机制实质上也是一种贪欲抑制机制。如果权力失控则意味着贪欲抑制机制的丧失，从而成为行政良心缺失或丧失的一个重要原因。

第三，权力失控意味着威慑警告机制的丧失。行政良心缺失或丧失，实质上也是因为行政组织和行政人员敢于做出违背行政良心的事，即敢于滥用权力、以权谋私、玩忽职守，敢于贪腐。而之所以敢，往往是因为没有控制、没有监督、没有惩罚。如果有监督、控制和惩罚，行政组织和行政人员就会心生畏惧，不敢妄为（"不敢贪"），行政良心即会呈现，即会发挥作用。所以，权力失控意味着威慑警告机制的缺失，从而成为行政良心缺失或丧失的一个重要原因。

4. 行政良心的作用：自律、善政、弘扬社会正义

行政良心的作用即行政良心的价值与意义，主要可以从以下几个方面来理解：

（1）行政良心可以使行政良心主体无咎无忧。行政良心对于行政良心主体自身而言，是一种自律机制，可以约束其行政行为，确保行政主体不至于因行为失范而得咎。无咎则无忧无惧，则有利于自身的健康发展。

（2）行政良心可以保善政而使社会公众得福。行政良心可以在事前对行政行为动机进行审查，可以在事中对行政行为进行监督，可以在事后对行政行为的经验教训进行总结，从而确保行政行为合乎道德，趋于善政。有善政则社会满意、公众得福。

（3）行政良心可以弘扬社会正义。行政良心本质上是社会正义之心，只有社会正义之心才是真正的行政良心。行政组织和行政人员能够以社会正义来反省和引导行政行为，则整个社会必然竞相效仿，社会正义于是得以弘扬。正如孔子所说："子欲善而民善矣。君子之德风，小人之德草，草上之风，必偃。"①

第三节 行政伦理的相互评价：行政荣誉

伦理评价除上述自我评价形式外还有另外一种评价形式：相互评价，即我对他人的行为和他人对我的行为所具有的道德价值的评价。这样一种评价形式被称为"名誉"或"荣誉"。相应的，行政伦理的评价形式除了行政良心外，还有另外一种相互评价的形式：行政荣誉。

一、荣誉

1. 名誉与荣誉

名誉，一般来说，是指社会公众对一个人的行为的道德价值或一个人的道德品质的评价。名，即一个人的名字或名称，亦即用以代表一个人的专属的符号。誉，即称赞、评价。《说文解字》曰："誉，称也，从言与声。"人们在社会交往中必然相互认识、了解，并相互评论、评价（评头品足）。这种评价可能是多方面的，但其最重要的是对于其行为的道德价值的评价，或对一个人的道德品质的评价。当这种道德方面的评价成为社会公众的一致性或共识性评价，即成为一个人的"名誉"（或"名声""声誉"）。

与"名誉"相近的一个概念是"名气"。名气即知名度，是说一个人因某种原因（成就、能力等）而在多大范围、被多少人认识并记住。名气也与社会公众的

① 《论语·颜渊》。

评价有关,但这种评价不一定是道德上的评价,而可能是任何一种价值意义上的评价。

一个人的名誉往往有好与坏的不同,即可能是赞美也可能是批评、谴责,可能是肯定性的名誉也可能是否定性的名誉。对于肯定性的名誉,人们又称之为"荣誉"。所以,荣誉即肯定性名誉,即社会公众对人的行为的道德价值或人的道德品质的肯定性评价。此外,荣誉与名誉还略有不同的是:荣誉的对象(获得者)可能是个人也可能是团体,有"个人荣誉"也有"集体荣誉";而名誉一般都是针对个体而言的,无所谓"集体名誉"。

与荣誉联系在一起的是"荣誉感",即人们对于荣誉的主观感受和情感反应。当人们获得荣誉,即得到社会公众肯定性评价的时候,往往会感到喜悦、欣慰、自豪、满足、欢欣鼓舞等。相反,当人们获得耻辱,即得到社会公众的否定性评价的时候,往往会感到羞愧、内疚、失落、情绪低落等。荣誉感因荣誉而生,荣誉亦因荣誉感而有意义,二者具有统一性。

2. 荣誉的结构

荣誉作为一种伦理评价,与其他评价一样也由评价主体、评价客体、评价标准、评价结论四大要素构成。

(1) 荣誉的评价主体:社会公众

所谓社会公众,一般是指除自己之外的所有与"自己"有社会联系的个人或团体。法律上往往强调"公众"不仅应将"自己"排除在外,还应将与自己关系密切的人员或团体(如亲戚、朋友、同学、同事、邻居、工作单位等)排除在外。作为荣誉评价主体的"公众",必须是有社会联系的个人或团体,如果完全没有社会联系,根本不认识、不了解你,怎么可能成为你的评价主体呢?所以,我们将荣誉评价的主体理解为社会公众。至于是否需要将"关系密切"者排除在外,可以视具体情况而定。

(2) 荣誉的评价客体(评价对象):任何个人或群体

在社会生活中,任何个人或群体的具有伦理意义的行为,都可能被社会公众评价,因此,任何个人或群体都可能成为荣誉的评价客体。但是请注意,在荣誉的评价客体中还隐藏着一个荣誉评价的依据问题。个人或群体之所以成为荣誉评价客体,并不是因为其全部,而是仅仅因为其"伦理行为",即依据其"伦理行为”。而人的行为中还存在动机与效果的问题，我们在依据人的行为而对个人或群体进行荣誉评价的时候，总是或者以动机为依据，或者以效果为依据，或者既依据动机又依据效果。

（3）荣誉的评价标准：道德规范

社会公众之所以对某个人或某个团体给予肯定性评价，一般来说，是因为其所作所为符合道德规范。而荣誉之所以是一种伦理评价，也主要因为其使用的评价标准是道德规范。但是可能有人会问，仅仅是道德规范吗？好像还有功利标准？是的，社会公众在给予个人或团体以“荣誉”时，往往与个人或团体对社会公众的贡献大小有关。但这两者并不矛盾。因为被社会公众选为评价标准的道德规范，都包含着要求和鼓励为社会公众做出贡献的内容，贡献越大的行为越是符合道德规范的要求，当然应该给予更大的肯定或荣誉。

（4）荣誉的评价结论：肯定性表达

荣誉的评价结论，一方面是某种肯定性的价值（道德）判断，另一方面则是这一判断的表达形式。合而言之即“肯定性表达”。肯定性表达的形式多种多样，有口头表扬（口碑）、书面（正式）表彰、树碑立传、物质奖励等。

3. 荣誉的原因

社会生活中为什么有“荣誉”现象？即一方面我们为什么要给他人以荣誉，另一方面我们自己为什么要追求荣誉？王海明称之为荣誉的外在根源与内在根源问题。他认为，荣誉现象的根本原因是人的利己心；无论是内在根源还是外在根源，归根到底是因为人自爱利己。

（1）荣誉的外在根源

道德，实质上也是一种社会契约，我们每个人都是缔约者。在这样一种契约关系中，我们每个人在保证自己遵守契约的同时，也无疑希望他人遵守契约，即希望他人遵守道德做一个好人。这也就是说，希望他人遵守道德做一个好人是我们每个人的道德需要。而我们为什么会有这种道德需要呢？更为根本的原因是，他人遵守道德做一个好人对我们有利；相反，如果他人不遵守道德做一个坏人则对我们有害。正因为我们希望他人遵守道德做一个对我们有利的好人，不希望他人违背道德做一个对我们有害的坏人，所以我们会对他人的行为进行伦理评价，我们会对他人违背道德的行为进行批评、谴责，给以否定性名誉，而对他人符合道德规范的行为进行表扬、称赞,给以肯定性名誉即荣誉。

我们之所以给他人以荣誉,即荣誉的外在根源,直接的原因是我们有希望他人做一个好人的道德需要,根本的原因则是我们的自爱利己之心。

(2) 荣誉的内在根源

人是社会动物,每个人的生活都与社会和他人紧密联系在一起,每个人的利益都在一定程度上是社会和他人给予的。而他到底能从社会和他人那里获得多少利益,又往往取决于社会和他人对他的评价,即他的名誉。荣誉,意味着他能从社会和他人那里获得更多的利益;耻辱、恶誉则意味着他只能从社会和他人那里获得更少的利益,甚至可能得不到他想要得到的任何利益。正因为名誉和利益联系在一起,即"名"和"利"联系在一起,所以,人们追求名誉、追求好的名誉(肯定性名誉)即荣誉。这也就是说,荣誉的内在根源与外在根源一样,也是因为我们每个人都有自爱利己之心。

当然,我们也会发现,有些人追求荣誉似乎并非为了获得荣誉之外的利益,而仅仅是为了荣誉。这还能说荣誉的内在根源是自爱利己吗?是的,并不能因此而否定荣誉的内在根源是自爱利己。为荣誉而求荣誉,是因为荣誉能给人带来快乐、带来满足,荣誉本身就是一种"利益"。

另外,我们还会发现,有些人似乎并不看重荣誉,或者蔑视荣誉。这是为什么?难道他们没有自爱利己之心?不是,没有人没有自爱利己之心,也没有人不看重荣誉。有人之所以表现出对荣誉的蔑视,往往是因为那不是真正的荣誉,而只是"荣誉"的形式,即所谓"虚荣"。真正的荣誉是你为社会和他人做出了实实在在的贡献,社会和他人因此而出自内心地称赞你、褒奖你。对于真正的荣誉,任何人都会因此而感到欣慰、愉悦、满足,都不会拒绝、蔑视。而"荣誉证书""奖杯""奖章""表扬""表彰"等,只是荣誉的表达形式,相对于出自内心的称赞、褒奖则属于"虚荣"。"虚荣"可能因种种原因而并不是真正荣誉的表达,因而并不能真正给有良心的人带来欣慰、愉快、满足,所以有人会拒绝、蔑视。

4. 荣誉追求的境界

人们都会追求荣誉,但人们在追求荣誉过程中所表现出来的道德境界却有所不同。人类行为的道德境界可以区分为六种:(1)无私利他;(2)为己利他;(3)单纯利己;(4)纯粹害己;(5)损人利己;(6)纯粹害他。前三种是善的境界:

“无私利他”是最高的善的境界，“为己利他”是基本善的境界，“单纯利己”是最低的善的境界；后三种是恶的境界：“纯粹害己”是最低的恶的境界，“损人利己”是基本恶的境界，“纯粹害他”是最高的恶的境界。[①] 这六种道德境界可以进一步简化为三种：高尚、平凡、卑鄙。“无私利他”是高尚的道德境界；“为己利他”和“单纯利己”是平凡的道德境界；“纯粹害己”“损人利己”和“纯粹害他”是卑鄙的道德境界。因此，我们可以根据人们荣誉追求中的行为表现（目的和手段）而将荣誉追求的境界区分为三种：高尚、平凡、卑鄙。

（1）高尚的荣誉追求

高尚的荣誉追求境界，是一种没有自我利益的考虑的无私利他、自我牺牲的道德境界。这种境界在实践中存在吗？存在。因为荣誉本身有可能成为人们追求的目的，即为荣誉而追求荣誉。而当人们为荣誉而求荣誉时，即他的行为完全为荣誉感所驱使的时候，就可能达到无私利他、自我牺牲的境界。蔡元培先生曾经说：“古今忠孝节义之士，往往有杀身以成其名者。”[②]杀身成名，即牺牲生命以成就其荣誉。而荣誉必因其行为对社会和他人有利益、有贡献。不惜牺牲生命而做对社会和他人有利的事情，这不就是纯粹的无私利他、自我牺牲吗？这是一般人难以做到的，所以称其为高尚的道德境界。

（2）平凡的荣誉追求

平凡的荣誉追求境界，是一种为己利他（目的利己、手段利人，或所谓“主观为自己，客观为别人”）的道德境界。许多人之所以追求荣誉，并不是以荣誉本身为目的，而是为了实现自己的利益目标，荣誉只是手段而已。但荣誉的获得必以对社会和他人有利即有所贡献为前提，因此，以利己为目的的荣誉追求实质上就是通过利他手段实现利己目的，即为己利他。“为己利他”虽不及“无私利他、自我牺牲”高尚，但也为道德所认可，同时也是大多数人所能够做到的，所以可称其为一种平凡的道德境界。

（3）卑鄙的荣誉追求

卑鄙的荣誉追求境界，是一种损人利己的道德境界。这种境界的荣誉追求

---

① 参阅王海明：《新伦理学（修订版）》，商务印书馆 2008 年版，第 660—662 页。

② 高平叔编：《蔡元培全集》第 2 卷，第 215 页，转引自王海明：《新伦理学（修订版）》，商务印书馆 2008 年版，第 1470 页。

所追求的其实并非真正的荣誉,而只是荣誉的形式,即所谓虚荣。而且,其对"虚荣"的追求并不是通过真正地造福社会和他人的途径,而是通过弄虚作假、花言巧语、阴谋诡计等种种欺骗(损人)途径或其他不道德的途径。这种荣誉追求行为,不论其为求利而求荣誉还是为求荣誉而求荣誉,都是违背道德的、为道德所否定的,所以称其为卑鄙的道德境界。

5. 荣誉的作用

荣誉的作用,从根本上说,是使人遵守道德。荣誉意味着社会和他人对人的行为或品德给予肯定性评价,这种肯定性评价一方面其本身就让人感到快乐和满足,另一方面因其带来的利益而让人感到快乐和满足。相反,如果没有荣誉即社会和他人不给予肯定性评价,或给予否定性评价(恶誉、耻辱),则会让人感到羞愧和痛苦。人所具有的趋乐避苦的本性(本能),必然促使人们遵循道德、造福社会和他人以求得荣誉,求得快乐和满足,并因此而避免羞愧和痛苦。

"众人所指,无病而死。"这句格言说明荣誉对人是何等重要,恶誉会让人无地自容、无病而死。正因荣誉重要,所以必然具有推动人遵守道德的作用。

二、行政荣誉

1. 行政荣誉的定义

行政荣誉可以从两个方面来理解:一方面是指行政组织和行政人员的荣誉,即社会公众或行政权威(公共权威)对行政组织或行政人员的行为所作的肯定性评价;另一方面是指由行政权威所给予或认可的荣誉,即行政权威对一定范围内的任何组织或个人的行为所作的肯定性评价。前者可称为狭义的行政荣誉,后者则可称为广义的行政荣誉。本书主要从狭义方面理解和讨论行政荣誉。

2. 行政荣誉感

所谓行政荣誉感,是指行政组织或行政人员对于社会公众或行政权威的肯定性评价的主观(心理)感受:有没有这种心理感受,以及感受的强烈(清晰)程度。显然,行政荣誉感是行政荣誉存在(或有意义)的前提。如果行政组织或行政人员对于社会公众或行政权威所给予的行政荣誉没有感受(感觉),那行政荣誉也就没有意义了,也就在实际上被取消了(不存在了)。

那么，是什么原因决定有没有这种心理感受，或感受的强烈程度呢？主要原因是行政组织或行政人员对社会公众或行政权威的评价是否在乎（在意或期待），而"是否在乎"又主要在于社会公众或行政权威的评价对于行政组织或行政人员的利益、命运是否具有足够的影响力。如果社会公众或行政权威的评价对于行政组织或行政人员的利益、命运有足够的影响力，行政组织或行政人员就会在乎；而如果行政组织或行政人员在乎，就会对社会公众或行政权威的评价有感受（感觉），或者有强烈、清晰的感受。反之，没有足够的影响力就不会在乎，不在乎就不会有感受。

3. 行政荣誉的构成要素

行政荣誉本质上是一种行政伦理评价，因此，它的构成要素也同样可以区分为四个：评价主体、评价客体（对象）、评价标准、评价结论（表达形式）。

（1）行政荣誉的评价主体

行政荣誉的评价主体首先是社会公众（人民群众），因为行政组织和行政人员的行为大都与社会公众有关系，都直接或间接地面向社会公众。社会公众必然要对行政组织和行政人员的行为进行伦理评价，社会公众的评价也往往是最重要的。正如俗话所说："金杯银杯，不如人民群众的口碑。"

其次，行政荣誉的评价主体是"行政权威"，即掌握行政权力（公共权力）的行政组织或行政人员。行政系统内部，为了充分调动各级行政组织和每个行政人员的积极性，必然要对各级行政组织和每个行政人员的行为进行伦理评价。其评价者即评价主体，也同样是行政组织或行政人员，可能是上级，也可能是同级，还可能是下级。他们作为评价主体都掌握有一定的行政权力，他们的评价都代表着一定的行政权威。所以，我们将这种评价主体称为"行政权威"。

（2）行政荣誉的评价客体（对象）

行政荣誉的评价对象（客体）可以区分为集体与个体。所谓集体即行政系统内部的行政组织、行政机构，或行政团队。个体即行政人员或公务员个人。行政工作或行政行为的完成，不仅与个人有关，由个人因素决定，也往往与集体的配合有关，与集体的共同努力有关。所以，行政荣誉不仅以个体为对象，也往往以集体为对象。

《中华人民共和国公务员法》第八章规定，"奖励"的对象可以是公务员个人,也可以是“公务员集体”。所谓公务员集体,是指“按编制序列设置的机构或者为完成专项任务组成的工作集体。”

(3) 行政荣誉的评价标准

行政荣誉的评价标准是行政伦理的原则、规范。行政荣誉本质上是一种行政伦理评价,是社会公众或行政权威对行政组织或行政人员的行为的肯定性评价,它的评价标准当然只能是行政伦理的原则、规范。也就是说,只有当行政组织或行政人员的行为符合行政伦理的原则、规范,社会公众或行政权威才可能给予肯定性评价。

但行政荣誉作为行政伦理上的肯定性评价,并非笼统的、平面的,还存在着等级、档次的区分。那么,这等级或档次区分的标准又是什么呢?主要是绩效(贡献)和境界。所谓绩效,是指作为行政荣誉评价对象的行为所产生的成绩和效益,即行政组织或行政人员在工作中做出的贡献(功劳)。贡献越大,行政荣誉的等级越高。所谓境界,是指作为行政荣誉评价对象的行为的道德境界。道德境界越是高尚,行政荣誉的等级越高。

我国《公务员法》第八章(“奖励”)第49条关于“应予奖励的情形”的规定,实际上就是有关行政荣誉评价标准的一种规定。

公务员或公务员集体有下列情形之一的,给予奖励:

(一) 忠于职守,积极工作,成绩显著的;

(二) 遵守纪律,廉洁奉公,作风正派,办事公道,模范作用突出的;

(三) 在工作中有发明创造或者提出合理化建议,取得显著经济效益或者社会效益的;

(四) 为增进民族团结、维护社会稳定做出突出贡献的;

(五) 爱护公共财产,节约国家资财有突出成绩的;

(六) 防止或消除事故有功,使国家和人民群众利益免受或减少损失的;

(七) 在抢险、救灾等特定环境中奋不顾身,做出贡献的;

(八) 同违法违纪行为作斗争有功绩的;

(九) 在对外交往中为国家争得荣誉和利益的;

(十) 有其他突出功绩的。

行政权威对公务员或公务员集体进行奖励，无疑是行政荣誉，这些“应予奖励的情形”也无疑就是行政荣誉的评价标准。而这些标准显然就是行政伦理的原则、规范。但是，并不是所有遵循行政伦理原则、规范的行为都会获得奖励，奖励并不是行政荣誉的全部形式，只有较高等级、档次的行政荣誉才获得奖励。而评定行政荣誉等级、档次的标准主要是成绩、效益、贡献以及道德境界。

如何理解上述评价标准中的“道德境界”？从字面上好像看不出上述标准中有道德境界的考虑，而其实是有的。首先，“成绩”“效益”“贡献”无疑都属于“利他”的善的道德境界；其次，上述标准不仅要求有“成绩”“效益”“贡献”，而且要求“突出”“显著”，这就可以推断其中蕴含着高尚道德境界的要求，如果没有无私利他、甘于奉献的高尚道德境界，是不可能有突出和显著的成绩、效益和贡献的；第三，其中第七条标准中的“奋不顾身”就是明显的道德境界的考虑。

（4）行政荣誉的评价结论（表达形式）

行政荣誉的表达形式，即行政荣誉评价结论的表达形式。行政荣誉作为行政伦理评价，必然有评价结论，而评价结论必然有表达、有表达的形式。行政荣誉的表达形式主要可区分为舆论表扬（点赞）和行政权威的奖励、表彰等。

舆论表扬，是社会公众对于行政组织或行政人员的行为的道德价值的肯定，这种肯定主要以社会公众的口头传颂为表达形式，偶尔也以锦旗、牌匾等其他形式表达。

行政权威的奖励、表彰，则是行政组织或国家机构对行政组织或行政人员的行为的道德价值的肯定，这种肯定主要以权威机构的正式文件、证书、奖状、奖章、公开宣传等形式表达。

4. 行政荣誉追求的道德境界

行政荣誉的追求也同样会表现出不同的道德境界，大概可以区分为高尚的境界、平凡的境界和卑鄙的境界。（1）行政荣誉追求的高尚境界，是一种没有自身利益考虑的纯粹奉献的道德境界；（2）行政荣誉追求的平凡境界，是一种以实现自身利益为目的、以为社会和他人做贡献为手段而追求行政荣誉的道德境界；（3）行政荣誉追求的卑鄙境界，是一种以实现自身利益为目的，通过弄虚作假、花言巧语、阴谋诡计等欺骗手段而获取行政荣誉形式（“虚荣”）的道德境界。

在行政荣誉追求上，我们崇尚纯粹奉献的高尚境界，承认和肯定“为己利他”的平凡境界，反对以欺骗手段获取“虚荣”的卑鄙境界。

三、行政荣誉的功能

行政荣誉的功能，即行政荣誉对于国家、社会以及行政组织和行政人员自身有何积极效应。这大概可从以下几个方面来认识：

1. 行政荣誉的激励功能

行政荣誉可以给行政组织或行政人员带来精神上的满足与愉悦，同时也可以带来物质利益，因此可以激励行政组织和行政人员恪守职业道德，尽可能地为国家和社会、为人民多做贡献。

2. 行政荣誉的教育和导向功能

行政荣誉的授予或获取有一定的、明确的标准，这些标准亦即行政伦理的原则和规范。行政荣誉的授予过程（评选过程）或行政荣誉的获取过程（争创过程），也是行政荣誉的评价标准即行政伦理的原则、规范的讨论和宣传的过程，这一过程必将对行政组织和行政人员产生教育和导向作用。

3. 行政荣誉的社会示范功能

行政荣誉对行政组织或行政人员行为的道德价值的肯定，实质上也是对正义价值、对善的价值的肯定，因而可能对整个社会产生积极的示范效应。所有社会成员都可能因此而加深对社会正义、对善的认识，都可能竞相模仿行政组织或行政人员去追求荣誉、去为社会做贡献、为他人谋利益。

四、行政荣誉制度

1. 行政荣誉制度的含义及其意义

行政荣誉制度，即有关行政荣誉行为的规范，主要指国家权力机关或行政机关对行政荣誉行为的正式规定。所谓行政荣誉行为，即前文已有讨论的行政伦理的评价行为，它包括评价主体、评价对象（客体）、评价标准、评价结论，是评价主体以一定的标准对评价对象进行评价并作出评价结论的过程。

行政荣誉行为非常重要，因为它对行政组织和行政人员有激励作用、有教育和导向作用，同时还具有社会示范作用。行政荣誉行为不仅仅是社会大众的舆论性行为，同时也是一种非常重要的行政行为。也就是说，行政权威必须介入这一行为，只有当行政权威介入，行政荣誉才可能真正发挥它的积极作用。事实上，任何国家的权力机关和行政机关都非常重视行政荣誉行为。

既然行政荣誉行为是一项重要的行政行为，那它就应该或必须制度化。(1)只有制度化才能确保这一重要行为的经常性和及时性；(2)只有制度化才能确保这一重要行为的公平公正性；(3)只有制度化才能确保这一重要行为的权威性和影响力。

2. 我国历史上的行政荣誉制度

我国历史上的行政荣誉制度，从上古时期到清朝末年，主要有：封爵、加官、散阶、勋官、旌表、赐姓、诰命夫人、勋章等。

(1) 封爵

封爵是我国古代皇帝为巩固皇权而授予贵族或功臣以一定地位、待遇以及官职的激励性行为。

爵是表示社会地位和待遇的称号，有等级的不同，如夏朝爵分为"公、侯、伯、子、男"五等，隋朝爵有国王、郡王、国公、郡公、县公、侯、伯、子、男九等。秦以后爵位与官秩合一，爵位不同也意味着政府官员的品级区别。封爵的原则主要有两条，一是亲缘关系，即因其为皇亲国戚而授予爵位；二是品行与功绩，即因其品行高尚或功劳显著而授予爵位。

爵位在古代社会同时也是一种荣誉称号，它在给人带来地位、待遇、官职的同时，也给人带来荣誉、荣耀。所以，封爵制度实质上也是一种行政荣誉制度。

(2) 加官

所谓加官，即在本职或本官之外另加其他官职。加官制度是古代职官制度的重要组成部分，同时也是皇帝用来提升官员品级、待遇，对官员进行奖励的一项重要的行政荣誉制度。

(3) 散阶

所谓散阶，即官员的品阶(等级)。散阶由散官发展而来，始于汉代。我国古代官职结构中有两类官职：一类是有实际行政职能的职事官，一类是没有固定职事的散官。但散官有地位等级待遇的不同,所以演变为散阶制。散阶的授予与功绩品行的考核有关,具有荣誉性,所以散阶制实际上也是一种行政荣誉制度。

(4) 勋官

勋官制始于唐朝,是从散官制发展而来,勋官也是没有实际职事的"散官"。勋官有等级和品位的区别,与"散阶"类似。勋官的设置最初是为了奖励武功(将士),后来也设文勋官,所以,与散阶制一样也成为一种行政荣誉制度。

(5) 旌表

旌表即表扬、表彰,是我国古代统治者提倡封建道德的一种行政褒奖行为,故可以理解为一种行政荣誉制度(广义)。旌表以贞女节妇、义夫、孝子、义门(累世同居的大家族)为对象,以挂匾额、树碑、建牌坊以及物质赏赐为主要方式。旌表制度最早可追溯至先秦时期,《尚书·毕命》有记载说:"旌别淑慝,表厥宅里;彰善瘅恶,树之风声",《周礼》中亦有类似记载。

(6) 诰命夫人

"诰命夫人",是我国古代皇帝对高级官员母亲或配偶进行封赠,实际上也是对高级官员进行奖励的一种行政荣誉制度。诰,即告,上告下谓"诰"(下告上曰"诉")。诰命又称诰书、制诰,俗称圣旨,是皇帝封赠官员的专用文书。古代封赠一品至五品高级官员称诰,授以诰命;六品至九品称敕,授以敕命。诰和敕用不同的玺印。诰命夫人有俸禄,但无实权,其等级差别因其丈夫官职等级的不同而不同。

(7) 赐姓

赐姓,是古代皇帝对于有军功或其他贡献的臣子赐以姓氏表示恩宠和褒奖的一种行为。这一行为对于受赐者而言是一种崇高的荣誉,所以,实际上也是一种行政荣誉制度。

赐姓制始于先秦。先秦赐姓,一般以地名为赐姓。《续文献通考》记载说:"姬之得赐于姬水故也,姜之得赐于姜水故也。"秦汉以后,赐姓发生了较大变化,皇帝每每以天子国姓赏赐恩宠臣子,赐姓益发成为一种行政荣誉制度。

(8) 勋章

勋章制度,是清朝末年国门洞开后受西方文化影响而创设的行政荣誉制度。

1882年,清光绪八年,清政府批准了中国历史上第一个勋章制度:《宝星章程》。这一章程最初是因为外交礼仪需要而设的,“专为赠给各国人员,以示联络邦交”,后来逐渐发展成为奖励有功洋人以及本国的外交官员的荣誉制度。中华民国成立之后,勋章制度完全取代了中国传统的荣誉制度(奖励制度),陆续出台了《勋章章程》《颁给勋章条例》《陆海军勋章令》《陆海空军勋章条例》等法规。

3. 当前我国主要的行政荣誉制度

中华人民共和国成立以来,专门针对行政人员(公务员)的行政荣誉制度主要有:1952年政务院颁布的《国家机关工作人员奖惩暂行条例》(包括“总则”“奖惩种类”“办法”“权限”“程序”“附则”共六章四十二条);1957年10月由第一届全国人大第八十二次会议通过并由国务院颁布的《国务院关于国家行政机关工作人员的奖惩暂行规定》(包括“立法目的”“奖惩条件”“种类”“工作程序”等十七条,适用范围仅为国家行政机关工作人员,不适用于其他国家机关工作人员,但其他国家机关工作人员实际上一直参照执行);1995年7月人事部颁布的《国家公务员奖励暂行规定》(共十五条,对公务员的奖励原则、奖励条件、奖励种类、奖励程序和批准权限以及奖励的撤销作了具体规定)。上述制度均已废止,当前我国有效运行的行政荣誉制度主要如下:

(1)《中华人民共和国公务员法》

2005年4月27日第十届全国人民代表大会常务委员会第十五次会议通过、2005年4月27日中华人民共和国主席令第35号公布、自2006年1月1日起施行的《中华人民共和国公务员法》第八章,对公务员的“奖励”行为作了专门规定,包括“奖励的条件和方式”“应予奖励的情形”“奖励的种类”“奖励的程序”和“撤销奖励的情形”等内容。

(2)《公务员奖励规定(试行)》

《公务员奖励规定(试行)》是2008年1月4日由中共中央组织部和国务院人事部共同制定、颁发的,包括“总则”“奖励的条件和种类”“奖励权限和程序”“奖励的实施”“奖励的监督”“附则”等六章二十二条。

《公务员奖励规定(试行)》

(中组发〔2008〕2号,于2008年1月4日颁布,2008年1月4日开始实施)

第一章　总则

第一条　为激励公务员忠于职守,勤政廉政,提高工作效能,充分调动公务员工作的积极性,规范公务员奖励工作,根据公务员法,制定本规定。

第二条　公务员奖励是指对工作表现突出,有显著成绩和贡献,或者有其他突出事迹的公务员、公务员集体,依据本规定给予的奖励。

公务员集体是指按照编制序列设置的机构或者为完成专项任务组成的工作集体。

第三条　公务员奖励坚持公开、公平和公正的原则,坚持精神奖励与物质奖励相结合、以精神奖励为主的原则,及时奖励与定期奖励相结合,按照规定的条件、种类、标准、权限和程序进行。

第四条　中央公务员主管部门负责全国公务员奖励的综合管理工作。县级以上地方各级公务员主管部门负责本辖区内公务员奖励的综合管理工作。上级公务员主管部门指导下级公务员主管部门的公务员奖励工作。各级公务员主管部门指导同级各机关的公务员奖励工作。

第二章　奖励的条件和种类

第五条　公务员、公务员集体有下列情形之一的,给予奖励:

(一)忠于职守,积极工作,成绩显著的;

(二)遵守纪律,廉洁奉公,作风正派,办事公道,模范作用突出的;

(三)在工作中有发明创造或者提出合理化建议,取得显著经济效益或者社会效益的;

(四)为增进民族团结、维护社会稳定做出突出贡献的;

(五)爱护公共财产,节约国家资财有突出成绩的;

(六)防止或者消除事故有功,使国家和人民群众利益免受或者减少损失的;

(七)在抢险、救灾等特定环境中奋不顾身,做出贡献的;

(八)同违法违纪行为作斗争有功绩的;

(九)在对外交往中为国家争得荣誉和利益的;

(十)有其他突出功绩的。

第六条 对公务员、公务员集体的奖励分为:嘉奖、记三等功、记二等功、记一等功、授予荣誉称号。

(一)对表现突出的,给予嘉奖;

(二)对做出较大贡献的,记三等功;

(三)对做出重大贡献的,记二等功;

(四)对做出杰出贡献的,记一等功;

(五)对功绩卓著的,授予“人民满意的公务员”“人民满意的公务员集体”或者“模范公务员”“模范公务员集体”等荣誉称号。

第三章 奖励的权限和程序

第七条 给予公务员、公务员集体的奖励,经同级公务员主管部门或者市(地)级以上机关干部人事部门审核后,按照下列权限审批:

嘉奖、记三等功,由县级以上党委、政府或者市(地)级以上机关批准。

记二等功,由市(地)级以上党委、政府或者省级以上机关批准。

记一等功,由省级以上党委、政府或者中央机关批准。

授予荣誉称号,由省级以上党委、政府或者中央公务员主管部门批准。

由市(地)级以上机关审批的奖励,事先应当将奖励实施方案报同级公务员主管部门审核。

第八条 给予公务员、公务员集体奖励,一般按下列程序进行:

(一)公务员、公务员集体做出显著成绩和贡献需要奖励的,由所在机关(部门)在征求群众意见的基础上,提出奖励建议;

(二)按照规定的奖励审批权限上报;

(三)审核机关(部门)审核后,在一定范围内公示7个工作日。如涉及国家秘密不宜公示的,经审批机关同意可不予公示;

(四)审批机关批准,并予以公布。

《公务员奖励审批表》存入公务员本人档案;《公务员集体奖励审批表》存入获奖集体所在机关文书档案。

第九条 审批机关给予公务员、公务员集体奖励,必要时,应当按照干部管理权限,征得主管机关同意,并征求纪检机关(监察部门)和有关部门意见。

第四章　奖励的实施

第十条　对在本职工作中表现突出、有显著成绩和贡献的,应当给予奖励。给予嘉奖和记三等功,一般结合年度考核进行,年度考核被确定为优秀等次的,予以嘉奖,连续三年被确定为优秀等次的,记三等功;给予记二等功、记一等功和授予"人民满意的公务员"、"人民满意的公务员集体"荣誉称号,一般每五年评选一次。

对在处理突发事件和承担专项重要工作中做出显著成绩和贡献的,应当及时给予奖励。其中,符合授予荣誉称号条件的,授予"模范公务员"、"模范公务员集体"等荣誉称号。

对符合奖励条件的已故人员,可以追授奖励。

第十一条　对获得奖励的公务员、公务员集体,由审批机关颁布奖励决定,颁发奖励证书。获得记三等功以上奖励的,同时对公务员颁发奖章,对公务员集体颁发奖牌。

公务员、公务员集体的奖励证书、奖章和奖牌,按照规定的式样、规格、质地,由省级以上公务员主管部门统一制作或者监制。

第十二条　对获得奖励的公务员,按照规定标准给予一次性奖金。其中对获得荣誉称号的公务员,按照有关规定享受省部级以上劳动模范和先进工作者待遇。

中央公务员主管部门会同国务院财政部门,根据国家经济社会发展水平,及时调整公务员奖金标准。

对受奖励的公务员集体酌情给予一次性奖金,作为工作经费由集体使用,原则上不得向公务员个人发放。

公务员奖励所需经费,应当列入各部门预算,予以保障。

第十三条　给予公务员、公务员集体奖励,对于因同一事由已获得上级机关奖励的,下级机关不再重复奖励。

第十四条　对获得奖励的公务员、公务员集体,可以采取适当形式予以表彰。表彰形式应当庄重、节俭。

第五章　奖励的监督

第十五条　各地各部门不得自行设立本规定之外的其他种类的公务员奖励，不得违反本规定标准发放奖金，不得重复发放奖金。

第十六条　公务员、公务员集体有下列情形之一的，撤销奖励：

（一）申报奖励时隐瞒严重错误或者弄虚作假，骗取奖励的；

（二）严重违反规定奖励程序的；

（三）获得荣誉称号后，公务员受到开除处分、劳动教养、刑事处罚的，公务员集体严重违法违纪、影响恶劣的；

（四）法律、法规规定应当撤销奖励的其他情形。

第十七条　撤销奖励，由原申报机关按程序报审批机关批准，并予以公布。如涉及国家秘密不宜公布的，经审批机关同意可不予公布。

必要时，审批机关可以直接撤销奖励。

第十八条　公务员获得的奖励被撤销后，审批机关应当收回并公开注销其奖励证书、奖章，停止其享受的有关待遇。撤销奖励的决定存入公务员本人档案。

公务员集体获得的奖励被撤销后，审批机关应当收回并公开注销其奖励证书和奖牌。

第十九条　公务员主管部门和有关机关应当及时受理对公务员奖励工作的举报，并按照有关规定处理。

对在公务员奖励工作中有徇私舞弊、弄虚作假、不按规定条件和程序进行奖励等违法违纪行为的人员，以及负有领导责任的人员和直接责任人员，根据情节轻重，给予批评教育或者处分；构成犯罪的，依法追究刑事责任。

第六章　附则

第二十条　对参照公务员法管理的机关（单位）中除工勤人员以外的工作人员和集体的奖励，参照本规定执行。

第二十一条　本规定由中共中央组织部、人事部负责解释，各地各部门可结合实际制定实施细则。

第二十二条　本规定自发布之日起施行。1995年7月3日人事部印发的《国家公务员奖励暂行规定》（人核培发〔1995〕68号）同时废止。

(3)《中华人民共和国人民警察法》《中华人民共和国教师法》《中华人民共和国驻外外交人员法》等

《中华人民共和国人民警察法》,1995年第八届全国人民代表大会常务委员会第十二次会议通过,自1995年2月28日起施行。其中第31条规定:"人民警察个人或集体在工作中表现突出,有显著成绩和特殊贡献的,给予奖励。奖励分为:嘉奖、三等功、二等功、一等功、授予荣誉称号。""对受奖励的人民警察,按照国家有关规定,可以提前晋升警衔,并给予一定的物质奖励。"

《中华人民共和国教师法》,1993年第八届全国人民代表大会常务委员会第四次会议通过,根据2009年第十一届全国人民代表大会常务委员会第十次会议《关于修改部分法律的决定》修正。其中第七章第33条规定:"教师在教育教学、培养人才、科学研究、教学改革、学校建设、社会服务、勤工俭学等方面成绩优异的,由所在学校予以表彰、奖励。""国务院和地方各级人民政府及其有关部门对有突出贡献的教师,应当予以表彰、奖励。"

《中华人民共和国驻外外交人员法》,2009年第十一届全国人民代表大会常务委员会第十一次会议通过,自2010年1月1日起施行。其中第七章第32条规定:

"驻外外交机构或者驻外外交人员有下列情形之一的,依法给予奖励:

(一)为维护国家主权、安全、荣誉和利益做出重大贡献的;

(二)为维护中国公民和法人在国外的人身、财产安全或者其他正当权益做出突出贡献的;

(三)在应对重大突发事件中做出重大贡献的;

(四)在战乱等特定艰苦环境中有突出事迹的;

(五)为保护国家秘密做出突出贡献的;

(六)遵守纪律,廉洁奉公,作风正派,办事公道,模范作用突出的;

(七)尽职尽责,工作实绩突出的;

(八)有其他突出表现应当给予奖励的。"

(4)《中华人民共和国国家勋章和国家荣誉称号法》

《中华人民共和国国家勋章和国家荣誉称号法》,2015年12月27日第十二届全国人民代表大会常务委员会第十八次会议通过,2016年1月1日起施行。

这是一部典型的广义行政荣誉法，它是有关“国家最高荣誉”的法律，其荣誉获得者可以是“在中国特色社会主义建设和保卫国家中做出巨大贡献、建立卓越功勋的”中国公民，还可以是“在我国社会主义现代化建设和促进中外交流合作、维护世界和平中做出杰出贡献的外国人”。

《中华人民共和国国家勋章和国家荣誉称号法》

（2015年12月27日第十二届全国人民代表大会常务委员会第十八次会议通过，2015年12月27日中华人民共和国主席令第三十八号公布，自2016年1月1日起施行）

第一条　为了褒奖在中国特色社会主义建设中做出突出贡献的杰出人士，弘扬民族精神和时代精神，激发全国各族人民建设富强、民主、文明、和谐的社会主义现代化国家的积极性，实现中华民族伟大复兴，根据宪法，制定本法。

第二条　国家勋章和国家荣誉称号为国家最高荣誉。

国家勋章和国家荣誉称号的设立和授予，适用本法。

第三条　国家设立“共和国勋章”，授予在中国特色社会主义建设和保卫国家中做出巨大贡献、建立卓越功勋的杰出人士。

国家设立“友谊勋章”，授予在我国社会主义现代化建设和促进中外交流合做、维护世界和平中做出杰出贡献的外国人。

第四条　国家设立国家荣誉称号，授予在经济、社会、国防、外交、教育、科技、文化、卫生、体育等各领域各行业做出重大贡献、享有崇高声誉的杰出人士。

国家荣誉称号的名称冠以“人民”，也可以使用其他名称。国家荣誉称号的具体名称由全国人民代表大会常务委员会在决定授予时确定。

第五条　全国人民代表大会常务委员会委员长会议根据各方面的建议，向全国人民代表大会常务委员会提出授予国家勋章、国家荣誉称号的议案。

国务院、中央军事委员会可以向全国人民代表大会常务委员会提出授予国家勋章、国家荣誉称号的议案。

第六条　全国人民代表大会常务委员会决定授予国家勋章和国家荣誉

称号。

第七条　中华人民共和国主席根据全国人民代表大会常务委员会的决定,向国家勋章和国家荣誉称号获得者授予国家勋章、国家荣誉称号奖章,签发证书。

第八条　中华人民共和国主席进行国事活动,可以直接授予外国政要、国际友人等人士“友谊勋章”。

第九条　国家在国庆日或者其他重大节日、纪念日,举行颁授国家勋章、国家荣誉称号的仪式;必要时,也可以在其他时间举行颁授国家勋章、国家荣誉称号的仪式。

第十条　国家设立国家功勋簿,记载国家勋章和国家荣誉称号获得者及其功绩。

第十一条　国家勋章和国家荣誉称号获得者应当受到国家和社会的尊重,享有受邀参加国家庆典和其他重大活动等崇高礼遇和国家规定的待遇。

第十二条　国家和社会通过多种形式,宣传国家勋章和国家荣誉称号获得者的卓越功绩和杰出事迹。

第十三条　国家勋章和国家荣誉称号为其获得者终身享有,但依照本法规定被撤销的除外。

第十四条　国家勋章和国家荣誉称号获得者应当按照规定佩带国家勋章、国家荣誉称号奖章,妥善保管勋章、奖章及证书。

第十五条　国家勋章和国家荣誉称号获得者去世的,其获得的勋章、奖章及证书由其继承人或者指定的人保存;没有继承人或者被指定人的,可以由国家收存。

国家勋章、国家荣誉称号奖章及证书不得出售、出租或者用于从事其他营利性活动。

第十六条　生前做出突出贡献符合本法规定授予国家勋章、国家荣誉称号条件的人士,本法施行后去世的,可以向其追授国家勋章、国家荣誉称号。

第十七条　国家勋章和国家荣誉称号获得者,应当珍视并保持国家给予的荣誉,模范地遵守宪法和法律,努力为人民服务,自觉维护国家勋章和国家荣誉称号的声誉。

第十八条　国家勋章和国家荣誉称号获得者因犯罪被依法判处刑罚或者有其他严重违法、违纪等行为，继续享有国家勋章、国家荣誉称号将会严重损害国家最高荣誉的声誉的，由全国人民代表大会常务委员会决定撤销其国家勋章、国家荣誉称号并予以公告。

第十九条　国家勋章和国家荣誉称号的有关具体事项，由国家功勋荣誉表彰有关工作机构办理。

第二十条　国务院、中央军事委员会可以在各自的职权范围内开展功勋荣誉表彰奖励工作。

第二十一条　本法自2016年1月1日起施行。

第九章　行政伦理监督

监督,即监察督促。亦即监督主体从旁察看、监视行为主体,以督促行为主体按照一定的要求和规范行动。行政伦理监督,指监督主体(公众、政党等)对行政组织和行政人员行为的察看、监视,并督促其按照行政伦理的要求和规范行动。行政伦理监督在行政管理实践中具有重要意义,因而也是行政伦理学必须加以研究的重要课题。行政伦理学对行政伦理监督的研究思考主要集中在以下几个方面:(1)为什么要进行行政伦理监督?即行政伦理监督的必要性及重要性问题;(2)谁来监督?监督谁?监督什么?如何监督?即行政伦理监督的主体、对象、内容和方式问题;(3)如何对待行政伦理监督?即行政伦理监督主体和监督对象的态度问题;(4)行政伦理监督的制度化问题;(5)我国行政伦理监督存在的问题及对策。

第一节　行政伦理监督的必要性和重要性

监督,往往意味着监督者(主体)对于被监督者(客体或对象)品德的怀疑或不信任。监督者处于道德上的优势地位(道德高地),而被监督者处于道德上的弱势地位。这种地位安排上的不平等显然不符合公平原则,被监督者必然对监督行为有厌恶和抗拒情绪。因此,我们(监督行为的设计者或支持者)必须对监督行为的合理性(必要性和重要性)予以说明,以化解被监督者的怨气,以获得被监督者的谅解(理解)与配合。另外,从效率意义上看,也必须对监督行为的合理性进行说明,如果监督没有必要或者并不重要,那就应该省去它以节省资源提高效率,因为监督行为必然需要成本投入、必然有资源消耗。

正是基于上述考虑,我们提出了行政伦理监督的必要性和重要性问题。也就是说,对行政组织和行政人员进行伦理监督,必须有合理性(合法性),否则不能化解行政组织和行政人员的怨气,不能说服行政组织和行政人员心甘情愿地配合监督,甚至不能说服行政伦理监督主体重视监督行为、认真履行监督权利和监督责任。

行政伦理监督的必要性和重要性,主要可以从人的本性、权力的本性以及实践经验等方面来理解或说明。

一、"人性恶":行政伦理监督的深层原因

人性是一个颇为复杂的问题,古今中外众说纷纭。前文第三章讨论"行政责任"时我们已有说明,王海明有关人性的观点颇有说服力,我们同意。

王海明认为,广义地说,人性乃"人生而固有的普遍本性"。"人生而固有的普遍本性",有些是不可以言道德善恶的,如"知情意、眼鼻耳等等";有些则是可以言道德善恶的。可以言道德善恶的人性才是伦理学的研究对象,即伦理学意义上的人性。而伦理学所谓人性乃"人生而固有的伦理行为事实如何之本性",就其内在结构来说,由伦理行为目的、伦理行为手段和伦理行为原动力三因素构成。伦理行为的原动力是自爱利己。伦理行为目的和手段都包括利他、利己、害他、害己四种。四种目的与四种手段结合起来便形成16种伦理行为,16种伦理行为可以归并为6大类型:无私利他、为己利他、单纯利己、纯粹害他、损他利己、纯粹害己。前三种是善的行为类型,后三种是恶的行为类型。[①]

总而言之,从伦理学的角度来看,所有人的行为的原动力(深层的、根本的动力)是自爱利己,因为"自爱利己"每个人都可能做出善的行为:无私利他、为

① 参阅王海明:《人性论》,商务印书馆2005年版。

己利他、单纯利己,也可能做出恶的行为:纯粹害他、损他利己、纯粹害己。这是人生而固有的事实如此的本性。

从社会存在和发展的角度看,善的行为是受欢迎的,是应该提倡、鼓励的;而恶的行为是不受欢迎的,是应该而且必须加以制止和防范的。如何制止?无非运用社会力量(包括公共权力)对行为人进行惩罚,迫使其不敢也不能继续为恶。如何防范?最重要而且行之有效的方法无疑是运用社会力量(也包括公共权力)对行为人进行监督,迫使其不能也不敢为恶。

从人可能为恶的本性(人性恶)来看,社会生活中的每个人都应该予以防范,都应该运用社会力量(包括公共权力)进行伦理监督。换言之,社会生活中的每个人都应该接受伦理监督,接受伦理监督是每个人参与社会生活必须付出的"代价"或义务。因此,行政人员以及由行政人员组成的行政组织也应该接受社会的伦理监督。因为行政人员以及行政组织也是人,也可能为恶。既然人人都要接受伦理监督,那么,行政人员以及行政组织也就想得通了,也就没有委屈和怨气了。

"人性恶"即人可能为恶,这是对行政组织和行政人员进行行政伦理监督的最深层次的原因。

二、滥用公权的可能性:行政伦理监督的直接原因

行政组织及其行政人员与其他组织及其人员的主要区别在于,行政组织和行政人员握有公共权力。行政组织和行政人员的行政行为,是一种行使公共权力的行为。它的如此巨大的影响力量,完全来自于公共权力。

公共权力,乃公众的权力、公民的权力、人民的权力。我国《宪法》明确规定:"中华人民共和国的一切权力属于人民。"行政组织和行政人员因为受人民的委托而掌握、而行使属于人民的公共权力。公共权力既然属于人民,那当然也就只能为人民所用,用于"为人民服务"、用于公共利益和公共服务。

但是,行政组织和行政人员在掌握和行使公共权力的过程中有可能滥用公共权力,可能贪污受贿、徇私舞弊、铺张浪费、为官不为等。这是"人性恶"(人的为恶的可能性)在行政组织和行政人员的行政行为中的体现。这也可以说是权力的本性,任何的公共权力交由个人或少数人掌握的时候,都有可能背离其"公

共”性而被滥用,而成为谋取私利的工具。

毫无疑问,滥用公权的行为应该且必须被制止或被防范。制止,意味着对滥用公权的人员或组织进行惩罚,迫使其不敢也不能继续滥用公权。防范,则意味着对公权行为明确规范并进行伦理监督。伦理监督实际上也涵盖法律监督和纪律监督,法律监督和纪律监督只不过是最严格的伦理监督。明确规范主要体现为将公权行为制度化或法制化,亦即“将权力关进制度的笼子里”。伦理监督以明确规范为前提,它是对制度规范的落实。制度规范则离不开伦理监督(包括法律监督和纪律监督),没有伦理监督,制度规范就只是一纸空文。

因此,行政组织和行政人员滥用公权的可能性,也就成为行政伦理监督的直接原因。

三、一切有权力的人都容易滥用权力:行政伦理监督的经验依据

“人性恶”、公权滥用的可能性,还只是为行政伦理监督提供了逻辑的、主观推定的依据。这还不够充分,还不足以证明行政伦理监督的必要性和重要性。因为也存在“人性善”,也存在公权公用的可能性。人性并非绝对恶,行政组织和行政人员并非一定会滥用公权。相反,任何人(包括行政人员以及行政组织)都可能通过教育、引导,以及自我修养,而成为一个有节制的、合乎道德要求的、甚至道德高尚的人。因此我们也可以选择“信任”,也可以因为人有为善的可能性、行政组织和行政人员有公权公用的可能性而选择放弃行政伦理监督。

那么,我们将如何进一步说明行政伦理监督的必要性和重要性?只能求助于经验。实践经验告诉我们,没有行政伦理监督,公权滥用的可能性就一定会变为现实性;相反,有行政伦理监督,公权滥用行为就会被抑制,就会大大减少。正如法国启蒙思想家孟德斯鸠曾经说:“一切有权力的人都容易滥用权力,这是万古不易的一条经验。有权力的人们使用权力一直到有界限的地方才休止。”①有权力的人都容易滥用权力,只有对权力进行限制和监督,才能防止权力被滥用,这是万古不变的经验。毛泽东主席在延安时期也曾说:“只有让人民来监督政

---

① 孟德斯鸠:《论法的精神》上册,张雁深译,商务印书馆1961年版,第154页。

府,政府才不敢松懈。"①

习近平总书记2016年10月27日《在党的十八届六中全会第二次全体会议上的讲话》中指出:"'绳墨之起,为不直也。'这次全会抓住加强和规范党内政治生活、加强党内监督这两个问题,就是坚持问题导向。党的十八大以来,随着全面从严治党不断推进,党内存在的突出矛盾和问题暴露得越来越充分。周永康、薄熙来、郭伯雄、徐才厚、令计划等人,不仅经济上贪婪、生活上腐化,而且政治上野心膨胀,大搞阳奉阴违、结党营私、拉帮结派等政治阴谋活动。"

"绳墨之起,为不直也。"语出战国时期荀子的《性恶》篇,意思是说,绳墨(木工取直工具)的出现是因为存在不直的东西。习总书记以此说明,"加强和规范党内生活、加强党内监督"不是凭空设想,而是因为实践经验告诉我们党内存在着"矛盾和问题"("不直"),不以"绳墨"(法规)规范党内政治生活、不加强党内监督,不能制止和防范"经济上贪婪、生活上腐化"和"政治野心膨胀"。荀子强调"辨合符验"②,习总书记强调"问题导向",都是以实践经验说明规范和监督的必要性和重要性。

事实也正是这样,行政伦理监督的必要性和重要性在古今中外的实践经验中被反复证明。"一切有权力的人都容易滥用权力",这是行政伦理监督的经验依据。

第二节 行政伦理监督主体、对象、内容和方式

谁监督、监督谁、监督什么、如何监督,即监督主体、监督对象、监督内容和监督方式,是行政伦理监督问题中的核心内容。

一、行政伦理监督主体

行政伦理的监督主体,即对行政组织和行政人员的行为进行伦理监督的主体。这个监督主体无疑是多元的,凡与行政组织和行政人员发生关系的个人或

① 转引自黄炎培:《八十年来》,文史资料出版社1982年版,第149页。

② 《荀子·性恶》。

机构都“可以”或“可能”成为行政伦理的监督主体。

所谓可以,是说与行政组织和行政人员发生关系的个人或组织机构有监督的资格或权利(权力)。我国《宪法》第3条规定:“中华人民共和国的国家机构实行民主集中制的原则。”“全国人民代表大会和地方各级人民代表大会都由民主选举产生,对人民负责,受人民监督。”“国家行政机关、审判机关、检察机关都由人民代表大会产生,对它负责,受它监督。”《宪法》第27条规定:“一切国家机关和国家工作人员必须依靠人民的支持,经常保持同人民的密切联系,倾听人民的意见和建议,接受人民的监督,努力为人民服务。”《宪法》第41条规定:“中华人民共和国公民对于任何国家机关和国家工作人员,有提出批评和建议的权利;对于任何国家机关和国家工作人员的违法失职行为,有向国家机关提出申诉、控告或检举的权利,但是不得捏造或者歪曲事实进行诬告陷害。”这就是说,所有行政组织和行政人员都有义务接受人民的各种监督,凡是与行政组织和行政人员发生关系的公民以及由公民组成的组织机构都有权利、有资格成为行政伦理的监督主体。

所谓可能,则是说与行政组织或行政人员发生关系的个人或机构虽然都有权利、有资格,但也不一定都会或都能够进行行政伦理监督。有人或有组织机构可能会放弃监督的权利,也可能因缺乏进行行政伦理监督的能力而未能真正成为行政伦理的监督主体。行政伦理的监督能力,主要包括对自身权利的了解和理解、对行政组织和行政人员职责和规范的了解和理解、对行政情境中的正当性(正义性、合理性、合法性)的判断能力等。显然,并不是所有与行政组织和行政人员发生关系的个人甚或组织机构都具备成为行政伦理监督主体的能力,至少那些未成年人、心智不健全的人不可能成为行政伦理的监督主体。

我国行政伦理监督主体主要如下:

1. 公众

作为行政伦理监督主体的公众,是指除被监督者之外的所有人。公众,可能以公民个体的形式成为行政伦理监督主体,也可能以社会组织的形式成为行政伦理监督主体,如工会、共青团、妇联、居民委员会、村民委员会、企业等。

2. 媒体组织

媒体组织或称媒介组织,是指专门从事大众传播活动以满足社会需要的社会组织。如电视台、广播电台、报社、杂志社、出版社等。媒体组织实际上也是一种公众主体,因为其掌握专业传播手段而较其他公众主体具有更强的行政伦理监督能力,所以特别提出。

3. 人民代表大会

人民代表大会是掌握国家权力的组织机构,分为全国人民代表大会和地方各级人民代表大会,由民主选举产生的人民代表组成。人民代表大会因为拥有最高的国家权力,是最有权威的行政伦理监督主体。

4. 司法机关

司法机关是行使司法权的国家机关,包括法院、检察院及有关功能部门。在我国,司法机关指人民法院、人民检察院,以及公安机关、国家安全机关等。

5. 政党

政党即政治组织,它在本质上是特定阶级利益的集中代表者,是特定阶级政治力量中的领导力量,是由各阶级的政治中坚分子组成的,以夺取或巩固国家政治权力(执政、参政)为目标。在我国,中国共产党为执政党,其他参政党被统称为民主党派,它们分别是:中国国民党革命委员会、中国民主同盟、中国民主建国会、中国民主促进会、中国农工民主党、中国致公党、九三学社、台湾民主自治同盟。

执政党和参政党都是极重要的行政伦理监督主体。在执政党内部往往设有专门的监督机构,如中国共产党内部的“纪律检查委员会”。

6. 行政系统内部的监察和审计机关

上述行政伦理监督主体,可以说都处在行政系统外部。除外部监督主体外,行政系统内部也有监督主体,我国行政系统内部的专门监督主体为监察机关和审计机关。

监察机关依据《中华人民共和国宪法》和《中华人民共和国行政监察法》,享有检查权、调查权、建议权和行政处分权。1993 年 2 月,根据中共中央、国务院的决定,监察机关与中国共产党纪律检查委员会的机关合署办公。

我国国家审计机关包括国务院设置的审计署及其派出机构和地方各级人民政府设置的审计厅(局)两个层次。国家审计机关依法独立行使审计监督权,对国务院各部门和地方人民政府、国家财政金融机构、国有企事业单位以及其他有国有资产的单位的财政、财务收支及其经济效益进行审计监督。

7. 同事

同事，即行政系统内部处在不同岗位、具有协作关系的人员。亦即我国古人所谓的“同僚”，同“朝”为官者。同事可能是工作上的上级，也可能是下级或平级，他们相互监督，成为行政系统内部以个体形式存在的行政伦理监督主体。

二、行政伦理监督对象

行政伦理的监督对象，即掌握行政权力（公共权力）的行政组织和行政人员。我国行政伦理的监督对象，即我国《公务员法》所称“公务员”及其所在机关。主要如下：

（1）中国共产党的各级机关及其工作人员。包括中央和地方各级党委工作部门、办事机构和派出机构及其工作人员；中央和地方各级纪律检查委员会机关和派出机构及其工作人员；街道、乡、镇党委机关及其工作人员。

（2）各级人民代表大会及其常务委员会机关及其工作人员。包括县级以上各级人民代表大会常务委员会领导人员，乡、镇人民代表大会主席、副主席；县级以上各级人民代表大会常务委员会工作机构和办事机构及其工作人员；各级人民代表大会专门委员会办事机构及其工作人员。

（3）各级行政机关及其工作人员。包括各级人民政府的领导人员；县级以上各级人民政府工作部门和派出机构及其工作人员；乡、镇人民政府机关及其工作人员。

（4）中国人民政治协商会议各级委员会机关及其工作人员。

（5）各级审判机关及其工作人员。包括最高人民法院和地方各级人民法院，及其法官、审判辅助人员和司法行政人员。

（6）各级检察机关及其工作人员。包括最高人民检察院和地方各级人民检察院，及其检察官、检察辅助人员和司法行政人员。

（7）各民主党派和工商联的各级机关及其工作人员。包括中国国民党革命委员会、中国民主同盟、中国民主建国会、中国民主促进会、中国农工民主党、中国致公党、九三学社、台湾民主自治同盟中央和地方各级委员会的领导人及工作机构和工作人员；中华全国工商业联合会和地方各级工商联的领导人员、工作机构和工作人员。

三、行政伦理监督内容

行政伦理的监督内容，即行政伦理的原则和规范，亦即行政组织和行政人员在行为过程中应该和必须遵守的原则、规范。行政伦理监督与行政伦理评价是联系在一起的，行政伦理的监督过程无非是了解情况（行政组织和行政人员做了什么以及没有做什么）、进行评价（对照评价标准做出肯定或否定的判断）和采取制止或鼓励措施（惩罚或表扬、奖励）的过程。因此，行政伦理监督的内容实际上也就是行政伦理评价的标准。

我国行政伦理监督的内容主要可以概括如下：

1. 宪法

宪法是由全国人民代表大会通过的“根本大法”，其中贯穿的原则、规范是国家范围内所有组织和个人必须遵守的最高准则，行政组织和行政人员当然不能例外，而且应该带头遵守、模范遵守。“依法行政”，首先就是要依宪法行政。因此，宪法是我国行政伦理监督的首要内容。实际上，其他国家也莫不如此。

2. 法律法规

所谓法律法规，是指除宪法以外的所有由享有立法权的立法机关，依照法定程序制定并颁布，并由国家强制力保证实施的行为规范的总称。包括由全国人大及其常务委员会制定、颁布的“法律”，由地方人大及其常务委员会制定、颁布的“地方性法规”，由国务院制定、颁布的“行政法规”，由国务院所属部门制定、颁布的“部门规章”，由地方政府制定、颁布的“地方政府规章”等。法律法规也是“依法行政”所谓“法”的范围，是行政组织和行政人员必须遵守的，因此也是行政伦理监督的内容。

3. 行政纪律

行政纪律是行政组织制定的，为了维持行政组织的运转秩序、保持行政组织应有的活力、实现行政组织既定的目标，而要求其成员在行政过程中乃至于个人生活中必须遵守的义务性规定。行政纪律可以说是行政组织的自律性规范,也可以说是行政组织对社会承诺性规范,它当然也是行政伦理监督的重要内容。

4. 社会公德

社会公德是指人们在社会交往和公共生活中应该遵守的行为准则,是维护社会成员之间最基本的社会关系秩序、保证社会和谐稳定的最起码的道德要求。社会公德是所有社会成员都应该遵守的行为规范,行政组织和行政人员尤其应该模范遵守,所以它无疑是行政伦理监督的重要内容。

四、行政伦理监督方式

行政伦理监督方式问题是一个颇为复杂的问题,因为它不仅涉及手段技巧问题,还涉及监督主体的设立问题。手段技巧涉及了解、判断和处理等方面,即首先要能了解行政组织和行政人员的行为(知道其做了什么或正在做什么),其次要能对行政组织和行政人员的行为是否合符规范作出判断,最后要能对行政组织和行政人员的行为进行问责。而监督主体的设立所要考虑的是,什么样的组织机构以及具备怎样素质的人员才可能拥有上述手段和技巧。这涉及政治体制和行政体制的设计或改革问题。显然,行政伦理学不可能单独解决如此复杂的问题。行政伦理学所能做的是对现有监督方式进行描述,并从伦理角度进行分析评价,然后谨慎地、有限地提出改革建议。

我国行政伦理监督方式主要可以概括如下:

1. 人大监督

人大监督即由人民代表大会及其常务委员会(包括全国人大及其常委会和地方各级人大及其常委会)实施的行政伦理监督。因为人大及其常委会是国家权力机关,所以人大监督也被称为权力监督。人大监督主要采取审查(或审议)、询问、质询、调查等监督方式。

审查,主要是对由政府编制和执行的国民经济和社会发展的计划、计划执行情况以及政府的预算和执行情况进行审查。全国人大常委会还对国务院制定的行政法规、决定、命令,对地方性法规和决议进行审查。

询问,是指各级人大常委会会议审议议案和有关报告时,可以要求本级人民政府或有关部门、人民法院和人民检察院派有关负责人员到会听取意见，回答提问。

质询，即质疑、询问，并要求答复。《宪法》第 73 条规定："全国人民代表大会代表在全国人民代表大会开会期间，全国人民代表大会常务委员会组成人员在常务委员会开会期间，有权依照法律规定的程序提出对国务院或者国务院各部、各委员会的质询案。受质询的机关必须负责答复。"《中华人民共和国各级人民代表大会常务委员会监督法》(2006 年全国人民代表大会常务委员会第 23 次会议通过，2007 年 1 月 1 日起施行)第 35 条规定："全国人民代表大会常务委员会组成人员十人以上联名，省、自治区、直辖市、自治州、设区的市人民代表大会常务委员会组成人员五人以上联名，县级人民代表大会常务委员会组成人员三人以上联名，可以向常务委员会书面提出对本级人民政府及其部门和人民法院、人民检察院的质询案。"

调查，即了解情况、弄清事实。《宪法》第 71 条规定："全国人民代表大会和全国人民代表大会常务委员会认为必要的时候，可以组织关于特定问题的调查委员会，并且根据调查委员会的报告，作出相应的决议。""调查委员会进行调查的时候，一切有关的国家机关、社会团体和公民有义务向它提供必要的材料。"

2. 司法监督

司法监督，是指司法机关(法院、检察院和公安部门)或公民、法人和其他组织通过司法机关而对行政组织和行政人员所进行的行政伦理监督。司法监督主要对行政机关和行政人员的违法、犯罪、失职、侵权等行为进行监督，所使用的方式主要有侦查、审讯、审理等。

侦查，是指司法机关在办理刑事案件过程中，为了收集犯罪证据、缉捕犯罪嫌疑人、揭露和证实犯罪行为而依法实施的专门调查工作和有关的强制性措施；审讯，是指司法机关依法对诉讼双方严厉盘问有关事实的行为；审理，是指依法对案件进行审查和处理。

3. 社会监督

社会监督，是指社会公众(公民、法人等)和媒介组织对行政组织和行政人员的行政伦理监督。社会监督的方式主要有检举(举报)、申诉、控告、曝光等。

检举,或称举报,是指社会公众就其所掌握的行政组织或行政人员的违反法律法规、公共政策、行政纪律、社会公德等行为事实而向有关部门或组织揭发的行为;申诉,一般是指公民、法人或其他组织,认为对某一问题的处理结果不正确,而向国家有关机关申述理由,请求重新处理的行为。作为行政伦理监督方式的申诉,主要是指公民、法人和其他组织对行政机关的具体行政行为不服而提起诉讼的行为;作为行政伦理监督方式的控告,主要是指公民、法人或其他组织向司法机关揭露行政人员的违法犯罪事实,要求依法予以惩处的行为;曝光,是指公民、法人或其他组织通过媒体或其他形式,将其所掌握的行政组织或行政人员的违反法律法规、公共政策、行政纪律和社会公德等行为事实予以公开的行为。

4. 党内监督

党内监督,主要是指执政党对于内部组织及其成员,特别是领导机关和领导干部的监督。因为执政党执掌政权(公共权力),其大量成员分布在各级政府部门的不同岗位上,所以,执政党的党内监督实质上是行政伦理监督的一种重要方式。中国共产党的党内监督无疑是我国行政伦理监督的一种重要方式。①

5. 非执政党监督

非执政党监督,在我国主要指民主党派的监督,其监督方式主要是"政治协商"的方式。政治协商是指民主党派对国家和地方的大政方针,以及政治、经济、文化和社会生活中的重要问题开展调查研究、进行协商讨论。

6. 自我监督

自我监督,是指行政系统内部的、针对自身(行政组织和行政人员)行为的行政伦理监督。它包括一般性监督如层级监督、职能监督、行政复议,专门监督如行政监察、审计等形式。

(1)层级监督,是基于隶属关系的同事监督,包括上级对下级的监督、下级对上级的监督以及相邻同级之间的监督。(2)职能监督,是指政府各职能部门在各自职权范围内对其他有关部门所实行的监督。(3)行政复议,是指公民、法

① 参阅《中国共产党党内监督条例》,2016年10月27日中国共产党第十八届中央委员会第六次全体会议通过。

人或者其他组织不服行政主体作出的具体行政行为,依法向该行政机关的上一级行政机关或者法律、法规规定的其他行政复议机关提出复议申请,行政复议机关依法对该具体行政行为进行合法性、适当性审查,并作出行政复议决定的行政行为。行政复议是一种具有救济性质的行政司法活动,但它也无疑是一种重要的行政伦理监督形式。(4)行政监察,是指政府内部专门行使行政监察权(包括检查、调查、建议和行政处分权等)的机关对行政组织和行政人员的行政行为的全面监督形式。(5)审计监督,是指政府内部的审计机关依法对行政机关的财政、财务收支情况的检查与监督。

第三节　行政伦理监督的态度

态度是我们对待人、事物或观念的心理倾向,它包含有认知、情感、行为等多种成分,即有关态度对象的知识(思想和观点)、评价性的好恶、行为的指导性和推动性等。行政伦理监督的态度,是指行政伦理监督主体和监督对象对待“监督”的心理倾向,即对于“监督”的认知、对于“监督”的好恶或因监督而起的情绪、应对“监督”的行为等。行政伦理监督主体和监督对象的态度显然影响监督行为的合理性、影响监督价值(功能)的实现,或许还有其他影响,因此,是行政伦理监督应该研究的一个重要问题。

一、行政伦理监督主体的态度

在实践中,即就行政伦理监督行为的事实而言,行政伦理监督主体的态度可能是积极的,也可能是消极的。

1. 积极态度

行政伦理监督主体的积极态度主要表现为:

(1) 对行政伦理监督认知正确。包括对于为什么监督、监督谁、监督什么、如何监督、监督权利和监督责任等内容的正确认知。正确认知既是积极态度中的重要成分,同时也是其他态度表现的重要原因。

(2) 行政伦理监督动机善良。行政伦理监督主体的动机主要可以区分为利公、利他、利己和害他四种。所谓利公,即有利于实现公共利益或社会的公平正义;利他,是指对除监督主体外的他人(包括监督对象)有利;利己,是指对监督主体自身有利;害他,指伤害他人,主要指伤害被监督者,也不排除对公共利益或公平正义,以及其他人利益的伤害。前三种动机,因为是有利的,所以是善良动机。第四种动机因为是有害的,所以是恶的动机。善良动机中的利公和利他是高尚的。利己动机是平凡的,不及利公和利他高尚但依然是善良的。害他动机是恶的,也可以说是卑鄙的。积极的行政伦监督,或行政伦理监督的积极态度,在动机上主要地应该是善良的,而不应该是恶的、卑鄙的。

(3) 行政伦理监督情感的正义取向。在行政伦理监督行动中,行政伦理监督主体一定会有情感参与(或情感体验)。比如监督主体可能因为在监督行动中获得快乐而喜欢监督,也可能因为监督行动带来各种痛苦而厌恶监督,或者还有其他的情感体验如忧虑、悲悯等等。在行政伦理监督行动中所产生的情感可能是复杂的,但积极态度中的情感应该具有正义取向,即这种情感实际上是一种正义感,它是因为监督的正义性或其所带来的正义结果而产生的。

(4) 行政伦理监督行动的理性与节制。所谓理性与节制,是说监督行动(监督的手段、方式)是有理、有节的,即合乎法律和道德的。行政伦理监督的目的,从根本上讲,是为了求得行政伦理的实现,即确保行政组织和行政人员的行为合乎伦理道德(包括法律和纪律)。那么,行政伦理的监督行为当然也应该是合乎伦理道德的(也包括法律和纪律)。我们不能用不道德的行为来制止或防范不道德行为的发生。拥有积极态度的行政伦理监督主体,其行为应该是有理性的,应该是有节制的,而不应该是非理性的、任性的。

2. 消极态度

行政伦理监督主体的消极态度与积极态度正好相反,主要有以下表现:

(1) 对行政伦理监督缺乏正确认知。也包括对于为什么监督、监督谁、监督什么、如何监督、监督权利和监督责任等内容缺乏正确认知。监督者的态度消极,往往是因为他们对监督本身缺乏正确认知,特别是因为他们对自己的监督权利和监督责任缺乏正确认知。他们因为不知道自己有监督权利,所以不敢监督;因为不知道自己有监督责任,所以怠于监督或放弃监督;等等。

(2) 行政伦理监督的动机不良(恶的动机)。态度消极的行政伦理监督主体的监督动机往往是恶的,往往以伤害他人(主要是监督对象)为主要目的。在工作中,有人之所以对某人进行严格监督,可能仅仅是想扳倒对手、想对他进行打击。当然,人的行为动机也常常是多重的,而不一定是单一的。但消极态度的监督动机,一定是以恶的动机为主的。事实上,监督总是会给人(特别是监督对象)以伤害的,监督主体也会想到这一点,明知道有伤害又还要监督,说明监督主体大都有伤害动机。但有积极态度的监督者的伤害动机一定是次要的,他们更主要的动机是利公、利他或利己。

(3) 行政伦理监督情感的非正义取向。态度消极的行政伦理监督主体也同样有各种情感体验,可能喜欢,也可能厌恶等,但其情感的价值取向往往是非正义的。他的情感生成不是因监督本身的正义性或其结果的正义性,而是因为某种个人的、狭隘的思想和意图。比如,监督者因为想到通过监督而可能发现竞争对手的问题、可能将竞争对手打倒,而暗自高兴、欣喜若狂。

(4) 行政伦理监督行为的非理性和无节操。这主要表现为监督主体滥用监督权力(利),表现为权力(利)任性,表现为用不道德(不合法)方式进行道德(合法性)监督。如"钓鱼执法""私人侦探",非法调查、以负面新闻要挟勒索等等。

唐太宗拒诈

唐太宗惜才爱才,故得人极盛,然而问题也来了,因其部属有不少是从以前的敌方投诚过来的,难免泥沙俱下、鱼龙混杂。有人就向太宗进言,要把官吏中的"异己"清除。

太宗犯难,谁是异己分子呢?来人马上献策,让太宗组织一批人伪装谋反的、贪污的分别与官吏接触,引诱他们上钩。

唐太宗断然拒绝:"我不能这么做,这么做虽然可以暴露异己,可同时也让我失信天下,将来大家都怀疑我搞阴谋手段,上下相疑,再没有人肯讲真话,国家如何达到大治?君主行诈却要部下正直,岂不是源浊而望流清吗?"因此,唐太宗郑重声明:"朕欲使大信于天下,不欲以诈道训俗。"①

---

① 《读书文摘》2013年第7期。

二、行政伦理监督对象的态度

行政伦理监督对象的态度也可以区分为积极态度与消极态度。

1. 积极态度

行政伦理监督对象的积极态度，同样首先表现为对行政伦理监督有正确的认识，其中主要是对于为什么监督，即监督的必要性和重要性有正确认识。其对于为什么监督的正确认识既是积极态度中的重要成分，同时也是其他态度成分的重要原因。除正确认识外，行政伦理监督对象的积极态度主要有以下表现：

（1）欢迎监督。这是行政伦理监督对象的积极态度的情绪表现。欢迎，是一种喜悦、坦荡、磊落的情绪状态。因为监督对象认识到监督具有必要性和重要性，每个人、每种权力行为都应该接受监督，每个人既是被监督者也是监督者，行政伦理监督有利于公共利益和公平正义的实现，有利于每个人的利益实现，所以"欢迎"监督。

（2）主动公开。这是行政伦理监督对象积极态度的行为表现。接受监督，就必须将行为过程、相关信息予以公开。积极态度表现为"主动"公开，而不是被动公开、被迫公开。所谓"透明行政""阳光政府""政务公开""村务公开""以公开为原则，以不公开为例外"等，都是主动公开的具体表现。

（3）放权民主。这也是行政伦理监督对象积极态度的行为表现，而且是一种更深刻的行为表现。行政行为中权力滥用、以权谋私等，往往与权力过于集中、与民主氛围不足有关。如果权力太过集中，缺乏民主氛围，监督就有困难，监督机制无法形成、无法实现。行政组织和行政人员不揽权，合理分权放权、主动分权放权，坚持集体决策、民主决策，监督才有可能。

2. 消极态度

行政伦理监督对象的消极态度，也同样首先表现为对行政伦理监督缺乏正确认识，特别是对于监督的必要性和重要性缺乏正确认识。因为缺乏正确认识，态度消极的行政伦理监督对象还有以下表现：

（1）抵制监督。这是行政伦理监督对象消极态度的情绪表现。抵制，是一种厌恶、惧怕、不愿意的情绪状态。因为监督对象未能正确认识行政伦理监督的必要性和重要性，所以“抵制”行政伦理监督。

（2）暗箱操作。这是行政伦理监督对象态度消极的行为表现。因为对行政伦理监督缺乏正确认识，因为不愿意被监督，所以千方百计掩盖自己的行为，将各种决策置于“暗箱”之中，以逃避监督。

（3）揽权独断。这是行政伦理监督对象消极态度的更为深刻的行为表现。将权力集中，揽在个人手中，一个人说了算，更利于暗箱操作，更利于逃避监督，因而也是一种更深刻的消极态度。在行政管理实践中存在的“一把手”监督难的问题，往往与“一把手”对待监督的态度有关，与“一把手”揽权独断有关。①

第四节　行政伦理监督制度

行政伦理监督制度，即社会实践（主要是行政管理实践）中形成的或制定的有关行政伦理监督行为的原则、规范。所谓“形成的”，是说行政伦理监督制度往往是在社会实践中自然而然、约定俗成的；所谓“制定的”，则是说行政伦理监督制度也是正式组织经过一定的程序自觉确立起来的；随着社会的发展，行政伦理监督制度越来越正式，越来越趋向于“法律化”。“行政伦理监督行为”，即行政伦理的监督主体因为一定的理由、依据一定的标准、以一定的方式对监督对象进行监察和督促的行为，涉及监督理由（依据）、监督主体、监督对象、监督标准（内容）和监督方式等要素。本节主要对我国行政伦理监督制度的有关情况进行讨论和介绍。

一、中华人民共和国成立以来我国行政伦理监督制度建设进程

行政伦理监督制度在我国古代历史上已经存在，而且相当完备。马怀德说：“我国监察制度起源于周朝，兴于秦汉，隋唐时期臻于完备，一直延续到明清。”监察法规也十分完善，汉代有“监御史九条”“刺史六条”，到清代有“钦定台规”“都察院则例”“十察法”等。② 此不细说了。

---

① 参阅刘宗洪：《如何破解“一把手”监督难》，《学习时报》2015 年 7 月 30 日第 3 版。

② 马怀德：《国家监察体制改革的重要意义和主要任务》，《国家行政学院学报》2016 年第 6 期。

中华人民共和国成立以来，我国行政伦理监督制度的建设大概可以区分为四个阶段①：

1. 1949—1978年：行政伦理监督"运动化"阶段

1949—1978年的三十年，是我国社会主义建设摸索前进的阶段。这一阶段的行政伦理监督，没有明确的、完整的、成文的制度，但并非没有行政伦理监督，也并非没有行政伦理监督制度。这一阶段的行政伦理监督的突出特点是"运动化"，即行政伦理监督主要是通过一波又一波的"政治运动"来实现的。其行政伦理监督的制度，也主要体现在中央文件和领导指示中。

这一阶段的主要政治运动有：

（1）1951—1952年的"三反五反"运动。在党政机关工作人员中开展的"反贪污、反浪费、反官僚主义"和在私营工商业者中开展的"反行贿、反偷税漏税、反盗骗国家财产、反偷工减料、反盗窃国家经济情报"的斗争。

（2）1963—1966年的"社会主义教育"运动。简称"社教"，又称"四清运动"："清政治""清经济""清思想""清组织"的教育运动。

（3）1957—1958年的"反右运动"，即反对资产阶级右派的政治运动。

（4）1966—1976年的"文化大革命"运动。"文化大革命"全称"无产阶级文化大革命"，是一场由毛泽东发动，被反革命集团利用，给党、国家和各族人民带来严重灾难的内乱。"文化大革命"的出发点是防止资本主义复辟、维护党的纯洁性和寻求中国自己的建设社会主义的道路。这场"大革命"之所以被冠以"文化"二字，是因为它是由文化领域的"批判"引发的。

2. 1978—1989年：行政伦理监督法制化初始阶段

这是我国改革开放的前十年。这一阶段，行政伦理监督开始走向法制化的轨道。主要出台了以下法规：

（1）1984年，中共中央、国务院颁布《关于严禁党政机关和党政干部经商、办企业的决定》。该决定指出，各级党政机关（特别是经济部门）及其领导干部要正确发挥组织经济建设的职能，坚持政企职责分开、官商分离的原则，发扬清

① 参阅张康之、李传军主编：《行政伦理学教程（第三版）》，中国人民大学出版社2015版，第121—124页。

正廉明、公道正派的作风，切实做到一心一意为发展生产服务、为企业和基层服务、为国家的繁荣昌盛和人民的富裕幸福服务，绝不允许运用手中的权力，违反党和国家的规定去经营商业，举办企业，谋取私利，与民相争。

（2）1985年，中共中央、国务院颁布《关于禁止领导干部的子女、配偶经商的决定》。该决定要求，凡县、团级以上领导干部的子女、配偶，除在国营、集体、中外合资企业，以及在为解决职工子女就业而兴办的劳动服务性行业工作者外，一律不准经商。所有干部子女特别是在经济部门工作的干部子女，都不得凭借家庭关系和影响，参与或受人指派，利用牌价议价差别，拉扯关系，非法倒买倒卖，牟取暴利。

（3）1988年，国务院颁布《国家行政机关工作人员贪污贿赂行政处分暂行规定》。

（4）1989年，中共中央办公厅、国务院办公厅颁布《关于严格控制领导干部出国访问的规定》。对党和国家机关省、部级以上的领导干部出国和赴港澳地区访问问题作出了严格规定。

3. 1989—2000年：行政伦理监督法制化快速发展阶段

20世纪90年代，是行政伦理监督法制化快速发展的阶段。这一阶段主要出台了以下有关行政伦理监督的法律法规：

（1）1991年，中共中央办公厅、国务院办公厅颁布《关于严格控制领导干部出国访问的补充规定》。

（2）1994年，中共中央办公厅、国务院办公厅颁布《关于党政机关工作人员在国内公务活动中食宿不准超过当地接待标准的通知》。

（3）1995年，中共中央办公厅、国务院办公厅颁布《关于党政机关县（处）级以上领导干部收入申报的规定》。

（4）1997年，中共中央印发《中国共产党党员领导干部廉洁从政若干准则（试行）》。

（5）1997年，第八届全国人民代表大会常务委员会第二十五次会议通过《中华人民共和国行政监察法》。

4. 2000年以来：行政伦理监督法制化全面发展阶段

进入21世纪，行政伦理监督法制化也进入了一个全面发展的阶段。这一阶段主要出台了以下有关行政伦理监督的法律法规：

（1）2002年，国务院人事部印发《国家公务员行为规范》，这是我国第一个公务员行为的规范性文件，是在贯彻“三个代表”重要思想和“以德治国”的背景下提出的。

（2）2003年，中共中央印发《中国共产党党内监督条例（试行）》。

（3）2005年4月，第十届全国人民代表大会常务委员会第十五次会议通过《中华人民共和国公务员法》。

（4）2005年8月，中共中央颁布《中国共产党纪律处分条例》。

（5）2007年，国务院颁布《行政机关公务员处分条例》。

（6）2010年，《中华人民共和国行政监察法》，根据2010年6月25日第十一届全国人民代表大会常务委员会第十五次会议《关于修改〈中华人民共和国行政监察法〉的决定》修正。

（7）2015年，中共中央颁布《中国共产党纪律处分条例》。

（8）2016年，中共中央印发《中国共产党问责条例》。

（9）2016年，中国共产党第十八届中央委员会第六次全体会议通过，修订了《中国共产党党内监督条例（试行）》。

二、当前我国主要的行政伦理监督制度简介

行政伦理监督制度，是围绕“行政伦理监督行为”而设计、确定的原则、规范。它主要包含有：监督的必要性和依据、监督主体、监督主体的权力和职责、监督对象和监督内容、监督的手段和方式（原则）等内容。基于这一理解，我们认为以下五个制度是当前我国最主要的行政伦理监督制度：2005年的《中华人民共和国公务员法》、2007年的《行政机关公务员处分条例》、2010年的《中华人民共和国行政监察法》、2015年的《中国共产党纪律处分条例》、2016年的《中国共产党党内监督条例（试行）》。其实，这五个制度中最符合“行政伦理监督制度”定义的是《中华人民共和国行政监察法》和《中国共产党党内监督条例》，其余三个制度以及其他行政法规和党内法规，都只是部分涉及行政伦理监督问题，起补充或支撑作用，而不是纯粹的、完整的行政伦理监督制度。

1.《中华人民共和国公务员法》

《中华人民共和国公务员法》(以下简称《公务员法》),2005 年通过,2006 年 1 月 1 日起施行。《公务员法》共 18 章 107 条,包括:“总则”“公务员的条件”“义务与权利”“职务与级别”“录用”“考核”“职务任免”“职务升降”“奖励”“惩戒”“培训”“交流与回避”“工资福利保险”“辞职辞退”“退休”“申诉控告”“职位聘任”“法律责任”等内容。

《公务员法》是一个以“公务员”为主题,而不是一个以“行政伦理监督”为主题的法律制度。但其中包含有关于行政伦理监督的内容,我们可以从行政伦理监督的角度对它进行解读。

(1) 以“公务员”为行政伦理监督对象。从行政伦理监督的角度看,《公务员法》主要强调对公务员进行行政伦理监督。体现对公务员进行行政伦理监督的内容如下:

第一,“总则”第 1 条即明确提出要“加强对公务员的监督”,同时还回答了为什么要进行监督的问题:为了“建设高素质的公务员队伍,促进廉政建设,提高工作效能”。

第二,明确了对公务员进行行政伦理监督的内容(标准)。如:第 12 条“公务员的义务”、第 53 条公务员的“违纪行为”(对公务员的纪律要求),即是对公务员进行行政伦理监督的内容和标准。

第三,明确了对公务员进行行政伦理监督的手段和方式。如:第 56 条“处分种类”、第 58 条“处分的后果和期间”,即是对行政伦理监督手段、方式的明确。另外,有关公务员“考核”“交流与回避”的规定,也可以理解为对公务员进行行政伦理监督的手段和方式。

第四,谁是对公务员进行行政伦理监督的主体?《公务员法》对行政伦理监督主体没有突出明确,但从行文中可以判断出,对公务员进行行政伦理监督的主体主要是:人民、公务员所在的行政机关及其上级机关、公务员的主管部门。

(2)“公务员”也是行政伦理监督主体。《公务员法》不仅强调以公务员为行政伦理的监督对象,同时也承认公务员是行政伦理监督的主体。这主要体现在以下几点:

第一,第 13 条规定明确公务员享有“对机关工作和领导人员提出批评和建议”的权利、享有“提出申诉和控告”的权利。

第二,第54条规定,公务员执行公务时可以对上级的决定或者命令提出“改正或者撤销”的意见,可以拒绝执行上级的“明显违法的决定或者命令”。

第三,第90条规定,公务员对涉及本人的“处分”“辞退或取消录用”“降职”等人事处理不服,可以向原处理机关申请复核,或向上一级机关提出申诉;第93条规定,“公务员认为机关及其领导人员侵犯其合法权益的,可以依法向上级机关或者有关的专门机关提出控告”。

2.《行政机关公务员处分条例》

《行政机关公务员处分条例》是2007年由国务院颁布的一个行政法规,2007年6月1日起施行。这一处分条例共7章55条,包含“总则”“处分种类和适用”“违法违纪行为”“处分的权限”“处分的程序”“不服处分的申诉”和“附则”等内容。这一处分条例也不是完整意义上的行政伦理监督制度,它只是围绕“公务员处分”问题而设计的一个法规制度,只是对《公务员法》中有关公务员违法违纪行为处分规定的进一步细化。但是,相对于《公务员法》而言,它更多地包含有行政伦理监督的内容,具有更明显的行政伦理监督的意图。主要体现在以下几个方面:

(1)延伸、细化了行政机关公务员的纪律,使行政伦理监督的内容(标准)更为充分、更具有操作性。第三章列举的“违法违纪”行为达50余项。(《公务员法》列举的公务员“纪律”为15项。)

(2)对处分的“适用”问题作了细致规定,使行政伦理监督的手段、方式更明确。见“处分条例”第二章。

(3)明确了对公务员进行行政伦理监督的主体:全国人民代表大会及其常务委员会和地方各级人民代表大会及其常务委员会,中央和地方各级人民政府的行政机关、人民法院、人民检察院等。同时,对各监督主体的监督权限作了明确规定。见第16、34、35、36条。

(4)在强调对行政机关公务员进行行政伦理监督的同时,也特别注重对行政机关公务员合法权益的保护,使行政机关公务员同时也成为行政伦理监督的主体,对行使行政伦理监督权的机关及其人员形成反监督。如该条例第3条规定“行政机关公务员依法履行职务的行为受法律保护,非因法定事由,非经法定程序,不受处分”;第 4 条规定“给予行政机关公务员处分,应当坚持公正、公平和教育与惩处相结合的原则”;第五章对“处分的程序”作了详细规定(第 39 条至第 47 条);第六章对行政机关公务员的“申诉”权利作了详细的保护性规定。

3.《中华人民共和国行政监察法》

《中华人民共和国行政监察法》(以下简称《行政监察法》)是 1997 年出台的,2010 年进行了修正。《行政监察法》共 7 章 51 条,包含“总则”“监察机关和监察人员”“监察职责”“监察机关的权限”“监察程序”“法律责任”等内容。《行政监察法》可以说是一个典型的行政伦理监督制度,它完全是围绕行政伦理监督(行政监察)而设计的法律制度。可以从以下几个方面来理解它的内涵和意义:

(1) 行政监察的目的:为什么监察。《行政监察法》第 1 条即表明,行政监察的目的是“保证政令畅通,维护行政纪律,促进廉政建设,改善行政管理,提高行政效能”。

(2) 行政监察主体:《行政监察法》第 7、8 条表明,行政监察的主体是人民政府内部的监察机关及其监察人员。

(3) 行政监察对象:《行政监察法》第 2、15、16、17 条表明,行政监察的对象是国家行政机关及其公务员、国家行政机关任命的其他人员。

(4) 行政监察内容:《行政监察法》第 18 条表明,行政监察的内容为监察对象的执法、廉政、效能等情况,即以法律、法规、人民政府的决定和命令、行政纪律等为行政监察内容(标准)。

(5) 行政监察的权限和程序:《行政监察法》第四章(第 19 条至第 29 条)对“监察机关的权限”作了明确规定。如第 19 条规定:监察机关履行职责时,有权“要求被监察的部门和人员提供与监察事项有关的文件、资料、财务账目及其他有关材料,进行查阅或者予以复制”;有权“要求被监察部门和人员就监察事项涉及的问题作出解释和说明”;有权“责令被监察的部门和人员停止违反法律、法规和行政纪律的行为”。第五章(第 30 条至第 44 条)对“监察程序”作了明确规定。如第 30 条对“检查”程序的规定,第 31 条“对违反行政纪律的行为进行调查处理”程序的规定等。

这两章所要解决的是“如何监督”的问题,一方面给监察机关以及监察人员以权力，明确其作为监督主体可以“这样做”；另一方面也给监察机关和监察人员以限制和规范，明确作为监督主体也只能“这样做”。“权限”，既是“权”也是“限”；而“程序”，则是对“限”的进一步明确。这实际上也意味着监督主体同时既要接受监督，也是监督对象（客体）。

4.《中国共产党纪律处分条例》

《中国共产党纪律处分条例》是中国共产党的党内法规，因为中国共产党是执政党，党的纪律在很大程度上也是行政纪律，所以，这一党内法规具有行政意义，是一种特别的行政法规。《中国共产党纪律处分条例》是 2015 年 10 月 12 日中共中央政治局会议审议通过的。[①]《中国共产党纪律处分条例》分为“总则”“分则”“附则”三编，共计 11 章 133 条，适用于违犯党纪应当受到党纪追究的党组织和党员，自 2016 年 1 月 1 日起施行。

《中国共产党纪律处分条例》也并非完整意义上的行政伦理监督制度，它突出的是“纪律处分”，即有哪些纪律，以及分别给予何种处分。但它依然是具有行政伦理监督意义的重要制度，这主要体现在它对行政伦理监督的内容（标准）进行了详尽、细致的归纳，极大地增强了行政伦理监督的操作性。[②]

5.《中国共产党党内监督条例》

《中国共产党党内监督条例》（以下简称《条例》），2016 年 10 月 27 日中国共产党第十八届中央委员会第六次全体会议通过并向全社会公布。《条例》是 2003 年 12 月 31 日发布的《中国共产党党内监督条例（试行）》的修订版。《条例》共 8 章 47 条，6600 余字，主要对党内监督的指导思想、基本原则、监督主体、监督内容、监督对象、监督方式等重要问题作出了规定。这是一个围绕“党内监督行为”而设计的监督制度，同时也可以说是典型的围绕“行政伦理监督行为”而设计的行政伦理监督制度。

---

① 2003 年 12 月中共中央印发了首个《中国共产党纪律处分条例》，党的十八大以来，随着形势发展，该条例已不能完全适应全面从严治党新的实践需要，党中央决定予以修订。

② 参阅《中国共产党纪律处分条例》第二编。

第五节 我国行政伦理监督中的问题与对策

我国行政伦理监督存在问题吗？如果有问题，其原因是什么？应该以什么样的策略来解决？这也是“行政伦理监督”这一课题应该予以研究的极为重要的内容。

一、关于我国行政伦理监督中的问题的估计

所谓“行政伦理监督中的问题”，是就“行政伦理监督”的实际状况与人们对“行政伦理监督”的期望和理想的差距而言的。

对于“行政伦理监督”，人们的理想和期望是什么？大概有三点：一是希望行政伦理监督有效。即希望行政伦理监督有足够的力度使行政组织和行政人员（监督对象）因为有监督而不敢腐败、不能腐败，而“循规蹈矩”。二是希望行政伦理监督有效率。行政伦理监督需要资源（人力、物力）投入，但人们总是希望用最小的投入实现最有效的监督。三是希望行政伦理监督行为本身是合理的。行政伦理监督行为本身应该或必须是合乎伦理的，我们不能用违反伦理的行为进行行政伦理监督。

那么，我国的行政伦理监督存在问题吗？应该承认，还是存在问题的。也就是说，我国行政伦理监督的实际状况与人们对行政伦理监督的期望和理想还存在一定的差距。

1. 当前我国行政伦理监督的有效性问题

我国行政伦理监督已经形成一个较为庞大、完备的体系，有政府内部的监察和审计，也有政府外部的人大监督、司法监督、舆论监督、政党监督等。但这一体系的有效性仍然存在问题，它还未能充分地遏制各种腐败，未能完全使行政组织和行政人员不能腐败、不敢腐败。

有学者研究认为，我国改革开放以来，“腐败交易”活动基本上呈上升趋势。“腐败交易强度在1990年之后大幅提高。国有企业是腐败交易最为严重的部门，其次是事业单位和非国有工商企业，党政机关仅名列第四。就腐败交易强度

而言,高级管理人员最高,其次是政府工作人员和高级技术人员群体。在政府工作人员中,正职官员腐败普遍比副职官员严重,省部级以上官员腐败交易强度最高,其次是科级、县处级、厅局级官员,而科级官员不论就腐败交易次数还是腐败交易总金额而言,均位居首位。”①腐败交易活动呈上升趋势,无疑说明行政伦理监督的有效性不足。

王岐山 2017 年 1 月 6 日在中国共产党十八届中央纪律检查委员会第七次全体会议上的工作报告《推动全面从严治党向纵深发展,以优异成绩迎接党的十九大召开》中披露:“2016 年,全国纪检监察机关共处置反映问题线索 73.4 万件,初步核实 53.4 万件次,谈话函询 14.1 万件次,澄清了结 30.5 万件次。依规依纪诫勉谈话 3.1 万人,给予纪律轻处分 31 万人,给予纪律重处分 10.5 万人,严重违纪涉嫌违法移送司法机关的 1.1 万人。”这些数据一方面反映全国纪检监察工作成绩显著;另一方面也反映我国党政干部的各种腐败行为仍然高发频发,反映行政伦理监督的有效性仍然不足。

2. 当前我国行政伦理监督的效率问题

行政伦理监督无疑也应该追求效率,应该以最小的投入获得最大的产出。但是,计算行政伦理监督行为的效率是一个颇为复杂困难的事情。它的投入或许还好统计、还可能统计,有多少人力物力、有多少资源投入到行政伦理监督中去,这是看得见的,只要我们仔细一点,即可能获得相关的数据(事实上,这也是十分复杂困难的)。而要统计行政伦理监督的成果可就复杂了。显然,我们不能简单地以发现了多少腐败行为、查处了多少腐败分子为行政伦理监督的成果。真正有效的行政伦理监督,往往能将腐败“扼杀在摇篮中”,使行政组织和行政人员不能腐败、不敢腐败。这无疑也是行政伦理监督的成果,而且可能是更重要的成果,可这种成果我们却无法统计。还可能有其他因素是我们研究行政伦理监督效率问题必须考虑、必须统计的,我们也无法考虑、无法统计。

也许正因为此,学术界对行政伦理监督的效率问题几乎没有研究,我们找不到相关文献。所以,我们也不能对我国行政伦理监督的效率问题妄加判断,既不

① 刘启君:《改革开放以来中国腐败状况实证分析》,《政治学研究》2013 年第 6 期。

能说效率高，也不能说效率低。但我们又必须提出这一问题，希望能引起重视，因为它有可能存在。

3. 当前我国行政伦理监督行为的合理性问题

行政伦理监督行为本身必须合理，即合乎伦理的原则和规范。我们不能容忍不道德的、不合法的行政伦理监督行为，正如我们不能容忍不道德的、不合法的行政行为。这实际上也是一个对行政伦理监督行为本身进行伦理监督的问题，监督行为或监督权力本身如果不受监督也必然失范、必然被滥用。

当前我国行政伦理监督行为的合理性问题是存在的。从各方面的资料、文献中我们看到，在司法监督中存在刑讯逼供、诱供等问题，在舆论监督中存在要挟、勒索等问题，在干部相互监督或群众自发监督中存在偷拍、窃听等非法取证问题，等等。这些都说明，行政伦理监督行为本身的道德状况与人们的期望和理想还存在一定的差距。

二、导致我国行政伦理监督问题的原因

假如上述问题存在，那么，导致我国行政伦理监督问题的原因有哪些？大概有以下几点：

1. 行政伦理监督主体的独立性不够

一般来说，监督行为的有效性与监督主体的影响力（权力）成正比，而监督主体的影响力又往往与监督主体的独立性（主要是相对于监督对象而言）成正比。监督主体的影响力主要来源于法定权力，其次也来源于监督主体的工作能力和人格魅力等，监督主体必须有足够的影响力才有可能对监督对象形成有效监督，其影响力越大监督越是有效。监督主体的独立性并不增加监督主体的影响力，它的意义在于保持监督主体的影响力不被减损，如果监督主体与监督对象之间存在利益关联等纠缠性因素，则监督主体的影响力会因为监督主体的独立性的减弱而减弱。

我国行政伦理监督有效性不足的一个重要原因，是我国行政伦理监督主体往往缺乏相对于监督对象的独立性。比如行政监察与行政审计，以及党委的纪

律检查,它们是最专业,也是监督体系中最重要的监督主体,但因为完全处在党、政系统内部,与监督对象有各种权力和利益关联,所以,影响力也就大打折扣了;司法监督也往往受制于同级政府,而缺乏应有的独立性,其影响力也大打折扣。其他监督主体如人大监督、舆论监督、政党监督等,也都不同程度地与监督对象之间存在某些权力和利益的关联,因而监督的影响力也有限。

2. 多元行政伦理监督主体之间缺乏协调与整合

我国行政伦理监督主体是多元的,形成了一个较为庞大的体系。但这一监督体系的内在结构并不紧密,它们之间缺乏核心,缺乏充分的信息沟通,缺乏明确分工,缺乏协调与整合。比如,政府系统外的人大监督、司法监督、民主党派的监督、群众与新闻媒体的监督,与政府系统内部的监察、审计,与中国共产党的纪检监督,相互之间没有明确的领导隶属关系,基本上处于各自为战、单打独斗状态。这样,各方面的监督力量不能联结成一个整体,无法形成合力,成为影响行政伦理监督有效性的一个重要原因。

3. 有关行政伦理监督的制度不完善

行政伦理监督不仅需要合理的机构设置,还需要监督主体能够充分地尽到监督责任,需要有完善的行政伦理监督制度。这些年来,特别是进入 21 世纪以来,我国出台了不少行政伦理监督制度。但这些制度大都比较原则化,重正面要求,轻实施细则,对监督主体权力和责任的规定不明确、不充分,以致实施起来效果不佳,影响行政伦理监督的有效性与合理性。

比如,一些被双规、被判刑的原领导干部,很少甚至没有是因私生活问题而“出事”的,但调查中几乎百分之百都有男女作风方面的腐败问题;再如,为党纪政纪所不容的“隐性收入”“灰色收入”“黑色收入”问题,也都是因其他问题引发“出事”后才被发现的,礼品登记上交、收入申报等制度并没有真正执行到位。行政伦理监督主体之所以搁置监督权力,无视监督责任,“碰到问题不开口,遇到矛盾绕道走”,睁只眼闭只眼;监督上级怕影响升迁,监督同级怕不好共事,监督下级怕影响民主评议等,都是因为没有完善的行政伦理监督制度,因为没有对监督主体的权力和责任作出明确的、严格的规定。

另外,也正是因为行政伦理监督制度不够完善,致使一些行政伦理监督行为走向过度监督的另一个极端。为什么会有刑讯逼供、有各种非法取证、有要挟勒索等“监督”行为,无疑也在很大程度上是因为行政伦理的监督制度对行政伦理监督行为的规范还不够细致和严格。

三、化解我国行政伦理监督问题的对策

如何化解我国行政伦理监督中的问题?主要有以下看法:

1. 建设具有协调统一性和独立权威性的行政伦理监督体制

我国行政伦理监督存在的最大的问题是,行政伦理监督的有效性不足。其原因,一方面是监督主体的独立性不强,往往受制于监督对象,影响监督的权威性;另一方面是监督力量过于分散,缺乏协调统一性,难以相互配合、难以形成合力。因此,我国应该在行政伦理监督体制上进行大胆改革,应该建设一个具有协调统一性和独立权威性的行政伦理监督体制。

2016年12月,全国人大常委会决定在北京市、山西省、浙江省开展国家监察体制改革的试点工作。这次的国家监察体制改革,也可以说是一次行政伦理监督体制的改革,它的“建立集中统一、权威高效的监察体系”的目标,实质上也是要建设一个具有协调统一性和独立权威性的行政伦理监督体制。

国家监察体制改革决定设立职能集中而又相对独立的监察委员会。监察委员会一方面整合人民政府的监察厅(局)、预防腐败局及人民检察院查处贪污贿赂、失职渎职以及预防职务犯罪等部门的相关职能;另一方面,将监察职权从行政系统和司法系统中独立出来,从“同体监督”转变为“异体监督”。监察委员会由本级人民代表大会产生:监察委员会主任由本级人民代表大会选举产生;监察委员会副主任、委员,由监察委员会主任提请本级人民代表大会常务委员会任免。监察委员会对本级人民代表大会及其常务委员会和上一级监察委员会负责,并接受监督。

监察体制改革同时还对监察对象、监察内容、监察方式等进行了明确和完善。

全国人民代表大会常务委员会《关于在北京市、山西省、浙江省开展国家监察体制改革试点工作的决定》

(2016年12月25日第十二届全国人民代表大会常务委员会第二十五次会议通过)

根据党中央确定的《关于在北京市、山西省、浙江省开展国家监察体制改革试点方案》,为在全国推进国家监察体制改革探索积累经验,第十二届全国人民代表大会常务委员会第二十五次会议决定:在北京市、山西省、浙江省开展国家监察体制改革试点工作。

一、在北京市、山西省、浙江省及所辖县、市、市辖区设立监察委员会,行使监察职权。将试点地区人民政府的监察厅(局)、预防腐败局及人民检察院查处贪污贿赂、失职渎职以及预防职务犯罪等部门的相关职能整合至监察委员会。试点地区监察委员会由本级人民代表大会产生。监察委员会主任由本级人民代表大会选举产生;监察委员会副主任、委员,由监察委员会主任提请本级人民代表大会常务委员会任免。监察委员会对本级人民代表大会及其常务委员会和上一级监察委员会负责,并接受监督。

二、试点地区监察委员会按照管理权限,对本地区所有行使公权力的公职人员依法实施监察;履行监督、调查、处置职责,监督检查公职人员依法履职、秉公用权、廉洁从政以及道德操守情况,调查涉嫌贪污贿赂、滥用职权、玩忽职守、权力寻租、利益输送、徇私舞弊以及浪费国家资财等职务违法和职务犯罪行为并作出处置决定,对涉嫌职务犯罪的,移送检察机关依法提起公诉。为履行上述职权,监察委员会可以采取谈话、讯问、询问、查询、冻结、调取、查封、扣押、搜查、勘验检查、鉴定、留置等措施。

三、在北京市、山西省、浙江省暂时调整或者暂时停止适用《中华人民共和国行政监察法》,《中华人民共和国刑事诉讼法》第三条、第十八条、第一百四十八条以及第二编第二章第十一节关于检察机关对直接受理的案件进行侦查的有关规定,《中华人民共和国人民检察院组织法》第五条第二项,《中华人民共和国检察官法》第六条第三项,《中华人民共和国地方各级人民代表大会和地方各级人民政府组织法》第五十九条第五项关于县级以上的地方各级人民政府管理本行政区域内的监察工作的规定。其他法律中规定由行政监察机关行使的监察职责,一并调整由监察委员会行使。

实行监察体制改革,设立监察委员会,建立集中统一、权威高效的监察体系,是事关全局的重大政治体制改革。试点地区要按照改革试点方案的要求,切实加强党的领导,认真组织实施,保证试点工作积极稳妥、依法有序推进。

本决定自2016年12月26日起施行。

2. 完善行政伦理监督制度

我国行政伦理监督中存在的另一个突出问题是,行政伦理监督行为本身的合理性问题。行政伦理监督不仅要有效,而且应该合理。而且,合理的行政伦理监督,从长远意义上、从根本意义上,将有助于行政伦理监督的有效性。行政伦理监督的合理,不仅仅指所进行的行政伦理监督行为应该合理,还包括行政伦理监督主体进行按合理的要求应该进行的行政伦理监督。即行政伦理监督主体不仅应善于履行职责,还应勤于履行职责、充分履行职责。

为什么存在行政伦理监督行为合理性问题?最重要的原因是缺乏完善的行政伦理监督制度。要解决行政伦理监督行为的合理性问题,解决行政伦理监督主体善于履行职责和勤于履行职责的问题,必须完善行政伦理监督制度。完善行政伦理监督制度,一方面是要使行政伦理监督行为规范化,另一方面则是要使行政伦理监督行为本身接受监督。2010年出台的《中华人民共和国行政监察法》,2016年出台的《中国共产党党内监督条例》,以及目前已经开始的将《行政监察法》修改为《国家监察法》的工作,是我国不断进行的完善行政伦理监督制度的实践。

第十章　行政品德及其教育与修养

行政伦理欲求得实现,不仅仅在于制定行政伦理的原则和规范,或将其制度化,或体现在制度中,更重要的是落实在行政场域的种种行为中,成为行政品德(或行政美德)。那么,如何才能铸成行政品德?主要有两条路径:一是行政伦理教育,一是行政伦理修养。行政品德及其教育与修养,是行政伦理学必须予以研究的重要课题。

第一节　行政品德

一、品德的定义

品德,亦称“德”“德性”或“道德品质”,亦可以说是一个人的道德个性或道德人格。

“德”指每个人的属性,主要是指每个人的心理属性或心理状态。我国古人认为“德”与“得”相通,因而用“得”来解释“德”。《说文解字》说:德,“外得于人,内得于己”。这是说德使他人有所得,亦使自身内心有所得。得到的是什么呢?无非能力、属性而已。朱熹说得更明白:“德者,得也,行道而有得于心者也。"①"有得于心"即获得一种心理属性或心理状态。所以说,德就是指每个人的心理属性或心理状态,它是因"行道"而获得的。所以,也有"德性"之说。

"品",有种类、等级、评价的意思。每个人的德性是各不相同的,各有特点,而且有高下等级的区别,人们难免会对其评论、评价,所以,称"品德"。因为人们常常用道德标准来评价每个人的德性,所以,"品德"亦称"道德品质"。对于品德或道德品质,每个人都会有自己的特殊性,所以有道德个性或道德人格的说法。

什么是个性和人格? 个性与人格是品德的上位概念,为了进一步理解"品德"的含义,我们不妨对这两个上位概念稍作分析。

1. 个性

所谓"个性"(individuality),与"共性"相对而言,指事物个体所具有的特殊属性。共性则是指多个事物普遍具有的相同或相似的属性,共性存在于个性之中。但我们所谓的个性并非泛指事物的个性,而仅仅指人的个性,即每个人所具有的特殊属性。人的共性则是指多人甚或所有人所具有的相同或相似的属性,人的共性存于人的个性之中。人的个性可以从身体、生理、心理等多方面来描述和区分,但往往也主要地从心理方面来描述和区分。人的个性无疑是在人的成长过程中形成的,一方面与客观外在的环境(包括先天条件)有关,另一方面也与主观自我的行动、行为有关。

2. 人格

"人格"是与"个性"十分相近的概念,有些心理学家甚至将其理解为同一概念。事实上,人格与个性在西文中是同一个词:"personality"(英语),"personlickeit"(德语),"personnalite"(法语),它们都来源于拉丁语"persona"。"persona"一词最初指面具,亦即演员在舞台上扮演角色所戴的脸谱;引申为人们表现于外的、公开的自我;进而引申为内在的、心理的自我;最终引申为真实的、真正的自我。中国古代没有"人格"一词,这个词是近代日本学者从西文翻译过来的,中

① 朱熹:《四书集注·论语·学而》。

文的“人格”一词是从日文翻译过来的。今天我们所谓的人格，即我们在使用“人格”一词时的所指，是个人的真实的、真正的自我，即内在的、心理的自我，亦即个人心理活动所具有的属性或个人心理活动状态。这也就是说，汉语的“人格”与“个性”虽然是从西文同一个词翻译过来的，但在使用过程中已悄悄地有了一些区别。个性可以包括个人身体的、生理的、心理的等多方面的属性，而人格只包含个人内在心理方面的属性。比如，高矮胖瘦乃至于容貌的美丑都可能是表现人的“个性”的因素，却不可能是表现其“人格”的因素。

人格之为心理自我，或个人内在心理活动状态，是由多层次、多侧面构成的。现代人格心理学认为“人格”大概包括有：能力，即完成某些活动的潜在可能性的特征；气质，即心理活动的动力特征；性格，即完成活动任务的态度和行为方式方面的特征；兴趣、动机、理想、信念等，即活动倾向方面的特征。

3. 品德

品德是一种道德个性或道德人格，意味着品德首先是指个人所具有的特殊属性，而不是指多人或人群的普遍属性；而且是指个人内在心理方面的特殊属性，不包括个人在身体、生理等非心理方面所具有的特殊属性。其次，并不是个人的、内在心理方面的所有特殊属性都是“品德”，只有“道德”意义上的特殊属性才是道德个性或道德人格，才是我们所谓品德。

所谓道德意义，即可以用道德原则和规范进行衡量、评价。这主要有两条标准，一是具有产生利害人己效用的倾向性；二是具有主观可控性或自觉能动性。个人内在心理方面的属性有些是不具有产生利害效用倾向的，如人的能力、气质、性格、兴趣等，这些心理属性在道德上是中性的，没有明显的利害倾向，或者是超利害倾向的。同时，这些心理属性也在一定程度上是不可控的、非自觉的。所以，这些心理属性基本上不属于道德意义上的心理属性，不属于品德范畴。

道德意义的心理属性，主要表现为动机、理想、信念等。这些心理属性明显具有产生利害人己效用的倾向性，而且具有主观可控性和自觉能动性。这些心理属性或心理状态，才是我们所谓的道德个性或道德人格，才是我们所谓的品德。所以，品德可以定义为个人的具有道德意义的心理属性或心理状态，亦即人的动机、理想、信念等心理属性或心理状态所具有的道德意义。

个人的心理状态是内在的，怎么会为他人所认识？或者说，我们如何知道他人的品德？这主要有两条途径：一是看一个人说什么，即听其言；二是看一个人做什么或怎么做，即观其行。个人的品德必然体现在他外在的言行中，我们可以通过一个人的外在言行来评判他的内在品德。但人可能说假话，或做个假样子，怎么办？这就要求我们不能光听他说什么，更重要的是看他做什么；不仅看他偶然一次做什么，更重要的是看他经常做什么，一贯做什么。我们应在实践中学会辨别个人言行的真伪，应善于透过其真实的言行判断其内在品德。

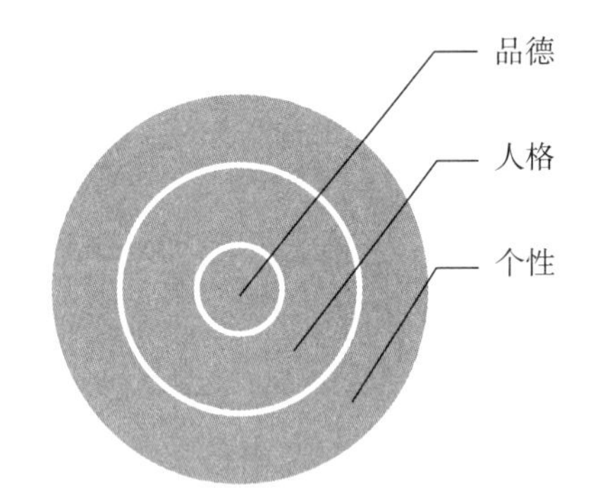

图 10-1　品德、人格、个性三者关系示意图

二、行政品德的定义

不同人的品德有所不同，这种不同可能有质量的不同，即其与道德理想、原则、规范相符程度的不同（品质）；也可能有种类的不同，即其适用的评价标准不同，亦即相符的道德理想、原则、规范的内容不同。“行政品德”，即是因评价标准，因道德理想、原则、规范的“行政”特征而区分的品德。

行政品德的行政特征主要可以从以下几个方面来理解：

1. 行政品德的评价标准：行政道德（或行政伦理）

人类社会不同行业、不同职业的道德标准是有所不同的。行政道德是行政管理行业（职业）的道德。可以用或应该用行政道德来评价的品德，即行政品德。

2. 行政品德的主体：行政人员

人们从事何种工作，经常做何种行为，才可能有何种品德。行政品德必定是从事行政工作、经常做行政行为的行政人员的品德。非行政人员，一般不会用行政道德来要求、来评价其行为,其人也大概不会以行政道德来自我要求、自我评价,因而其不会成为行政品德的主体。

3. 行政品德的行为体现:行政行为

人的品德是在行为中形成的,同时也通过行为而体现。行政人员的行政品德只有通过行政行为才能体现。行政人员同时还有其他的社会身份(角色),如父亲或母亲、儿子或女儿等,因此还要遵守其他类型的道德,也因此而可能有其他类型的品德。当行政人员以其他身份出现(“出场”),做其他行为时,就会体现出具有其他内容的品德。

因此,我们可以将行政品德定义为:行政人员个体的具有行政道德意义的心理属性或心理状态,亦即行政人员个体的体现在行政行为中的(或引发行政行为的)动机、理想、信念等心理属性或心理状态所具有的道德意义。

“行政品德”概念也常常被人们以“行政人格”来代替,将行政伦理的实现理解为行政人格的铸成。这种代替是不妥当的。因为人格是品德的上位概念,它的外延比品德更为宽广,超越了伦理学的研究范围,行政人格问题也因此超越了行政伦理学的研究范围。所以,我们仍然使用“行政品德”这一概念。当然,我们并不否定行政人格研究在行政管理学研究中的意义。

三、行政品德的构成

心理学认为,一切心理活动都是由“知(认识)”“情(感情)”“意(意志)”三种成分构成的。人的品德是一种心理状态即心理活动的状态,那么它也无非由知、情、意三种成分构成。只不过,品德是每个人的具有道德意义的心理状态,因此其“知、情、意”也一定与道德有关,是每个人的道德认识、道德感情和道德意志。相应地,行政品德可以说是由行政道德认识、行政道德感情和行政道德意志三种成分构成的。

1. 行政道德认识

道德认识即对道德的认识,即对人的行为所应当遵循的道德规范的认识。行政道德认识,则是对行政人员的行政行为所应当遵循的行政道德规范的认识。作为品德成分的道德认识,不是指独立于个人的具有普遍意义的“人类道德认识”，而是指每个人作为个体而有的道德认识。同样，作为行政品德成分的行政道德认识，也不指独立于行政人员个体的具有普遍意义的行政道德认识，而是指行政人员个体的有关行政道德规范的认识。

每个人的道德认识并不简单，并不是简单认识道德规范的一些条文。道德认识实际上还联系着人们的世界观、人生观和价值观，道德认识也意味着人们对于道德规范背后深刻的必然性、必要性和可能性的认识，意味着人们面对复杂的人际交往情境而进行道德选择和道德抉择能力的形成，亦即道德思考、道德推理和道德判断能力的形成。行政道德认识当然也不仅仅是对行政道德规范的一些条文的背诵，行政道德认识联系着每个行政人员的世界观、人生观和价值观，意味着行政人员对于行政道德规范背后深刻的必然性、必要性和可能性的认识，意味着行政人员在行政管理过程中，面对复杂的道德问题进行道德选择和道德抉择能力的形成，亦即进行道德思考、道德推理和道德判断能力的形成。

2. 行政道德情感

情感是人们的内在心理体验，心理学也把它叫作“态度体验”，它与需要是否满足或实现有关，常常表现为对于人或事物的爱、恨、怜悯、惧怕、感激、内疚等种种态度。我国古人认为人的情感主要有七种，曰“七情”：喜、怒、哀、惧、爱、恶、欲。①

道德情感是跟道德有关的情感。这大概可以从两个方面来理解：一方面，道德情感可能是因为道德需要是否满足或实现而产生的心理体验或态度体验。道德需要是指对于道德的需要。人是会有对于道德本身的需要的，如古人说“立功、立德、立言”，其所谓“立德”即是说人有对于道德的需要；另一方面，道德情感可以理解为可能引发道德行为或伦理行为的情感。人的行为是由于情感而引发或推动的，任何行为中都蕴含着、携带着某种情感，没有情感行为就没有动力。冯友兰在总结叔本华和弗洛伊德的观点时曾提出一个命题，叫作“理智无力欲无眼”，就是说指导人的行为的东西是理智，但是它没有力量，它不是行为的动力，人类行为的动力是欲望和感情。有些情感引发的行为不一定具有道德意义，但有些情感所引发的行为则可能是具有道德意义的。因此，可以将能引发道德

① 《礼记·礼运》。

行为的情感称为道德情感。

王海明将道德情感区分为两大类型,“一类是人所特有的;它依赖于道德的存在而源于每个人希望自己和他人做好人的双重道德需要,包括良心和名誉的情感评价及其由此产生的个人道德欲望、个人道德愿望和个人道德理想;它所引发和产生的就是所谓‘为道德而道德、为美德而美德、为义务而义务’的无私利他行为。另一类则不是人所特有的,而是人与其他一些动物所共有的;它不依赖于道德的存在而源于每个人自然的心理反应,包括爱人之心(同情心和报恩心)和自爱心(求生欲和自尊心)以及恨人之心(妒忌心和复仇心)和自恨心(内疚感、罪恶感和自卑心);它引发所有类型的伦理行为:目的利人和目的利己以及目的害人和目的害己”①。

行政道德情感无疑是跟行政道德有关的情感。它与其他道德情感大概没有什么根本性的不同,只不过它是带有行政色彩的道德情感。它一方面是因为对于行政道德需要是否满足而产生的心理体验或态度体验;另一方面是引发行政道德行为或行政伦理行为的情感。行政道德情感只能是在行政管理过程中产生的道德情感,只能是在行政场域中产生的道德情感,只能是行政人员的道德情感。胡锦涛曾经强调的“情为民所系”,其所谓“情”应该就是指行政道德情感。

3. 行政道德意志

意志是个人自觉地确定目的(动机),并下决心克服各种困难、实现目的的心理过程。亦即人的思维过程见之于行动的心理过程。无意识的本能活动、盲目的冲动或一些习惯动作都不含有或很少有意志的成分。所谓道德意志,即具有道德意义的意志,亦即个人自觉确定道德行为(或伦理行为)目的(动机),并下决心克服各种困难、实现道德行为目的的心理过程。

王海明认为,个人道德意志包括两个阶段:“第一阶段是伦理行为动机确定的心理过程阶段,亦即伦理行为目的与手段的思想确定阶段,也就是伦理行为的思想确定阶段,可以称之为‘做出伦理行为决定’或‘采取道德决定’阶段。第二阶段则是伦理行为动机执行的心理过程阶段,亦即关于伦理行为目的与手段的思想之付诸实现的心理过程阶段,也就是伦理行为决定的实际执行的心理过程

① 王海明:《新伦理学(修订版)》,商务印书馆 2008 年版,第 1536—1537 页。

阶段,可以称之为‘执行伦理行为决定’或‘执行道德决定’阶段。”①

所谓行政道德意志,即具有行政道德意义的意志,亦即行政人员个体自觉确定行政道德行为(或行政伦理行为)目的(动机),并下决心克服各种困难、实现行政道德行为目的的心理过程。可以参考王海明的意见将这一过程区分为两个阶段:做出行政伦理行为决定的阶段和执行行政伦理行为决定的阶段。

4. 知情意分别对品德的意义以及三者的关系

每个人的品德都是由其道德认识、道德情感和道德意志三种成分(或三种因素)构成的,也可以说是由这三种因素决定的。那么,这三种因素分别对品德有何决定意义?以及三者相互之间有何关系?对于这两个问题,王海明在他的《新伦理学(修订版)》中讲得很清楚。

对于第一个问题,王海明说:“首先,个人道德意志是品德的充分且必要条件,是品德的过程因素、最终环节,所以,道德意志水平与品德必定完全一致:道德意志强者,伦理行为必高、品德必高;品德高者、伦理行为高者,道德意志必强。”“其次,个人道德感情虽是品德的必要条件而非充分条件,但道德感情是伦理行为的动力,是品德的决定性因素。”“最后,个人道德认识是品德的必要条件、指导因素、首要环节,却不是品德的动力要素、决定性因素,而是非动力要素、非决定性因素。”②

对于第二个问题,王海明说:“一个人的品德形成于他的长期的伦理行为;他的伦理行为形成于他的道德意志;他的道德意志形成于他的道德认识和道德感情;他的道德感情形成于他的道德认识。”③

参考王海明的观点,我们认为:(1)行政道德意志是行政品德的充分且必要条件,是行政品德的过程因素和最终环节,行政道德意志水平与行政品德完全一致。行政道德意志强者,行政品德必高;行政品德高者,行政道德意志必强。(2)行政道德感情是行政品德的必要条件而非充分条件,但行政道德感情是行政伦理行为的动力,是行政品德的决定性因素。(3)行政道德认识是行政品德

---

① 王海明:《新伦理学(修订版)》,商务印书馆 2008 年版,第 1543 页。

② 同上书,第 1547 页。

③ 同上书,第 1546 页。

的必要条件、指导因素、首要环节,但不是行政品德的动力要素、决定性因素,而是非动力要素、非决定性因素。(4)行政人员的行政品德形成于其长期的行政伦理行为;其行政伦理行为形成于其行政道德意志;其行政道德意志形成于其行政道德认识和行政道德感情;其行政道德感情形成于其行政道德认识。

四、行政品德的类型

人的品德可以区分为不同的类型。前文曾提到,"行政品德"实际上也是一种品德类型。品德类型的区分,可以从不同的角度进行,但主要还是从道德原则、规范的角度进行区分。因为品德是道德意义上的心理属性或心理状态,所谓"道德意义"是指其"心理属性"是否与道德原则、规范相符合,或用道德原则、规范来对照和评价其"心理属性"。遵循或使用的道德原则、规范不同,其品德也就不同。

从道德原则、规范的角度看,我们首先可以将品德区分为美德与恶德两大类。所谓美德,即个人的与道德原则、规范相一致的心理属性,亦即因人的行为长期遵守道德原则、规范而得到和形成的心理属性。而恶德与美德相反,是个人的与道德原则、规范不一致的心理属性,是人的行为长期违背道德原则、规范而得到和形成的心理属性。

其次,我们可以将美德和恶德作进一步的细分。比如,古希腊哲学家柏拉图特别强调四种美德:公正、节制、智慧、勇敢,称"四主德";基督教特别强调三种美德:信(信神)、望(盼望)、爱(爱心),称"三主德";我国传统经典《周易》特别强调"自强不息"、"厚德"(宽厚之德)、"俭德"(俭朴节约)、"顺德"(顺其自然)等美德。王海明将美德类型归结为:一全德(善德)、五主德(公正美德、平等美德、人道美德、自由美德和幸福美德)和八达德(诚实美德、贵生美德、自尊美德、谦虚美德、勇敢美德、节制美德、智慧美德和中庸美德)。[①] 恶德与美德相反,不例举了。

行政品德也可以进一步区分为不同类型。首先,我们可以将行政品德区分为行政美德与行政恶德。所谓行政美德,即行政人员个体的与行政道德原则、规

① 参阅王海明:《新伦理学(修订版)》,商务印书馆 2008 年版,第 1560—1563 页。

范相一致的心理属性，亦即因行政人员行为长期遵守行政道德原则、规范而得到和形成的心理属性。行政恶德与行政美德相反，是行政人员的与道德原则、规范不一致的心理属性，是行政人员行为长期违背行政道德原则、规范而得到和形成的心理属性。

其次，我们可以将行政美德和行政恶德作进一步细分。本书第五章讨论行政伦理规范时，曾将我国当代公共行政的伦理规范概括为八个方面：忠、信、廉、正、实、勤、勇、民主，据此我们可以将行政美德区分为相应的八种类型：忠德、信德、廉德、正德、实德、勤德、勇德、民主德。这种归纳概括当然不是绝对的，在实践中我们可以根据具体情况、根据实际需要而作不同的归纳和概括。同样，行政恶德是行政美德的反面，这里也不例举了。

五、行政品德的价值与境界

人的品德的不同既有前文已讨论的类型的不同，也有价值和境界的不同。人们常说，谁品德高尚或崇高，而谁品德恶劣、卑鄙，或品质败坏，这就是在评判品德的价值与境界的不同。类型的不同可以说是对品德的横向区分，价值和境界的不同则是对品德的纵向区分。

品德的价值，是指品德所具有的满足主体需要和欲望的效用性。与品德相对的主体是谁？首先是自己，其次是他人以及社会整体乃至于整个人类。这也就是说，如果要论品德的价值，则可能首先是说品德对拥有品德的人自己有何价值，即能否满足或符合自己的需要和欲望，以及具有或可能具有多大的效用。人们为什么要修养自己的品德（“立德”）？或者说，为什么要追求美德而摒弃恶德？往往首先是因为美德能满足或符合自己的需要和欲望，对自己具有或可能具有更大的效用；而恶德不能满足或不符合自己的需要和欲望，对自己不具有或可能不具有效用甚至或可能有负效用。其次，说品德的价值则必定是说品德对他人以及社会整体乃至于整个人类的价值，即一个人的品德能否满足或符合他人以及社会整体甚或整个人类的需要和欲望，以及具有或可能具有多大的效用。因为人是社会性动物，必定与他人交往，与他人以及整个社会乃至于整个人类都会发生联系。品德好的人、具有美德的人往往能满足或符合他人以及社会整体乃至于整个人类的需要和欲望，具有较大的效用；相反，品德不好的人、具有恶德的人,往往不能满足或不符合他人以及社会整体甚或整个人类的需要和欲望,没有效用甚至具有负效用。

在社会生活中,满足或符合他人以及社会整体甚或整个人类的需要和欲望与满足或符合自己的需要和欲望看似对立,其实存在着关联性,存在着一定的辩证关系。很多时候,我们要满足或符合自己的需要和欲望必先满足或符合他人乃至于社会整体甚或整个人类的需要和欲望,只有满足或符合他人以及社会整体甚或整个人类的需要和欲望,才能同时或最终满足或符合自己的需要和欲望。马克思曾说的“无产阶级只有解放全人类,才能最终解放自己”,人们常说的“有国才有家”“大家好才是真的好”,说的就是这个道理。

人们追求美德,乃至于所有的行为,更容易选择以自己为主体,即想着如何才能更好地满足或符合自己的需要和欲望,如何才能对自己更有效用,如何才能更好地实现自己的利益。但人们在社会实践中也能逐渐意识到必须以他人以及社会整体乃至于整个人类为主体,必须考虑满足或符合他人以及社会整体乃至于人类的需要和欲望。只不过要能自觉地选择他人以及社会整体乃至于整个人类为主体,为他人以及社会整体乃至于整个人类的需要和欲望(亦即利益)而考虑、而为之努力,则比较难。之所以比较难,一方面是因为,要真正理解自己与他人尤其是与社会整体乃至于整个人类的利益关联性比较难;另一方面是因为,要以他人以及社会整体乃至整个人类为主体,要考虑他人以及社会整体乃至整个人类的需要、欲望、利益,往往意味着一定程度地压抑或放弃自己的需要、欲望和利益,这是比较难的。正因为存在这些难易程度的不同,品德也有了高下之分,有了境界的不同。

评判一个人品德的境界,往往是看一个人在心理上、思想上能否或在多大程度上摆脱个人利益的考虑,能否或在多大程度上考虑他人的利益,以及社会整体的利益,乃至于整个人类的利益。一个人越是能够摆脱个人利益的考虑,越是能够在更大的程度上考虑他人的利益、考虑社会整体的利益、考虑全人类的利益,他的品德的境界越高;相反,一个人越是不能摆脱个人利益的考虑,越是不能考虑他人利益以及社会整体利益和整个人类利益,他的品德境界也就越低。

王海明在他的《新伦理学(修订版)》一书中将人类的全部伦理行为概括为16种,并进一步概括为6大类型:(1)无私利他;(2)为己利他;(3)单纯利己;

(4)纯粹害己;(5)损人利己;(6)纯粹害他。这6大行为类型,实质上也是6大道德境界。前三种是善的境界:“无私利他”是最高的善的境界,“为己利他”是基本善的境界,“单纯利己”是最低的善的境界;后三种是恶的境界:“纯粹害己”是最低的恶的境界,“损人利己”是基本恶的境界,“纯粹害他”是最高的恶的境界。[1] 这六种道德境界也可以说是六种品德境界,因为人的伦理行为一定是由他的品德所决定的,有什么样品德才有什么样的行为,行为的道德境界无非人的品德境界的体现。因此也可以说,前三种道德境界:无私利他、为己利他、单纯利己,是美德境界;后三种道德境界:纯粹害己、损人利己、纯粹害人,是恶德境界。这六种境界也可以进一步简化为三种:高尚、平凡、卑鄙。“无私利他”是高尚的品德境界;“为己利他”和“单纯利己”是平凡的品德境界;“纯粹害己”“损人利己”和“纯粹害他”是卑鄙的品德境界。

行政品德的价值,是指行政品德所具有的满足主体需要和欲望的效用性。与行政品德相对的主体首先是行政人员自己,其次是行政相对人或公众等他人,以及社会整体乃至于整个人类。这也就是说,如果要论行政品德的价值,则可能首先是说行政品德对拥有行政品德的行政人员自己有何价值,即能否满足或符合行政人员自己的需要和欲望,以及具有或可能具有多大的效用。行政人员为什么要修养自己的品德?或者说,为什么要追求美德而摒弃恶德?往往首先是因为美德能满足或符合行政人员自己的需要和欲望,对行政人员自己具有或可能具有更大的效用;而恶德不能满足或不符合行政人员自己的需要和欲望,对行政人员自己不具有或可能不具有效用甚至有或可能有负效用。其次,说行政品德的价值则必定是说行政品德对行政相对人或公众等他人,以及社会整体乃至于整个人类的价值,即行政品德能否满足或符合行政相对人或公众等他人,以及社会整体甚或整个人类的需要和欲望,以及具有或可能具有多大的效用。

同样,行政品德也有境界的不同。评判行政品德的境界,也主要是看行政人员在心理上、思想上能否或在多大程度上摆脱个人利益的考虑,能否或在多大程度上考虑行政相对人或公众等他人的利益,以及社会整体的利益,乃至于整个人类的利益。行政人员越是能够摆脱个人利益的考虑,越是能够在更大的程度上

---

① 参阅王海明:《新伦理学(修订版)》,商务印书馆2008年版,第660—662页。

考虑行政相对人或公众等他人的利益、考虑社会整体的利益、考虑全人类的利益,行政品德的境界越高;相反,行政人员越是不能摆脱个人利益的考虑,越是不能考虑行政相对人或公众等他人利益,以及社会整体利益和整个人类利益,行政品德的境界也就越低。

同样,我们也可以将行政品德的境界区分为:行政美德境界与行政恶德境界,或高尚境界、平凡境界与卑鄙境界。行政品德的高尚境界是一种"无私利他"的境界,平凡境界是"为己利他"和"纯粹利己"的境界,这两种(或三种)境界都属于行政美德境界;行政品德的卑鄙境界即行政恶德境界,包括"纯粹害己""损人利己"和"纯粹害他"三种境界。

第二节 行政伦理教育

行政品德不是与生俱来、一成不变的,而是后天形成的,是可以改变的。导致行政品德的形成或改变的首要原因(或途径)无疑是行政伦理教育,或称行政道德教育、行政品德教育。行政伦理教育是使受教育者遵守行政伦理(行政道德)、形成或改善行政品德的一个动态过程,它至少包含有五个要素:教育主体、教育对象、教育内容、教育目标和教育方法等。因此,行政伦理教育也主要可以从这五个方面来研究理解。但本节我们主要讨论行政伦理教育的方法问题,其他几个要素只作简要说明,不展开讨论。

一、行政伦理教育的主体、对象、内容与目标

1. 行政伦理教育的主体

行政伦理教育的主体,即行政伦理教育者,主要有大学里从事行政伦理学教学工作的老师,行政学院(或党校)的老师,行政管理工作中的上级领导等。行政伦理教育主体,当然是懂行政伦理的人,不仅懂而且在实际上照做即有高尚行政品德的人。因此,行政伦理教育主体也可能不只是老师或上级领导,行政管理工作中的同事甚至下级,只要他们真正懂行政伦理而且有高尚的行政品德,都可能成为行政伦理教育的主体。教育常常是相互的,行政伦理教育也不会例外。

2. 行政伦理教育的内容

行政伦理教育的内容无疑是"行政伦理",即行政场域人际关系应该如何的道理。它可以区分为两个方面,一方面是行政场域人际交往的原则和规范,即"人际关系应该如何";另一方面则是支撑原则和规范的理论,即原则和规范背后的"道理"。教育必须使受教育者不仅知其"然",而且知其"所以然"。

3. 行政伦理教育的对象

人们大概会说,行政伦理教育的对象当然是行政人员,其实这并不准确。应该说,主要是行政人员,即国家公务员。国家公务员无疑是应该接受行政伦理教育的,他们的行为应该遵循行政伦理的原则和规范。但是,除公务员之外的其他公民以及社会组织在行政管理过程中也可能承担着一定的责任和义务,他们的行为也在一定程度上应该遵循行政伦理的原则和规范,因此,他们也有必要在一定程度上接受行政伦理教育。另外,有些公民虽然不是公务员,但他们可能有志于行政管理工作,他们正在申请或准备申请进入公务员队伍,因此也有必要接受行政伦理教育。

4. 行政伦理教育的目标

行政伦理教育的目标,是帮助、引导教育对象正确理解行政伦理的原则和规范,并认可行政伦理的原则和规范,并下决心遵循行政伦理的原则和规范,亦即形成优良的、高尚的行政品德。

二、行政伦理教育的方法

王海明在他的《新伦理学(修订版)》一书中概括了"四大道德教育方法":言教、奖惩、身教、榜样。我们认为,这四大道德教育方法也同样适用于行政伦理教育,也可以说是行政伦理教育的四大方法。

1. 言教:提高个人行政道德认识的方法

道德教育中的言教,是指教育者通过语言向受教育者传授道德知识和道德智慧以提高受教育者的道德认识的方法。行政伦理教育中的言教,则是指行政道德教育者向受教育者传授行政道德知识和行政道德智慧以提高受教育者的行政道德认识的方法。

在社会生活中,一个人之所以违背道德或违背美德而陷于恶德,首要的原因可能是他对于道德的无知或愚钝。无知,是说他不知道人际交往应该如何及其背后的道理。愚钝,则是说他缺乏智慧。道德其实也是一种人生智慧。人在本性或本能上是自爱利己的,追求需要和欲望的满足,而道德往往要求我们爱人利他,要求我们一定程度上抑制自己的需要和欲望。这看起来是矛盾冲突的,是痛苦和“恶”。但在更全面、更长远的意义上,或者说,在根本的意义上是不矛盾的,是没有冲突的,是善和幸福。因为人是社会性动物,只有通过爱人和利他才可能真正地实现自爱和利己;人的需要和欲望是多方面的,只有在一定程度上、一定时期内抑制自己的某些需要和欲望,才能更好地、更充分地实现自己的更重要的、更为根本性的需要和欲望。所以,如果说道德也是一种“恶”的话,那它也是“必要的恶”。

同样,行政人员个体之所以违背行政道德或行政美德而陷于行政恶德,首要的原因也可能是他对于行政道德的无知或愚钝。无知,是说有些行政人员不知道在行政管理过程中、在行政场域中应该如何(处理权利与义务的关系或权力与责任的关系)及其背后的道理。愚钝,则是说他缺乏行政智慧。行政道德实际上也是一种行政智慧。行政道德要约束和规范行政人员的行为,使行政人员在一定程度上失去了某些自由,也意味着行政人员必须在一定程度上抑制自己的某些需要和欲望。这对行政人员来说,无疑是痛苦的,或者说是“恶”。但是,唯其如此,行政人员才能真正获得利益和待遇,才能更充分地、更深刻地实现自己需要和欲望。所以,其“痛苦”是值得的,其“恶”也是“必要的”。

要使受教育者获得道德知识与道德智慧,或行政道德知识与行政道德智慧,其首要的和基本的教育方法无疑是言教,即语言传授。人类的知识和智慧主要来自于经验,一方面来自自己的直接经验,另一方面来自于他人的间接经验。而且,随着人类社会的进步,人类知识和智慧越来越多地来自于他人的间接经验。间接经验主要以语言的形式存在,因此,人类要想获得他人的间接经验,就要通过语言、通过传授。教育或道德教育或行政道德教育,它本身就是一种传承或获取间接经验的途径,所以,语言传授是它首要的、基本的方法。只有通过语言传授,才有可能提高受教育者的道德认识或行政道德认识。

2. 奖惩：形成个人行政道德情感的方法

奖惩，即奖励和惩罚。奖励，即颁奖者因为某种肯定性条件而给奖励对象以他想要的东西（让奖励对象感到满足和快乐）；惩罚，即惩罚者因某种否定性条件而不给或剥夺惩罚对象想要的东西（让惩罚对象感到“饥渴”、失望、痛苦）。人会因为需要和欲望的满足或利益的实现而快乐，会因为需要和欲望的不满足或利益的丧失而痛苦；人会努力追求使他满足和快乐的东西，会尽力避免做使他不能满足需要和欲望或丧失既得利益的事情。这是人的本性。

在道德教育过程中，教育者对受教育者的道德行为或美德进行奖励而对不道德行为或恶德进行惩罚，受教育者因为道德行为或美德而获得满足与快乐、因为不道德行为或恶德而使需要和欲望得不到满足而感到痛苦，可以使受教育者因此而乐意做道德行为或成就美德，而对不道德行为或恶德感到厌恶甚至痛恨，从而实现道德教育的目的。所以，奖惩成为道德教育的重要方法。而奖惩之所以成为道德教育的重要方法，主要原因在于奖惩可以使受教育者形成正确的道德情感。

奖惩也同样是行政伦理教育（行政道德教育）的一个重要方法。在行政伦理教育过程中，要使受教育者形成行政美德，必须培养受教育者正确的行政道德情感，即必须使受教育者因行政美德而满足需要和欲望、而实现利益、而感到快乐；必须使受教育者因行政恶德而不能满足需要和欲望、而不能实现利益（或丧失利益）、而感到痛苦。

奖惩确实是行之有效的道德教育方法或行政道德教育方法。在实践中我们会发现，一个时代或一个社会，越是能够奖善罚恶、惩恶扬善，使美德获得奖励、恶德受到惩罚，使善有善报恶有恶报，便越是好人多而坏人少，社会便越是和谐美好。在行政管理实践中，如果有行政美德的行政人员能够获得恰当的奖励，而有行政恶德的行政人员能够受到应得的惩罚，则一定会有更多的行政人员追求行政美德，“不敢腐败”以至于“不愿腐败”。

奖惩方法要真正行之有效，还必须注意两点：第一，奖励或惩罚的手段一定是受教育者想要或不想失去的东西，而且还要掌握一定的力度。如果不是受教育者想要或不想失去的东西，或者奖惩的力度不恰当，都可能达不到教育的目的。第二，奖惩必须适时而且公正。奖惩如果不能及时，或不能在可预期的时间内进行,教育的目的也可能达不到。奖惩如果不公正,不能奖其当奖、罚其当罚,也同样可能达不到教育目的。

3. 身教:形成个人行政道德意志的方法

所谓身教,即道德教育者率先遵守道德,以自己的合乎道德的行动(美德)引导、示意受教育者遵守道德、养成美德。亦即古人说的:"正人先正己。"道德在本质上也是一种社会契约,它要求大家共同遵守。如果有人不遵守道德,其他人就可能动摇;如果道德教育者本身都不遵守道德,那么受教育者必定会怀疑道德契约的合理性与诚实性,必定会放弃遵守道德的意志。

现代社会学家米斯切尔1966年曾做过一个"儿童小型滚木球游戏"实验:要求儿童按一定的规则将木球投入门中,投中者得分,得分多者可以得奖。如果遵守规则,球难中,得奖的机会少;如果偷偷违反规则,球易中,得奖的机会就多。实验分为两组。实验开始阶段,儿童与成人一起玩。第一组,成人不仅通过言教告诉儿童遵守规则,而且身教,以身作则、言行一致;第二组,成人仅仅言教而不予身教,仅仅告诉儿童遵守规则,自己却不遵守规则,言行不一。那么,成人身教与否对儿童行为有何影响?于是,实验者又设计了第二个实验,让儿童独自玩同样的游戏。结果发现,第一组儿童得奖次数很少,因为他们大都遵守规则;而第二组儿童得奖次数很多,因为他们大都不守规则。这说明成人是否身教、是否以身作则,对儿童行为影响深刻。

身教在道德教育中的作用主要在于使受教育者形成坚定的道德意志。身教,不讲应该如何的道理,因而并不能提高受教育者个体的道德认识;也不给人所欲,因而不能促成受教育者个体道德情感的形成。但身教用形象、用行动、用事实引导或示意受教育者:我这样做了,你也应该这样做!因而促使受教育者下定决心、坚定意志:像教育者那样遵守道德。这也就是孔子说的:"其身正,不令而行,其身不正,虽令不从。"①

在行政伦理教育中,身教尤其是一种极重要的教育方法。在行政管理过程中,行政领导或其他行政人员,如果以行政伦理教育者的身份出现,如果他希望他的下属或同事严格遵守行政伦理的原则和规范,那么,他自己必须率先遵守。

① 《论语·子路》。

如果他率先遵守了,那么,他的下属或同事往往也能如其所愿地遵守;相反,如果他自己不能率先遵守,其下属或同事往往不能如其所愿地遵守。正因为如此,习近平总书记 2016 年在中央政治局会议上强调,“打铁还要自身硬”,领导干部特别是高级领导干部,“要求别人做到的首先自己做到,要求别人不做的自己坚决不做”。

在行政伦理教育中,身教的作用也主要在于促使受教育者形成个人的行政道德意志。身教并不能如言教那样阐明行政道德的原则和规范,及其背后的义理,从而提高受教育者的行政道德认识;也不能如奖惩那样形成受教育者个人的行政道德情感。它只能是当受教育者具备行政道德认识、形成行政道德情感后,当受教育还因其他诱惑而犹豫、摇摆的时候,敦促、推动受教育者做出决定,形成行政道德意志。

4. 榜样:培养个人行政道德认识、行政道德情感、行政道德意志的综合性方法

榜样(或模范)作为道德教育方法,是指教育者引导受教育者模仿品德高尚者,使受教育者的品德与模仿对象的品德逐渐接近、相似乃至于相同。

模仿或人的模仿能力,是人与生俱来的本性、本能。人们在这个世界上要生存下来,需要有很多的知识和技能,比如语言能力等,都是通过模仿而获得的。道德或美德也是人生的极重要的知识和技能,是人所必须掌握的、必须习得的本领,它在很大程度上也是通过模仿而获得的。

人们对于榜样(模范)的模仿,不仅仅是外在形式上的简单照做,而是全面的、深刻的,涉及思想、情感、意志的全方位的改变。模仿者的模仿过程实际上是对榜样故事的重复,是重历榜样的思想、情感、意志的过程。而当其重历榜样的思想、情感和意志的时候,模仿者自身的、原有的思想、情感和意志必然向榜样的思想、情感和意志靠拢、接近乃至于重叠。

人们对于榜样的模仿,也往往以对于榜样的观察、思考、理解为前提。模仿者之所以模仿,之所以在行为上照做,往往是因为他理解并认可了蕴含在榜样行为中的思想理念,并与榜样有情感共鸣,被榜样行为中的情绪所感动。诚如是,则榜样对于人们品德的形成(或美德的形成)具有极其重要的意义。

也正因为模仿对于人们的影响是全面的、深刻的,所以榜样的选择就变得非

常重要了。俗话说:“跟着好人学好样,跟着坏人学坏样。”“近朱者赤,近墨者黑。”每个人自己都会在生活过程中选择自己的榜样,即模仿对象,亦即当前人们所谓的“偶像”。但每个人自己对榜样的选择有时就难免失误,因为我们每个人的经验、知识、情感的境界等都可能是水平有限的。如果有水平较高的人(或组织)为我们推荐榜样,引导我们去选择模仿的对象,则有可能避免榜样选择的错误。而当有人为我们选择、推荐榜样,实际上也就是将榜样当作教育方法而对我们进行教育,选择和推荐人(或组织)即教育者,“我们”是受教育者,榜样是教育的方法和手段。

“榜样”可以说是一种具有普遍意义的教育方法,但似乎更多的是在道德教育中被使用。

“榜样”之作为道德教育的方法,可以说是一种综合性的教育方法。榜样的故事(事迹),既可以像言教一样阐明应该如何的道理,也可以通过受教育者的主动“代入”而传递榜样的道德情感,还可以像身教一样促使受教育者道德意志的形成。“榜样”较之于言教、奖惩、身教等任何一种道德教育方法都更生动,更富有感染力。但它也无非是提高受教育者个体的道德认识、培养受教育者个体的道德情感、确立受教育者个体的道德意志,无外乎言教、奖惩、身教三种教育方法的综合。所以,我们说它是一种综合性的道德教育方法。

“榜样”之作为道德教育方法,在操作上有一点非常重要,那就是榜样必须是真实的。王海明说:“正确的、优良的和科学的榜样,……必须以真实为基础。”①曾钊新说:“值得我们仰慕和追求的范例,必须以真实性为基础。”②榜样的真实性要求主要在于两个方面:一方面是选择他人为道德教育的“榜样”时必须实事求是,不要因为教育的需要而刻意塑造一个并不真正存在的榜样来,或为了完美而对榜样进行过度的加工、粉饰;另一方面,“榜样”自己不要为了使自己成为榜样而故意包装、打扮自己,不要弄虚作假、表里不一。榜样如果不真实,必然导致道德教育的失败:不仅达不到教育目标,而且可能产生相反效果,败坏受教育者的道德品质。因为不真实的道德榜样极有可能在传授原本错误的道德理

① 王海明:《新伦理学(修订版)》,商务印书馆2008年版,第1699页。

② 曾钊新:《道德心理学》,中南大学出版社1990年版,第154页。

念、道德情感和道德意志，而“弄虚作假”一旦被识破其本身则会成为一大恶德的示范。

在行政伦理教育中，“榜样”也同样是一种极重要的教育方法。行政人员或准行政人员通过模仿（对具有高尚行政品德的榜样的模仿），可以更有效地提高行政道德认识、优化行政道德情感、坚定行政道德意志。“榜样”之作为一种行政伦理教育方法，可以将行政伦理教育中的言教（道德理论教育）、奖惩（道德情感教育）、身教（道德意志教育）三种教育方法融合起来，发挥综合性效果。行政伦理教育中的“榜样”也同样必须是真实的，虚假的“榜样”只会适得其反。

第三节　行政伦理修养

除行政伦理教育外，行政品德的形成或改变的另一个原因或途径是行政伦理修养。如果说，行政伦理教育是行政品德形成或改变的“外因”，行政伦理主体处于相对被动地位；则行政伦理修养是行政品德形成或改变的“内因”，是行政伦理主体主动的和自觉的行为。

“修”的基本含义为改造、剪除，“养”的基本含义为养护、供养、饲养，即使其成长、壮大。合而言之，修养意味着人们对事物或自我有所改造（改善）、剪除（抑制），亦有所呵护、供养而使之健康成长。汉语“修养”一词，主要是指人的自我修养，即人们自觉地按照一定的标准改造、养护以至于完善自我的工夫或过程，以及因改造、养护、完善而达到的一定的水平或境界。人的修养可以是多方面的，而其中极重要的一个方面则是伦理修养或道德修养，即人们自觉地按照一定的道德标准改造、养护、完善自我品德的工夫或过程，以及因改造、养护、完善而达到的一定的道德境界。我们所谓的行政伦理修养，即行政人员自觉地按照一定的行政伦理标准改造、养护、完善自我行政品德的工夫或过程，以及因改造、养护、完善而达到的一定的行政伦理（道德）境界。

伦理修养或行政伦理修养最重要的问题是修养的方法或途径问题，即如何进行伦理修养或行政伦理修养？一般来说，伦理修养以及行政伦理修养的方法或途径可以概括为四种：学习、立志、躬行、反省。[①]

---

① 参阅王海明：《新伦理学（修订版）》，商务印书馆 2008 年版，第 1704—1745 页。

一、学习：提高行政伦理认识

1. 学习与道德学习

(1) 什么是学习

人的能力，或其属性、状态，或所谓个性与人格等，一般来说有两种来源，一种是与生俱来的，即源自人的本能或本性，它是“不学而能，不虑而知”的；一种是后天习得的，即通过学习而获得的。因此，我们大概可以断定，所谓学习，是与人后天的获得或改变联系在一起的，是指人的使自己获得或改变自身能力，或属性、状态，或个性与人格的一种自觉行为。

人的自觉的行为，主要表现为受意识支配，有目的和计划。学习是人的受意识支配的、有目的和计划的行为，所以说是人的一种自觉行为。人的有些潜意识行为，或盲目的、随意的行为，即人的非自觉的行为，也可能导致人的能力，或属性、状态，甚或个性与人格的获得与改变，比如人的自然成长、醉酒、药物的作用等，但这些都不被称为学习。

(2) 道德学习与非道德学习

人的学习大概可以区分为两类：一类是道德学习，即俗话说的“学做人”；一类是非道德学习，即俗话说的“学做事”。学做人，主要是学习如何应对或处理人际关系，亦即如何对待人际交往中产生的权利与义务的关系，所以称之为道德学习。学做事，则主要是指关于生活与工作的技能的学习，它不涉及权利与义务的关系问题，所以称非道德学习。

做人的学习，即道德学习，又可以区分为学做好人的学习与学做坏人的学习，即“学好”的道德学习与“学坏”的道德学习。俗话说：“学好千日不足，学坏一时有余。”没有天生的好人或坏人，好人与坏人都是学来的、习得的。作为道德修养方法的学习，当然是指学做好人的道德学习，而不包括学做坏人的道德学习。

(3) 道德学习的内容与形式(方法)

作为道德修养方法的道德学习，即学做好人的道德学习，其学习的内容是什么呢？当然是构成人的优良品德的一切因素，包括道德知识和道德智慧，以及道德情感和道德意志。但最主要的内容是道德知识和道德智慧,即人际关系应该如何的道理(原则规范及其背后的道理),即伦理。因为道德情感和道德意志都以道德知识和道德智慧(道德认识)为基础。学习,通常就是指去获得知识,而知识往往就是美德。所以,道德学习的内容主要是道德知识和道德智慧。这也就是说,作为道德修养方法的学习,即道德学习,其最主要的、最重要的目的和功用是提高道德认识。

道德学习的形式有哪些?也主要有两种:一种是从间接经验中学习,一种是从直接经验中学习。间接经验是他人经验的概括和总结,它的存在形式主要是书籍等。因此,从间接经验中学习也就主要表现为读书,以及听他人口授等。朱熹认为,道德学习最重要的形式是读书,"为学之道,莫先于穷理,穷理之要,必在读书"①。直接经验是自己亲身经验的概括和总结。总结和概括自己的经验,是创造知识的活动,它的典型形式或高级形式是著书立说。那么,可以说,道德学习的形式,主要就是读书和写书。前者是最重要的形式,后者是更高级的形式。

2. 行政道德(伦理)学习

什么是行政道德(伦理)学习?基于上述讨论和理解,无疑可以说,所谓行政道德学习,即学习主体获取行政道德知识与智慧,提高行政道德认识,改善行政品德的自觉行为。

行政道德学习当然也包括行政道德情感与行政道德意志的学习,但最主要的还是行政道德知识和行政道德智慧的学习,是提高行政道德认识的学习。因为行政道德情感和行政道德意志,以行政道德认识为前提。学习行政道德知识和行政道德智慧,本质上是要明白和理解行政伦理的原则、规范及其背后的道理。

学习行政道德知识和行政道德智慧,最重要的形式无疑也是读书,当然也包括听取他人的讲授等。这是一种获取间接经验的方式。而对自己的直接经验进行总结和概括,乃至于著书立说,也无疑是行政道德学习的极重要的方式,甚至是更高级的方式。

---

① [宋]朱熹:《性理情义》。

行政道德的知识和智慧是不断发展的,因为时代和情境在不断的发展变化,因此,行政道德学习也要不断地进行。任何人都不能故步自封,自以为学得不错了,学得够多了,因而放弃继续学习。也因为时代和情境在不断地发展变化,行政道德学习除了读书即从间接经验中学习外,自我总结乃至于著书立说、在直接经验中学习也显得尤为重要。

二、立志:陶冶行政伦理情感

1. 立志与道德立志

所谓立志,即树立志向、志愿、目标、理想。《说文解字》说:"志者,心之所之也。"南宋理学家陈淳说:"志者,心之所之。之犹向也,谓心之正面向那里去。如志于道,是心全向于道;志于学,是心全向于学。一直去讨要,必得这个物事,便是志。"①

人的志向、志愿,或目标与理想,可能是多方面的。其有关道德或美德方面的立志,即立志做一个有道德或有美德的人,可以称之为道德立志。道德立志基于道德知识和道德智慧的学习,当"一个人通过道德知识和道德智慧的学习,知道为什么应该做一个内化优良道德的、有美德的人,知道为什么应该做一个内化优良道德的君子、仁人乃至圣人,便会进而树立做一个内化优良道德的有美德的人的道德目标,便可能进而树立做一个内化优良道德的君子、仁人乃至圣人的道德理想"②。

2. 立志的意义

立志,实质上也是情感的确立,或者说是情感的陶冶,即陶冶情操。人心之所向,人的意愿、理想、目标,可不就是一种情感或情操?志或志向、志愿,可能是建立在理性的基础之上的,但它本身不是理性,而是情感。因此,所谓道德立志,即确立道德情感或陶冶道德情操。

情感的意义在于其是行为的原因和动力。人之所以采取行动、做某件事情,固然与人的理性、理智有关系,固然因为人知道这件事情按道理该做,但真正推

① 陈淳:《北溪字义 · 志》。

② 王海明:《新伦理学(修订版)》,商务印书馆 2008 年版,第 1715 页。

动人去做这件事情的还不是理性或理智，而是人的情感。正如梁启超所言："理性只能叫人知道某件事该做，某件事该怎么做法，却不能叫人去做事；能叫人去做事的，只有情感。"[①]也有人将志比喻成鸟儿的翅、鱼儿的鳍：志者，翅也，鳍也；鸟无翅不能高飞，鱼无鳍不能远游，人无志则不能有所作为。

因此，立志的意义就在于为人的行为创造动因和动力。而道德立志即陶冶道德情操的意义也就在于，为人的道德行为（合乎道德规范的行为）创造动因和动力。一个人只有立志做一个有道德、有美德的人，他才会为之努力，他的行为才会坚持不懈地遵守道德规范，从而使社会的、外在的道德规范不断内化，最终成为他的美德，使他成为一个有道德、有美德的人。相反，如果一个人没有立志，没有做一个有道德、有美德的人的愿望和志向，他就不可能坚持遵守道德规范，就不可能使社会的、外在道德规范内化为自身的美德，他也就不可能成为一个有道德、有美德的人。也正因为如此，立志或道德立志是道德修养的重要方法或途径。

3. 立行政道德之志、陶冶行政伦理情感

在行政伦理修养中，立志也无疑是极重要的方法和途径之一。行政伦理修养中的立志，当然是要立行政道德之志，即立志做一个有高尚行政品德、有行政美德的人（或行政人员）。立行政道德之志，也是陶冶行政伦理情感，也是要为行政人员的伦理行为创造动力。一个行政人员，只有立志做一个有高尚行政品德、有行政美德的行政人员，他才可能坚持不懈地遵守行政道德的原则、规范，使社会的、外在的行政道德要求内化为他内在的行政美德，从而成为一个有行政美德的行政人员。如果一个行政人员不曾立志，没有做一个有高尚行政品德、有行政美德的行政人员的志向、愿望，那他也就不可能有坚持遵守行政道德原则和规范的动力、毅力，那他也就不可能成为一个有高尚行政品德、有行政美德的行政人员。

三、躬行：锻炼行政伦理意志

1. 作为道德修养方法的躬行

躬行，即身体力行，亲自实行。"躬行"一词最早见于《论语·述而》，子曰：

① 转引自冯友兰：《三松堂全集》，河南人民出版社 1986 年版，第 556 页。

“文,莫吾犹人也。躬行君子,则吾未之有得。”孔子的意思是说:就书本知识来说,大约我和别人差不多。做一个身体力行的君子,那我还没有做到。南宋著名诗人陆游有首诗提到“躬行”,曰:“古人学问无遗力,少壮工夫老始成。纸上得来终觉浅,绝知此事要躬行。”[①]这是诗人写给小儿子子聿的一首诗,大意是说,古人做学问不遗余力,往往是年轻时就开始努力,到了老年才有所成就。从书本上学来的知识终归是不够的,要真正理解其中的道理,还必须去亲身实践。

躬行,作为一种普遍方法、一种哲学理念(哲理),它的意思是说,主观必须见之于客观,主观与客观必须统一起来,思想必须落实在行动上;或者说,理论必须与实践相结合,思想必须用实践来检验;而不能光说不做,有言(文)无行,从理论到理论。

我们所谓躬行,是从伦理学的角度来理解的,将其作为一种道德修养的方法。作为道德修养方法的“躬行”,意思是说,亲自实行道德,按道德规范做事,从事符合道德规范的实际活动。也是说,一个人不仅要知道在人际关系中应该怎么做,为什么应该做一个有美德的人;不仅要有做一个有美德的人的愿望、目标和理想,即立志;而且要亲自实行道德,要按照道德规范做事,要从事符合道德规范的实际活动。

2. 道德躬行的意义

作为道德修养方法的躬行,即道德躬行,其主要意义(价值)在于:磨砺道德意志、最终形成美德(高尚品德)。

一个人光知道道德规范,光有遵守道德规范的愿望、志向,还不能说是一个真正有高尚品德或有美德的人。只有当他身体力行,实际地按照道德规范去做,躬行实践,才有可能实现道德志向,真正成为一个有高尚品德或有美德的人。

亚里士多德说:“德性的获得,不过是行为的结果;这与技艺的获得相似。因为我们学一种技艺就必须照着去做,在做的过程中才学成了这种技艺。我们通过从事建筑而变成建筑师,通过演奏竖琴而变成竖琴手。同样,我们通过做公正的事情而成为公正的人,通过节制的行为而成为节制的人,通过勇敢的行为而

① 陆游:《冬夜读书示子聿》。

成为勇敢的人。”①海德格尔也说:“人从事什么,人就是什么。”②

为什么“躬行”能使人最终形成或获得美德?原因在于躬行能锻炼、磨砺、形成人的道德意志。通过学习可以形成和提高个人的道德认识,通过立志可以树立或形成个人的道德情感;但个人的道德认识和道德情感还只是品德或美德形成的必要条件,而非充分必要条件。要真正获得或形成美德,还必须有个人的道德意志。只有当个人道德认识、个人道德情感和个人道德意志三者完美结合,才能形成美德。而能使道德认识、道德情感和道德意志三者完美结合的方法无非“躬行”。因为,道德意志是个人自觉确定道德行为目的,并下决心克服各种困难、实现道德行为目的的心理过程。而躬行正是这一心理过程的落实,是这一心理过程的客观化。反而言之,也正是躬行才使得个人的道德意志真正形成,只有当你真正行动了你的意志才算是真正形成了。

道德意志的形成过程往往也是一个克服种种困难、充满艰难辛苦的过程,所以,可以说道德意志在躬行中形成也是一个锻炼、磨砺的过程。

3. 锻炼行政伦理意志的躬行

躬行同样也是行政伦理修养的一个重要方法。作为行政伦理修养方法的躬行,也就是要亲自实行行政伦理的原则、规范,按照行政伦理的原则和规范去做。一个行政人员不仅要知道在行政伦理关系中应该怎么做,为什么应该做一个有行政美德的行政人,不仅要有做一个有行政美德的行政人的愿望、目标和理想,即立志;而且要亲自实行行政道德,要按照行政伦理的原则和规范做事,要从事符合行政道德原则、规范的实际活动。只有身体力行,实际地按照行政道德原则、规范去做,才有可能实现行政道德志向,真正成为一个有高尚行政品德或有行政美德的行政人员。

为什么躬行能使行政人员最终形成或获得行政美德?原因也在于躬行能锻炼、磨砺、形成行政人员的行政道德意志。行政人员的行政道德认识和行政道德情感还只是行政品德或行政美德形成的必要条件,而非充分必要条件。要真正获得或形成行政美德,还必须有行政道德意志。只有当行政道德认识、行政道德

① 转引自王海明:《新伦理学(修订版)》,商务印书馆2008年版,第1725页。

② 海德格尔:《存在与时间》,陈嘉映、王庆节译,三联书店1987年版,第288页。

情感和行政道德意志三者完美结合，才能形成行政美德。而能使行政道德认识、行政道德情感和行政道德意志三者完美结合的方法无非躬行。因为，行政道德意志是行政人员自觉确定行政道德行为目的，并下决心克服各种困难、实现行政道德行为目的的心理过程。而躬行正是这一心理过程的落实，是这一心理过程的客观化。

所以，我们认为，作为行政伦理修养方法的“躬行”，实质上也是锻炼或磨砺行政人员的道德意志即行政伦理意志的躬行。

四、自省：综合性行政伦理修养方法

1. 自省与道德自省

自省，又称内省或反省。“省”，即察看、检查、探望。《说文解字》说：“省，视也，从眉。”所以，自省或内省、反省，也就是自己反过来察看、审视、检查自己，也是自己用一定的标准来衡量、评判（评论、评价）自己。自己为什么要察看、审视、检查自己？为什么自己要衡量、评判自己？当然是要看看自己有没有什么缺点、瑕疵、错误，是为了尽可能地完善自己。这大概是我们人人都有的心理体验。

自省可能是多方面的（其评价标准是多方面的），但其最主要的、最重要的方面是道德自省，即检查自己的行为有没有道德上的缺点、瑕疵或错误，即用道德标准来衡量、评判自己。曾子曰：“吾日三省吾身：为人谋而不忠乎？与朋友交而不信乎？传不习乎？”[①]曾子的“三省”，就属于我们所谓的道德自省。

孔子也将这种自省的方法称为“自讼”。“子曰：已矣乎！吾未见能见其过而内自讼者也。”[②]孔子所谓的自讼，即自己与自己打官司，自己起诉自己、自己审判自己，自己既是原告又是被告，同时还是法官（法律）。这是将自己一分为三了。

奥地利精神病医师、心理学家、精神分析学派创始人弗洛伊德在他的人格学说中提出了类似的看法。他认为，人格是由本我、自我和超我三个部分组成。本我位于人格结构的最底层，是由先天的本能、欲望所组成的能量系统，包括各种

① 《论语·学而》。

② 《论语·公冶长》。

生理需要，它遵循的是快乐原则；自我是从本我中逐渐分化出来的，位于人格结构的中间层，它遵循现实原则，以合理的方式来满足本我的要求；超我是人格结构中的管制者，位于人格结构的最高层，是道德化的自我，由社会规范、伦理道德、价值观念内化而来，其形成是社会化的结果。弗洛伊德的本我、自我、超我当然与原告、被告、法官不是一回事，不能一一对应，但其所揭示的道德自省的心理机制是大体相同的。

另外，"自省说"、弗氏的人格学说与我们讨论过的"良心理论"也有类似。良心发现、良心谴责等，实际上也就是道德自省；而弗洛伊德的"超我"也可以说就是人的"良心"。

2. 道德自省的意义

道德自省的意义是显而易见的：不断完善自己的品德。试想，我们如果能够经常反省自己的言行，用社会的道德标准来评判自己的言行，我们就能发现自己的缺点或不足。而当我们发现自己有缺点、有不足时，我们就会有悔心、有歉意、有愧疚，我们就会下决心克服、下决心改正。因此，我们的言行就会逐渐接近乃至于符合社会的道德标准。我们的言行总是符合社会的道德标准，岂不说明我们的品德在不断趋于完善？

正因为道德自省具有完善自我品德的意义，所以，它也成为道德修养的一个重要方法。即我们将偶尔的、不自觉的"自省"，提升、确立为以完善自我品德为明确目标的、自觉的、经常性的道德修养方法。事实上，很多人并不是自觉地、经常性地进行道德自省，而只是偶尔不自觉地有些道德自省。

这是为什么？因为道德自省其实需要有两个前提：一是有一定的道德认识和道德智慧；二是有道德立志，即有做一个品德高尚的人的愿望、志向，亦即有一定的道德需要、道德欲望和道德情感。试想，一个人如果不了解社会的道德规范，根本不懂得遵守道德规范的必要性，也就是说，没有道德认识和道德智慧，那他就不会有道德自省的标准和尺度，也就根本不可能进行道德自省；一个人如果没有道德认识和道德智慧，也不可能有道德立志，即不可能有做一个品德高尚的人的志向和愿望；一个人如果根本没有做一个品德高尚的人的愿望，又怎么会去进行道德自省呢？

道德自省以道德认识、道德智慧、道德情感等为前提，反过来也会促进、提高或增强其道德认识、道德智慧和道德情感等。因为其既然打算进行道德自省,必然会对社会的优良道德规范进行学习和思考,否则道德自省就无法开始。既然有对社会优良道德规范的学习和思考,必然提高道德认识和道德智慧;道德认识和道德智慧既然提高,对于道德的需要、欲望、情感也必然随之增强。因道德自省而提高道德认识、道德智慧,而增强道德情感的同时,道德意志也必然得到磨砺而变得更加坚定。

正因为道德自省能够提高道德认识,能够增强道德情感,能够坚定道德意志,所以,能够完善人的品德。也正因为如此,作为道德修养方法的道德自省相对于其他道德修养方法而言,是综合性的,是培养个人道德认识、道德情感和道德意志的综合性道德修养方法。

3. 行政道德自省及其意义

行政道德自省,即用行政道德的原则、规范来进行自我检查,来评判自己的言行。行政道德自省,也主要是行政人员的道德自省。非行政人员大概不大会用行政道德标准来反省自己的言行。

行政道德自省以行政道德认识、行政道德智慧和行政道德情感等为前提,只有当行政人员具备一定的行政道德认识,有一定的行政道德智慧,有一定的行政道德情感(需要、欲望、志向),才可能进行行政道德自省。而行政道德自省也会反过来提高或增强行政人员的行政道德认识、行政道德智慧和行政道德情感等。正因为如此,行政道德自省也是行政道德(伦理)修养的一个极重要的方法。

行政人员只有通过行政道德自省,才有可能真正发现自己言行中的缺点和错误,才有可能产生悔心、歉意。他人的提醒或批评只是帮助和启发,没有自省不可能达到认识自己并生成道德情感的目的。因为认识到自己的缺点和错误,加上有悔心和歉意,才有可能下决心克服自己的缺点,改正自己的错误,从而完善自己的行政品德。

后 记

拙著《行政伦理学概论》是我十余年“行政伦理学”教学过程中对“行政伦理”进行思考的一个总结。

我在讲授行政伦理学课程的期间，使用过多种教材，如王伟、鄯爱红的《行政伦理学》(人民出版社 2005 年版)，张康之、李传伟的《行政伦理学教程》(中国人民大学出版社 2004 年版)，李建华、左高山的《行政伦理学》(北京大学出版社 2010 年版)等。这些教材无疑都是闪光的，给了我许多指引和启迪。但在使用过程中，我也总有一些“不顺手”的感觉。于是，萌生了自己撰写“行政伦理学”教材的想法。

撰写教材看似容易，真正去做这件事的时候才知道个中艰难。用了近两年的时间，我算是完成了这一工作。吁了一口气，但似乎并没有如释重负的轻松感，倒有些惴惴不安，因为学力修为的局限，拙著无疑存在诸多缺点甚或错误。敬请大家批评指正！

拙著写作中参考了大量相关成果，谨向学界同仁致谢！大都有注明，但也可能有不周处，谨此致歉！

拙著能够出版面世，感谢本院同事强昌文教授（院长）、郑玉敏教授、成伟教授的支持；感谢广州大学公共管理学院院长陈潭教授的指点；感谢北京大学出版社的编辑诸君，他们认真负责、无私奉献的精神让我感动！

汪辉勇
2017年11月28日
于东莞理工学院教师村

教师反馈及教辅申请表

北京大学出版社本着“教材优先、学术为本”的出版宗旨，竭诚为广大高等院校师生服务。为更有针对性地提供服务，请您认真填写以下表格并经系主任签字盖章后寄回，我们将按照您填写的联系方式免费向您提供相应教辅资料，以及在本书内容更新后及时与您联系邮寄样书等事宜。

书名		书号	978-7-301-	作者	
您的姓名				职称职务	
校/院/系					
您所讲授的课程名称					
每学期学生人数		________人________年级		学时	
您准备何时用此书授课					
您的联系地址					
联系电话(必填)			邮编		
E-mail(必填)			QQ		
您对本书的建议：				系主任签字： 盖章	

我们的联系方式：

北京大学出版社社会科学编辑部

北京市海淀区成府路 205 号，100871

联系人：董郑芳

电话：010-62753121 / 62765016

传真：010-62556201

E-mail：ss@ pup. pku. edu. cn

新浪微博：@ 未名社科-北大图书

网址：http://www. pup. cn

更多资源请关注“北大博雅教研”